现代电机典藏系列

电机故障诊断

Electrical Machines Diagnosis

［法］让·克劳德·特里加苏（Jean–Claude Trigeassou）主编

姚　刚　汤天浩　译

机械工业出版社

本书是法国多所大学和研究机构跨学科研究团队多年原创性研究成果的总结，系统深入地介绍了电机及电力传动系统的故障检测与诊断技术，主要内容包括：电机故障类型及常见故障诊断方法，故障情况下电机的数学建模，基于参数辨识、观测器、热监测等技术的电机故障诊断，蓄电池内阻估计及汽车起动性能评估方法，电机机电故障诊断的频谱分析方法，基于神经网络的电机故障检测与定位，变流器故障分析及诊断方法。本书内容紧密结合实际，所讨论的故障诊断方法均包括理论分析及实际验证等各个方面，具有重要的理论意义和实际参考价值。本书可作为电气、机械、信息等专业本科高年级学生及研究生教学、科研用书，亦可作为相关领域工程技术人员的参考书籍。

图书在版编目（CIP）数据

电机故障诊断/（法）让·克劳德·特里加苏主编；姚刚，汤天浩译.
—北京：机械工业出版社，2019.3
（现代电机典藏系列）
书名原文：Electrical Machines Diagnosis
ISBN 978-7-111-62340-3

Ⅰ.①电…　Ⅱ.①让…　②姚…　③汤…　Ⅲ.①电机 – 故障诊断
Ⅳ.①TM307

中国版本图书馆 CIP 数据核字（2019）第 055742 号

机械工业出版社（北京市百万庄大街 22 号　邮政编码 100037）
策划编辑：罗　莉　责任编辑：罗　莉
责任校对：刘志文　封面设计：鞠　杨
责任印制：孙　炜
保定市中画美凯印刷有限公司印刷
2019 年 6 月第 1 版第 1 次印刷
169mm×239mm · 16.75 印张 · 321 千字
0 001—2 500 册
标准书号：ISBN 978-7-111-62340-3
定价：89.00 元

凡购本书，如有缺页、倒页、脱页，由本社发行部调换
电话服务　　　　　　　　　网络服务
服务咨询热线：010 – 88361066　　机 工 官 网：www.cmpbook.com
读者购书热线：010 – 68326294　　机 工 官 博：weibo.com/cmp1952
　　　　　　　　　　　　　　　金 书 网：www.golden – book.com
封面无防伪标均为盗版　　　　教育服务网：www.cmpedu.com

译 者 序

电机是实现电能和机械能相互转换的重要机电设备，广泛应用于电力传动、交通运输、伺服控制等诸多工业领域。电机一旦出现故障，可能会导致整个系统停机或引起更为严重的事故，因此保障电机运行的可靠性具有十分重要的意义。自20世纪60年代以来，电机的故障检测与诊断一直是电机设计人员、生产厂商、运维工程师及科研人员高度重视的关键技术。

电机或电力传动系统工作条件一般较为恶劣，工业环境中的振动、潮湿、盐雾、霉菌，以及设备本身的老化、磨损、过热等因素可能会导致电机或传动系统出现各种不同类型的故障，对应的检测和诊断技术可能涉及电气故障、机械故障、热故障及多种不同类型故障同时发生时的故障识别与定位问题，一直以来都是学术界和工业界的研究热点和难点。

法国是电机设计制造的强国之一，在航空航天、高速铁路、电力传动系统及控制等领域处于世界领先水平。本书是法国多所大学和研究机构跨学科研究团队多年原创性研究成果的总结，针对电机及传动系统故障诊断研究中的难点，系统地介绍了各种常见故障及故障诊断技术。本书的章节安排和主要内容为：第1章概述电机故障类型、成因及常见故障诊断方法，第2章讨论故障情况下电机的数学建模，第3章介绍一种新的参数辨识方法并用于电机故障诊断，第4章讨论观测器原理并应用于电机参数估计和故障诊断，第5章介绍电机的热监测技术及其在故障诊断中的应用，第6章讨论蓄电池内阻估计算法及汽车起动性能评估方法，第7章通过实例介绍感应电机机电故障检测的频谱分析方法，第8章讨论基于神经网络的电机故障检测与定位方法，最后第9章分析静态变流器故障机理，并介绍对应的故障诊断技术。本书各章内容紧密结合实际，介绍的故障诊断方法均包括理论分析及实际验证等各个方面，对于学术研究和工程实践均具有重要的理论意义和应用参考价值。

在本书第9章作者、上海市"千人计划"特聘教授Mohamed Benbouzid的推荐下，本人有幸获此机会和机械工业出版社合作翻译出版本书。在翻译过程中，得到了我校电气工程学科带头人汤天浩教授的大量指导；同时，岳美玲博士、张米露博士，以及硕士研究生孙干、张俊杭、徐邱敏、王梦梦等帮助进行了大量初稿整理、公式录入及排版等工作。在此对 Benbouzid 教授、汤天浩教授、机械工业出版社的罗莉编辑，以及各位博士、硕士研究生表示衷心的感谢。

本书内容涉及电机及电力传动系统原理、数学建模、参数估计、状态观测、滤波器、频谱分析、人工智能等不同领域的知识，可作为电气类、机械类、信息类等专业本科高年级学生及研究生的教学、科研用书，亦可作为相关领域工程技术人员的参考书籍。

在本书的翻译过程中，译者在忠实于原文的基础上力争做到翻译准确、严谨，同时尽量兼顾中西方的表达习惯。但限于译者水平，错误和欠妥之处在所难免，恳请广大读者批评指正。译者的联系邮箱为 shakesteel@126. com。

姚　刚

上海海事大学

随着对电力传动系统可靠性和耐用性的要求越来越高，电机的故障检测和诊断不仅仅是科学问题，更涉及经济问题。自电机首次投入工业应用以来，电工领域的工程师一直密切关注电机持续工作时的可靠性。为了避免故障，工程师们通过实验反馈来改善电机结构，增强其鲁棒性。此外，他们通过已发现的故障和改进的技术来积累经验，并将经验应用于"人工故障诊断"，在本书中列举了机械领域、特别是在汽车维护保养方面的例子。

20 世纪五六十年代以来，基于电力电子电源的广泛使用及 20 世纪 70 年代末出现的微型计算机，使得"自动"诊断技术被广泛使用，快速地改变了机器维护保养的方法。数字控制和计算机系统的不断发展为自动控制技术开辟了新的天地，如实时识别与在线自适应控制算法等新功能被集成应用。系统监测已成为日趋复杂的自动化系统中必不可少的管理类功能，自动故障检测和诊断作为监测系统的一个功能，其概念在 20 世纪 80 年代已经形成。

不幸的是，电机控制方面的新技术同时也会引起新的电机故障。现在，除了传统的电气故障、机械故障和热故障外，还会出现电力电子和信息系统故障，以及由于脉宽调制电源产生的故障。不管是随之可能出现的电机电源断电还是重构，这些故障可能会立刻产生破坏性的后果，而这些严重的后果都能凸显早期故障诊断技术的必要性。

因此，电机的故障诊断技术，或者更大范围内的电力传动系统故障诊断技术，必将成为调速系统设计、使用和维护的一个基本组成部分。大功率设备成本高昂，其系统完整性必须得到保证，这也体现了对应故障诊断技术的重要性。然而，我们也不能忽视小功率设备，其故障一样会产生巨大的经济损失，甚至导致整条生产线瘫痪。

得益于先进数字控制算法的应用，新的故障诊断方法不断出现。如傅里叶分析的引入就是人工诊断方法的自然扩展，该方法采用振动传感器和电流传感器，可以检测机械轴承故障或笼型电机转子故障。另一方面，这一领域起初就较重视人工智能相关技术的研究，这是因为传统故障诊断方法中有些就是基于专业知识的诊断方法。基于数学模型的故障检测是第三类故障检测方法，例如状态观测和识别，这类方法最早是在自动控制领域发展起来的。

1995 年，为了协调电力传动系统故障检测方面的工作，"GDR Electrote－chnique"和"GDR Automatique"（电气工程和自动控制）两大研究组织共同对感应电机的监测和诊断课题展开了联合研究。来自这两大领域的法国研究团队和几个来自信号处理领域的研究团队定期举行会议，展示工作成果，讨论联合研究方案。同样的，"参数辨识"研究团队主要在连续系统的系统辨识和电机物理参数估计方面开展研究工作。经过这些研究团队的共同努力，一致认为故障电机的建模和早期故障检测中的参数辨识是极其重要的。

具体来说，E. Schaeffer 在定子绕组短路故障建模（详见第 2 章）方面的研究，推动了故障检测技术的发展。该方法使得在早期故障检测中建立宏观模型，以及在交流电机电气故障仿真中建立更加完善的模型成为可能。同样地，J. Faucher及其学生[一][二]的相关研究工作提出了可替代硬件实验的故障仿真技术，有效地避免了故障实验的潜在破坏性。

参数辨识方法很适合电机内部故障的检测（如定子绕组短路、转子断条等），而状态观测的方法则更适合于电机外部故障的诊断，例如传感器或执行器故障。此外，故障模型和包含（关于正常系统）先验知识的物理参数估计方法的结合，使得针对感应电机定/转子的故障诊断方法不断完善。这些方法在另一本专著中有两章[三]进行详细介绍，本书中只在第 2 章和第 3 章中有所提及。

本书中给出的研究成果来自于与前文提到过的研究团队的合作，他们致力于电机故障诊断方法、以及可用于电力传动系统故障诊断的更为普适方法的研究。这里的故障主要是指电机故障，但故障也可能存在于电力电子设备或电池的能量存储系统中。故障类型种类繁多，如定子或转子故障、机械故障、热故障、逆变器故障和充电状态估计等。同时我们发现处理这些故障的方法也多种多样，这些方法主要可分为两大类：一类是基于模型的方法，如参数识别法、状态观测法、无效模型法等；另一类是不依赖于模型的方法，例如频谱分析、神经网络和模糊逻辑等人工智能方法。

读者必须注意的是，故障诊断结果存在概率的问题。检测一个故障，特别是

○ V. Devanneaux, Modélisation des machines asynchrones triphasées à cage d'écureuil en vue de la surveil-lance et du diagnostic, PhD Thesis, INP Toulouse, 2002.

◎ A. Abdallah Ali, Modélisation des machines synchrones à aimants permanents pour la simulation de défauts statoriques：application à la traction ferroviaire, PhD Thesis, INP Toulouse, 2005.

◎ Chapter 7, "Parameter estimation for knowledge and diagnosis of electrical machines" and Chapter 8 "Di-agnosis of induction machines by parameter estimation", in Control Methods for Electrical Machines, edi-ted by René Husson, ISTE Ltd., and John Wiley, 2009.

一个早期故障，其检测结果对应某个可信度，最终系统是正常运行或是异常运行的可能性均存在。比如说，由参数识别算法给出的检测结果是电阻增大，这有可能导致转子发热（正常情况），也有可能导致断条（异常情况）。因此，至今为止也没有一个完美的方法可以解决电机故障监测问题，我们需要得到可靠的诊断结果以降低故障的误报率。

本书中，第 1 章描述了电机的故障类型、何时发生，并分析了它们的物理成因（内部或外部的原因），如轴承中的感应电流、导体和绝缘体间不断的热循环；然后，介绍了文献中最常用的诊断方法。

第 2 章介绍了一种基于短路位置感应电流的短路绕组建模新方法，该感应电流会在电机气隙中产生干扰磁场。该方法的物理分析推导得到一种考虑定子短路绕组的全新 Park 模型，并可扩展到笼型转子中使用。此故障建模方法可通过参数估计来检测和定位定/转子故障，并在实验室中得到验证。

通过参数估计进行故障诊断通常会产生一个实际问题：为了实现收敛，辨识算法需要持续地激励以干扰电机的工作点，这与调节器的作用正好相反。一个解决方法是使用电荷扰动，而这将导致逆变器电压不稳，并因此出现一个闭环识别问题。针对这个问题，第 3 章介绍了一种辨识方法，考虑了矢量控制算法非线性和多变量的特征，并以改进异步电机电气故障诊断为目标。

观测器在交流电机矢量控制中发挥着重要作用，尤其是在估算磁通量时需要使用龙贝格观测器、卡尔曼滤波器或者高增益观测器。除了状态变量，我们还需要估计随操作点变化而变化的参数，例如转子电阻等。此外，还可以使用扩展观测器。第 4 章主要介绍观测器方法的基本原理和应用。

我们一般很容易意识到电机中的电气故障，而其背后的热故障往往会被忽略。全局诊断系统框架中，热监测是很重要的一个方面。比如通风管损坏引起的故障诊断中，温度无法直接检测，这时可采用扩展卡尔曼滤波器。然而，该方法的正确使用依靠于对影响测量结果的不同噪声的充分认知和对算法参数的完善调节。第 5 章介绍可以应用于温度测量的方法，这些方法在热监测中发挥了重要作用。

蓄电池在电动汽车或混合动力汽车中发挥着重要的作用。估算电池的荷电状态是保障其服务连续性和操作安全的一个基本问题。第 6 章提出了一个新的双函数方法。算法的创新性不仅是因为在算法的初始阶段使用了失效模型技术，而且因为建立了基于分数微积分的新电池模型。该方法也可用于电机故障诊断，不论是为笼型电机进行频率特性建模还是应用于电机内部热传递的建模，都可以通过扩散偏微分方程表示。

旋转电机的老化和不正确使用会导致机械不平衡、噪声以及超声振动。训练有素的工作人员能通过耳朵检测和定位不同类型的故障，甚至是早期故障。事实上，信号处理技术可以应用于该自动检测过程，待处理信号可以由一个振动传感器检测。然而，我们倾向于使用现有的线电流传感器，这种传感器可以提供更多机械和电气方面的信息。频谱分析的基本工具是离散傅里叶变换，数字处理器的强大计算能力使该复杂算法得以实现。第7章通过实验实例介绍应用于感应电机机械/电气故障检测的频谱分析方法。

人工神经网络在自动化系统的监测中也可以发挥巨大作用。在处理分类问题时可以作为首选工具；只要方法与属性匹配，其在异步电机故障检测和定位中能够发挥巨大的作用。第8章介绍一种基于 Park 模型和傅里叶变换相结合的残差产生方法，能够在定/转子故障发生时产生不同的频谱特征。神经网络利用训练数据库进行故障模式学习和分类，进而实现故障的检测与定位。

由于电力电子控制技术的广泛应用，静态变流器的故障检测成为电力传动系统故障检测的重要方面。基于状态估计和辨识的传统方法并不适用于变流器的故障检测，因此我们根据人工智能理论（如神经网络、模糊控制等）和多变量统计法提出了一系列新方法。第9章的9.1节列举了应用这些方法的例子；随后，分析故障对变流器电子器件的影响，更确切地说，这些故障是由热疲劳引起的；第9章的9.2节讨论了这些故障并给出了故障诊断的一些建议。

Jean – Claude Trigeassou

目　录

译者序

原书前言

第1章　电机常见故障及其诊断方法 ··· 1

　1.1　概述 ·· 1

　1.2　感应电机的组成 ·· 3

　　1.2.1　定子 ··· 3

　　1.2.2　转子 ··· 3

　　1.2.3　轴承 ··· 4

　1.3　感应电机的故障 ·· 4

　　1.3.1　机械故障 ·· 6

　　1.3.2　电气故障 ·· 7

　1.4　感应电机故障诊断方法概述 ·· 8

　　1.4.1　基于解析模型的故障诊断方法 ··· 9

　　1.4.2　无需解析模型的故障诊断方法 ··· 11

　1.5　本章小结 ··· 14

　1.6　参考文献 ··· 14

第2章　感应电机绕组故障建模 ··· 18

　2.1　概述 ··· 18

　　2.1.1　仿真模型与诊断模型 ·· 18

　　2.1.2　模型选择的目标 ·· 18

　　2.1.3　模型选择的方法 ·· 19

　　2.1.4　本章结构安排 ··· 20

　2.2　研究框架与一般方法 ··· 20

　　2.2.1　前提假设 ··· 20

　　2.2.2　绕组的等效 ·· 20

　　2.2.3　无故障等效两相电机 ·· 27

　　2.2.4　考虑定子绕组故障 ·· 29

　2.3　定子绝缘故障时的电机建模 ·· 32

2.3.1　定子短路时的电机方程 ······················ 32
2.3.2　任意参考系下的状态模型 ····················· 34
2.3.3　三相定子模型的扩展 ·························· 38
2.3.4　诊断模型的验证 ····························· 39
2.4　定/转子耦合故障建模方法的普适化 ················ 42
2.4.1　转子不平衡时的电机方程 ····················· 43
2.4.2　定/转子故障时的一般电机模型 ·················· 45
2.5　感应电机的监测方法 ························· 47
2.5.1　感应电机故障诊断的参数估计 ··················· 47
2.5.2　监测方法的实验验证 ·························· 50
2.6　本章小结 ································· 53
2.7　参考文献 ································· 54

第3章　感应电机的闭环诊断 ························ 56
3.1　概述 ··································· 56
3.2　闭环辨识 ································· 57
3.2.1　闭环辨识中存在的问题 ························ 57
3.2.2　电机故障诊断中的参数辨识问题 ·················· 59
3.3　感应电机闭环辨识的一般方法 ··················· 59
3.3.1　考虑控制的作用 ···························· 59
3.3.2　基于闭环解耦的电机参数辨识 ··················· 61
3.3.3　辨识结果 ······························· 64
3.4　定/转子同时故障时的闭环诊断 ·················· 66
3.4.1　感应电机通用故障模型 ························ 66
3.4.2　具有先验知识的参数估计 ······················ 67
3.4.3　故障的检测与定位 ··························· 68
3.4.4　直接辨识和间接辨识的结果比较 ·················· 70
3.5　本章小结 ································· 72
3.6　参考文献 ································· 73

第4章　基于观测器的感应电机故障诊断 ················· 76
4.1　概述 ··································· 76
4.2　建立数学模型 ······························ 78
4.2.1　三相感应电机无故障时的模型 ··················· 78
4.2.2　感应电机无故障时的 Park 模型 ·················· 81
4.2.3　感应电机出现故障时的模型 ····················· 84
4.3　故障观测器 ······························· 84
4.3.1　基本原理 ······························· 84
4.3.2　不同种类的故障观测器 ························ 87

4.3.3　扩展观测器 ··· 92

4.4　基于观测器的故障诊断 ·· 94

4.4.1　使用 Park 模型 ·· 94

4.4.2　使用三相电机模型 ·· 97

4.4.3　观测器重构转矩的频谱分析 ································· 99

4.5　本章小结 ·· 100

4.6　参考文献 ·· 101

第 5 章　感应电机的热监测 ·· 103

5.1　概述 ·· 103

5.1.1　感应电机温度监测的目的 ··································· 103

5.1.2　感应电机温度监测的主要方法 ······························ 104

5.2　基于卡尔曼滤波器的实时参数估计 ······························ 107

5.2.1　卡尔曼滤波器的特征及优点 ································· 107

5.2.2　扩展卡尔曼滤波器的实现 ··································· 108

5.3　热监测的电气模型 ·· 111

5.3.1　连续时间模型 ·· 111

5.3.2　全阶模型 ·· 112

5.3.3　离散化的扩展模型 ·· 114

5.4　实验系统 ·· 115

5.4.1　实验平台简介 ·· 115

5.4.2　热仪表 ·· 117

5.4.3　电气仪表 ·· 118

5.5　实验结果 ·· 121

5.5.1　卡尔曼滤波器的调节 ·· 121

5.5.2　磁饱和的影响 ·· 124

5.6　本章小结 ·· 126

5.7　附录　感应电机特性 ·· 126

5.8　参考文献 ·· 127

第 6 章　基于模型失效方法的汽车铅酸蓄电池内阻估计：
　　　　在汽车起动性能评估中的应用 ······························ 130

6.1　概述 ·· 130

6.2　汽车起动阶段铅酸蓄电池的分数阶模型 ·························· 131

6.3　分数阶模型的辨识 ·· 133

6.3.1　输出误差辨识算法 ·· 134

6.3.2　输出灵敏度计算 ·· 135

6.3.3　估计参数的验证 ·· 135

6.3.4　应用到起动信号中 ·· 135

6.4　用电池电阻作为起动能力的指示器 ·················· 136
6.5　模型验证及电池内阻的估计 ······················· 138
　　6.5.1　模型验证的频率法 ······················· 138
　　6.5.2　电池内阻估计的应用 ······················· 140
　　6.5.3　简化的阻值估计器 ······················· 143
6.6　电池状态的估计 ····························· 146
6.7　本章小结 ······························· 148
6.8　参考文献 ······························· 148

第7章　基于信号分析技术的感应电机机电故障诊断 ············· 151
7.1　概述 ································ 151
7.2　电流的频谱 ····························· 152
7.3　信号处理 ······························ 153
　　7.3.1　傅里叶变换 ·························· 153
　　7.3.2　周期图 ···························· 154
7.4　实验中的信号分析 ························· 155
　　7.4.1　断条引起的故障 ······················· 156
　　7.4.2　轴承故障 ·························· 160
　　7.4.3　静态不对中故障 ······················· 166
　　7.4.4　匝间短路 ·························· 173
7.5　本章小结 ······························ 176
7.6　附录 ································ 176
　　7.6.1　附录A　实验使用电机的部分特性参数 ············· 176
　　7.6.2　附录B　实验使用滚珠轴承的部分特性参数 ··········· 177
7.7　参考文献 ······························ 177

第8章　基于神经网络的感应电机故障诊断 ················· 179
8.1　概述 ································ 179
8.2　在故障诊断问题中ANN的使用方法 ················· 180
　　8.2.1　选择故障指示器 ······················· 180
　　8.2.2　选择神经网的结构 ······················· 181
　　8.2.3　建立学习和测试数据库 ······················· 182
　　8.2.4　神经网络的学习和测试 ······················· 182
8.3　监测系统概述 ··························· 183
8.4　故障检测可能出现的问题 ······················· 184
8.5　提出的鲁棒检测新方法 ······················· 184
　　8.5.1　产生估计的残差 ······················· 185
8.6　定/转子故障的特征 ························· 186
　　8.6.1　正常运行时的残差分析 ······················· 186

8.6.2　定子故障时的残差分析 ·· 186

8.6.3　转子故障时的残差分析 ·· 188

8.6.4　同时存在定/转子故障时的残差分析 ······················· 190

8.7　利用 RN_d 神经网络检测故障 ··· 191

8.7.1　提取故障指示器 ··· 191

8.7.2　RN_d 神经网络的学习过程 ·· 191

8.7.3　RN_d 网络的结构 ··· 193

8.7.4　RN_d 网络的训练结果 ·· 193

8.7.5　RN_d 网络的测试结果 ·· 194

8.8　定子故障的故障诊断 ·· 197

8.8.1　选择 RN_{cc} 网络故障指示器 ······································ 197

8.8.2　RN_{cc} 网络的学习序列 ·· 198

8.8.3　RN_{cc} 网络结构 ·· 199

8.8.4　RN_{cc} 网络的学习结果 ·· 201

8.8.5　RN_{cc} 网络的测试结果 ·· 201

8.8.6　RN_{cc} 网络的实验验证 ·· 203

8.9　转子故障的故障诊断 ·· 208

8.9.1　选择 RN_{bc} 网络的故障指示器 ·································· 208

8.9.2　RN_{bc} 网络的学习序列 ·· 208

8.9.3　学习、测试和验证结果 ··· 209

8.10　感应电机完整的监测系统 ··· 210

8.11　本章小结 ··· 212

8.12　参考文献 ··· 212

第9章　静态变流器中的故障检测与诊断 ··························· 214

9.1　概述 ··· 214

9.2　故障检测和诊断 ·· 215

9.2.1　神经网络方法 ··· 215

9.2.2　模糊逻辑方法 ··· 221

9.2.3　多维数据分析 ··· 224

9.3　功率电子模块的热疲劳和失效模式 ···································· 231

9.3.1　功率电子模块的相关技术 ·· 231

9.3.2　电力电子模块性能退化的原因及主要类型 ··················· 239

9.3.3　连接件损坏对电气特性的影响以及对故障诊断的潜在作用 ····· 244

9.3.4　接触面接触不良对热特性的影响和在故障诊断中的潜在应用 ··· 246

9.4　本章小结 ··· 248

9.5　参考文献 ··· 249

第 1 章

电机常见故障及其诊断方法

Sadok Bazine，Jean – Claude Trigeassou

1.1 概述

本章主要介绍电机中的常见故障及其诊断方法，重点针对感应电机，介绍其故障检测技术。这些方法同时也可以方便地应用到其他类型的电机中。

电机故障诊断得益于各研究领域的技术突破。以诊断为目的进行故障检测和预测对工业系统运行的连续性有着重要的影响，因此针对该问题的各种研究工作不断增多。

有效的故障诊断方法和对故障进行早期检测可以有效减少设备停用时间以及故障维修时间，这意味着可以有效避免大多数有害的甚至破坏性的故障，从而减少经济损失。

一个好的故障检测方法要尽可能少地采集所需的信号，并在短时间内分析信号得到明确的故障类型。

电机及其驱动系统的故障多种多样。根据故障成因，可将它们分为两类（见图 1.1）：内部原因造成的故障和外部原因造成的故障。外部原因故障往往由电源电压、机械负载和使用环境造成；内部原因故障往往由电机内部部件引起，如磁通、定/转子线圈、机械气隙及鼠笼等。在图 1.1 中，我们列出了故障的简单列表：

- 定子上的电气故障：产生原因可能是因为某一相开路、同相或两相之间短路及某一相与定子支架间短路等；
- 转子上的电气故障：对于绕线式异步电机，可能是由于线圈开路或短路造成；对于笼型异步电机，则可能是导条和/或短路环破损或开裂造成的；
- 定子内孔或转子的机械故障：例如轴承故障、不对中以及安装错位等；
- 驱动系统电力电子器件故障。

根据电机的对称性，任何故障都会引起电机气隙旋转磁场的畸变。因此，测量信号中就会包含谐波。通过测量这些信号，可以从外部监测电机运行状态。这些信号可以是电信号，也可以是机械信号，如电流、电压、磁通、转矩以及转速等。故障检测和辨识方法得到广泛研究主要因为还有以下问题亟待解决：

- 定义一个诊断过程用以检测和辨识任意类型的故障；

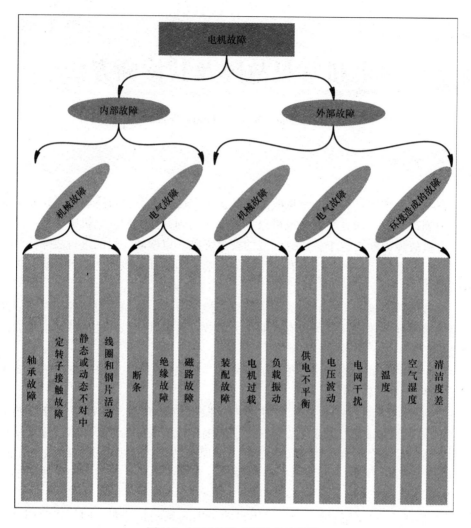

图 1.1   基于故障成因的故障分类

- 提高故障检测方法的鲁棒性，使其在任何操作环境下不受干扰；
- 位置、转速和转矩控制中故障的可靠检测；
- 在不同工况下故障的可靠检测。

有效的故障诊断方法为容错控制开辟了一条新的道路，而且势必会提高工业过程的鲁棒性。在过去几十年中，电力电子技术的发展使电机能够应用到新的领域，电机运行的性能也随之提高。然而，技术的进步也带来了新的故障风险。

现在，很多科研机构致力于设计和开发新的控制策略［BIA 07，AKI 08］，以在电机及其控制系统故障时提高系统的性能。

本章主要包含 3 个主要部分，分别介绍：感应电机的组成、电机内可能发生的各类故障及对应的故障诊断方法。

1.2　感应电机的组成

本节简要介绍感应电机的组成部分，通过了解电机组成可以从物理层面更好地理解电机故障。

从机械结构角度来看，感应电机可分为以下三个独立的部分：
- 定子：固定不动的部件，与电源相连；
- 转子：旋转部件，带动机械负载旋转；
- 轴承：支撑转轴旋转的机械部分。

1.2.1　定子

感应电机的定子由薄钢片叠加而成，上面绕有定子线圈。对于一些小型电机而言，这些薄片是由单张薄钢片裁剪而成；对于大功率电机而言，这些薄钢片则被切成块。为了避免涡流，每张薄钢片上都涂有绝缘层，通过铆接或焊接将它们叠压在一起，组成定子磁路。定子线圈安装在预先设计的槽中，分为分布绕组和同心绕组两类［GRE 89，LOU 69］。

当感应电机绕组机械结构部分是由机械加工制成时，通常采用同心绕组。电气绕组和定子铁心通过绝缘材料进行绝缘处理，根据电机用途不同应使用不同绝缘材料。

感应电机的定子通常配备一个接线盒用于连接电源。感应电机定子的各组成部分如图 1.2 所示。

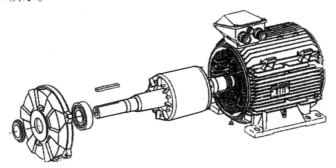

图 1.2　Leroy - Somer 公司的笼型转子感应电机

1.2.2　转子

转子磁路也由薄钢片构成，与制造定子使用的薄钢片相同。感应电机的转子分为两类：绕线转子和笼型转子。

绕线转子的构造方法与定子线圈相同[⊖]；转子相则在电机轴上安装的电刷/集电环的帮助下产生出来。

对于笼型转子来说，大功率电机采用铜导条，小功率电机采用铝导条。这些导条通过两端的短路环连接，短路环材质是铜或铝。图 1.2 给出了笼型转子的不同组成部分。

对于笼型转子来说（见图 1.2），导体由模压铝合金或由大型预制铜导条箍到转子的铁心上制成。通常来说，转子导条和磁路之间没有绝缘层，但由于铝合金的阻抗很小，所以电流无法从磁路薄钢片上流过，除非鼠笼的导条损坏 [MUL 94]。

1.2.3 轴承

轴承包括滚珠轴承和凸缘。滚珠轴承被加热后插入转轴，作为转轴旋转的支撑。凸缘通常由铁合金铸造，通过螺栓或紧固杆固定到定子上，如图 1.2 所示。上述这些部件由此构成了感应电机。

1.3 感应电机的故障

尽管感应电机被认为具有较强的鲁棒性，但有时也会发生不同类型的故障。这些故障可能发生在电机的不同部位，从定子相间的连接处到转轴和负载之间的机械耦合，都有可能发生故障。这些故障有的可以预测，有的不可预测，它们可能是机械故障，也可能是电气故障或磁路故障，具有多种多样的成因。

根据 [BON 08] 的统计表明，笼型感应电机在石油化工行业使用过程中产生的故障多于其他行业。大功率电机可能产生的各类故障比例如图 1.3 所示。

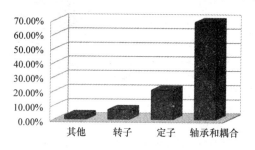

图 1.3 大功率电机可能产生的各类故障比例（2008）

⊖ 将绕组插入转子槽中。

由图 1.3 可知，大功率电机的故障主要发生在轴承和定子部分，这主要是因为此类电机设计制造时在机械结构方面具有更大的约束。

在电机类型相同的情况下 (100kW ~ 1MW)，将上述统计结果与早期的研究〔THO 95〕（见图 1.4）进行比较，我们发现最近几年电机的故障分布比例发生了变化，这主要是因为电机的生产条件发生了改变，定/转子故障逐渐减少，故障主要集中在轴承部分。电力电子技术的进步带来了新的电机控制方法，其已成为电气系统控制

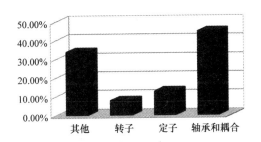

图 1.4　早期研究得出的电机不同
类型故障比例（1995）

的标准方法。由功率变流器控制的电机，轴承受到包含高次谐波的电压控制系统引起的冲击，这类电源加速了定子绕组绝缘层的老化。显而易见，解决方法就是要寻找更好的绝缘材料。但是上述统计数据并不适用于所有情况，我们应该注意到故障同时与电机的运行环境息息相关，造成故障的原因也多种多样〔THO 97〕。例如，下面是一些常见的故障原因。

－ 机械故障：制造不良、机械振动、电磁力不平衡、偏心故障、负载波动；

－ 电气故障：绝缘层损坏、局部放电、电火花；

－ 热故障：铜损、缺少整体或局部冷却；

－ 环境引起的故障：空气湿度、灰尘。

表 1.1 总结了导致定/转子故障的主要原因〔KAZ 03〕。

表 1.1　感应电机故障原因

	故障	原　　因
定子故障	机体振动	磁场不平衡、线圈振动、电源不稳、过载、安装不良、与转子接触
	线圈与定子架间故障	线圈受到定子架挤压、热循环、绝缘不良、槽内有角点、振动
	绝缘故障	安装时绝缘损坏、频繁起动、极限温度环境
	匝间短路	高温、高湿度、振动、过电压
	相间短路	绝缘层损坏、高温、电压不稳、线圈变松
	导体位移	振动、频繁起动、绕组振动
	接头故障	导体压力、过度振动
转子故障	轴承故障	错误安装、磁场不平衡、过载、缺少润滑剂、缺乏清洁、负载不平衡、热疲劳
	导条断裂	磁场不平衡、过载、缺少润滑剂、高温、缺乏清洁、负载不平衡、热疲劳
	磁路故障	生产故障、热疲劳、过载
	错位	安装不良、轴承故障、过载、磁场不平衡
	轴承润滑不良	温度过高、润滑剂质量差
	机械不平衡	短路环活动、校准问题

这些故障往往有一个或多个"症状"，比如：

- 线电流、线电压不平衡；
- 转矩振荡加剧；
- 平均转矩降低；
- 损耗提高，导致能效降低；
- 过热，加速老化。

因此，可以把这些故障分为两类：机械故障和电气故障。这些故障在图1.1中做过简要列举。

研究感应电机故障主要有以下两个原因：

- 了解它们的演变，从而有效预测其严重性和发展趋势；
- 分析其对电机运行的影响，从这些故障表征反向推导得出故障成因，也可称之为"后验"。

1.3.1   机械故障

超过40%的电机故障都是机械故障引起的，主要分为轴承故障和偏心故障。

1.3.1.1   轴承故障

电机故障的主要原因是滚珠轴承发生故障 [STA 05]，例如润滑油污染、过载、甚至多电平逆变器产生的漏电流等电气原因 [STA 05] 都可能导致此类故障。

轴承故障会对电机造成不同机械影响，例如噪声，振动等。另外，也可以表现为感应电机转矩负载的变化。

1.3.1.2   偏心故障

机械故障经常发生在电机气隙上，表现为静态或动态偏心故障 [SAH 08]（见图1.5），或者混合偏心故障：

图1.5   静态和动态偏心故障

- 静态偏心故障通常由于连接到定子上的旋转销错位引起，大多数情况是凸缘不对中导致的；
- 动态偏心故障可能是由于转子圆柱面或定子圆柱面弯曲，或者滚珠轴承损坏引起；
- 混合偏心故障是最常见的故障，通常是由静态偏心故障与动态偏心故障结合产生。

对输入电流的振动分析、超声波分析以及频谱分析，或者对电机轴简单的目视分析都可以判断这些故障的类型。我们在很多研究中都可以找到解决这些问题的不同方法，详细情况请参见 ［BIG 95，BON99，BON00］。

1.3.2　电气故障

无论是发生在定子上还是转子上的电气故障都有多种多样的类型和成因。例如，电源电压不稳或者频繁起动都可能导致定子线圈发热，引起绝缘层的局部损坏。同样地，相导体的电动疲劳也会引起机械振动，从而导致绝缘层损坏。静态变流器产生的电压也会产生此类有害现象，导致导体绝缘层寿命缩短。就环境而言，空气湿度、腐蚀性以及磨损也会导致故障。

1.3.2.1　定子故障

定子故障主要包括两相间的线圈短路和某一相与定子框架间的短路 ［BAZ 09b］。该类故障可以简化为定子线圈上两点间的直接连接。相间短路通常发生在线圈头，因为不同相导体在线圈头部交汇在一起。线圈内短路通常发生在线圈头部或者凹槽处，这将导致绕组实际线圈数的减少。

相间短路很可能造成停机。然而，某一相与中性点间的短路或者同一相匝间短路则不会造成这么严重的影响，可能产生的后果一般为相不平衡，对转矩产生直接影响。此类故障会对由 Park 模型 （假设为平衡模型） 推导得出的控制系统产生影响。

1.3.2.2　转子故障

绕线转子故障与定子故障基本相同。而对于笼型转子来说，故障可分为导条断裂和短路环损坏两种，如图 1.6 所示。

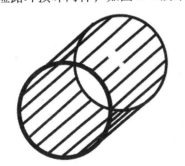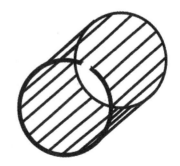

图 1.6　导条断裂以及短路环损坏故障

导条断裂或者短路环损坏通常是由机械过载（频繁起动）、局部过热或者制造缺陷（气泡或者劣质焊接）引起的 ［BON 92，CAS 05］。这些故障会引起电流以及电磁转矩的振荡，在转动惯量比较大（恒转速）时尤为明显；当转动惯量小时，振荡通常体现在机械转速以及定子电流幅值上。

短路环损坏比导条断裂更加常见。事实上，这些故障一般是由于铸造时存在气泡或者导条和短路环膨胀率不一致而引起的，特别是短路环内传导电流大于导条电流时容易发生。这些现象往往导致短路环尺寸变化、电机运行工况恶化或者转矩过载，进而引发过电流，最终导致故障发生。

单个导条断裂往往不会使电机停机，这是由于断裂导条内流过的电流可以分散到临近导条内，这些临近导条可能会因为过电流而损坏；当越来越多的导条由于过载损坏后就会导致电机停机。

面对这些有很大可能性发生的故障及后果，人们开始大量应用故障检测技术，这些技术同时也引起电机设计人员的重视。

1.4 感应电机故障诊断方法概述

电机，特别是感应电机，在各个工业领域发挥着重要的作用。确保电机的可用性和使用安全性是工业生产中的基本要求。为此，开发能够确保设备正常运行的检测诊断系统势在必行。

然而，监测和检测并不仅仅局限于电机本身。事实上，电机只是整个工业过程的一部分，确保操作安全是整个工业过程监测的重要部分。图1.7给出了工业控制过程中实现监测和调节所包含的不同步骤和必须具备的功能。

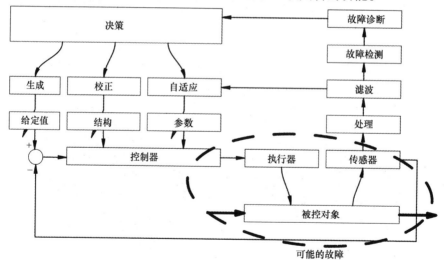

图1.7 工业控制过程的监测和调节

图1.7适用于感应电机及其控制系统，也适用于整个工业过程。监测的最终目的都是通过检测运行中可能发生的故障来提高工业生产过程的可靠性。当监测和诊断系统满足可准确检测和定位故障的基本要求后，下一步就是要通过控制来解决故障引起的运行性能下降问题。根据故障的严重程度和破坏程度，这一措施

可能出现在图 1.7 中的各个环节上。

对于一些要求较高的系统，任何故障都是不允许的（如核电站、航天工业、航空运输等），设计师往往要设计冗余系统，一旦一个子系统出现故障，另一个备用系统立即替换故障子系统；如果某个系统与其他系统运行状态不一致，就会被立刻切除。但是这种类型的设计（硬件冗余）对于大多数常见工业系统来说十分昂贵。

本节的主要目的是介绍电机中采用的故障诊断方法。这些方法分为两类：一类基于系统解析模型；另一类则无需系统模型。第一类方法受到控制领域工程师的欢迎，而电气工程以及信号处理领域的工程师则偏向于使用第二类启发式的方法。

1.4.1　基于解析模型的故障诊断方法

这类检测方法依赖于对系统的认知，需要知道系统模型和代表系统运行状态的参数。模型产生的信号（或估计的参数）可以用来进行有效的故障检测和识别可能发生的故障。但是这类方法要求在系统不同运行工况下对系统模型和参数变化范围都有明确的认识。这些方法可被分为如下三类：

1.4.1.1　状态估计法

解析模型包含有限数量的内部变量，称为状态变量。这些变量有时难以直接获取，比如无法使用物理方法测量或传感器安装费用过于昂贵等原因。由于系统随时间运行正是以这些变量随时间变化为特征的，因此可以使用参数估计技术（软件传感器）来跟踪这些变

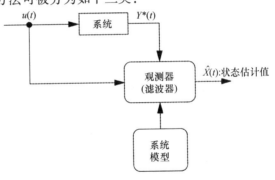

图 1.8　状态估计基本原理

量的变化。采用状态估计法对测量信号（系统的输入/输出信号）进行估计的原理如图 1.8 所示。

［KAL60］和［LUE71］提出了两种根据数学模型重构系统状态的方法，使用了卡尔曼滤波器和龙贝格观测器。基于对系统工作点的线性表达使这两种方法可以应用于非线性模型。我们还可以使用扩展卡尔曼滤波器和扩展龙贝格观测器［SAÏ 00，CHE 06，BES 07］；在无法通过坐标变换对系统进行线性化时，还可采用高增益观测器［RAJ 98，GAU 92］、自适应增益观测器［RAG 94］及高增益观测器与卡尔曼滤波器的结合方法［GAU 92］。使用扩展卡尔曼滤波器进行变量和参数估计使我们回到了最初的辨识技术。举例来说，在监测和诊断感应电机故障时，基于感应电机的 Park 模型，我们可以根据感应电机的转子电流◯或磁通

◯　针对笼型转子电机。

来判断故障类型。

1.4.1.2 残差产生法

残差是系统模型和被监测系统之间的偏差信号，如图 1.9 所示。残差依赖于其产生方法，产生残差的目的是要为检测故障提供重要的可利用的信号。正常运行的系统残差接近于零，残差携带的信息可以反映故障类型。

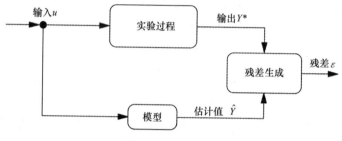

图 1.9　残差产生

另一种产生残差的方法是基于解析冗余关系［CHR 99］，通过可靠的残差来反映定转子阻抗的变化。该方法是定/转子故障检测的一种可靠方法。

然而，研究表明，残差产生法更适用于检测执行器和传感器故障［CHR 99］。在实际中，通过辨识方法才可以更好地检测电机内部故障。

1.4.1.3 辨识法

辨识法是根据实验得到的系统输入输出值为待检测系统建立一个动态模型，其核心思想是那些表征辨识模型特征的系统参数对故障十分敏感，因此可以根据这些参数的变化进行故障辨识。［ISE93］对这一基本原理进行了形式化的描述。

对模型参数进行估计，主要依赖于能够最小化模型输出与电机输出间误差的算法。这一流程如图 1.10 所示，该方法也称为模型法［RIC 71］。

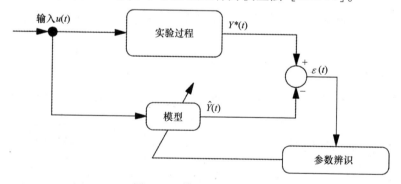

图 1.10　辨识法基本原理

可以使用很多基于最小化二次准则的辨识技术。我们可以将这些技术分为如下几类：

- 方程误差法 ［LJU 87］；
- 输出误差法 ［RIC 71，TRI 96，TRI 01］；
- 扩展卡尔曼滤波法 ［LJU 87，LOR 98］。

方程误差法是最易实现的方法，具有实时性，能够在线监测参数变化。主要用于受噪声影响系统的带偏差的估计。通常将该方法应用于连续系统 ［YOU81，MEN 99］。

输出误差法实现较为困难，常局限于离线运行。另一方面，该方法提供的无偏差信息可结合先验知识，通过对参数进行监测从而实现故障诊断 ［MOR 99］。

扩展卡尔曼滤波法 ［LOR 98］ 结合了状态观测与参数估计。其估计结果也是无偏差的，可以很好地适用于实时运行的场合。然而，系统优化运行要求必须非常了解关于噪声对系统影响的先验知识。

感应电机的电气参数是非常好的故障指示器。例如，笼型感应电机最常见的故障是转子导条损坏，这一故障可以由频谱分析进行识别，但是转子阻抗也可以作为其故障指示器。

事实上，很多研究表明阻抗 R_r 对转子故障十分敏感。当断裂导条数增加时，阻抗也明显增加。有很多方法可以估算这一阻抗值，例如输出误差估计法 ［MOR 99，BAC 02］、扩展卡尔曼滤波器估计法 ［SAÏ 00，BAZ 09a］ 及非线性高增益观测器估计法 ［BOU 01］ 等。

然而，该阻抗受到转子温度变化的影响，一些自然原因也会导致其变化，例如满载运行等。仅仅估算 R_r 无法检测某一根或几根导条故障，可以利用辨识算法以及先验知识考虑电机内部温度以减弱该检测结果的不确定性 ［BAC 02］。

通过使用 ［SCH 99，BAC 02］ 中的精确模型，这些通过辨识实现的诊断方法常被用于下列故障的监测和检测：

- 导条或短路环断裂；
- 静/动态不对中；
- 定子同一相内匝数减少或匝间短路。

辨识法的最大局限在于必须有一个持续的激励信号。例如，图 1.10 中 $u(t)$ 必须持续激励该系统才能不断获得辨识算法所需的信号。显然，这与可控运行 （例如保持恒速运行） 是相矛盾的 ［LJU 87］。

第一类诊断方法需要使用知识模型，要了解电机动态行为的先验知识，因此并不能涵盖电机的所有故障 （例如轴承故障）。在下一节中，我们讨论不使用模型的诊断方法，这一方法是基于监测和分析电流、振动、磁通及转矩等参数的幅值来进行的。

1.4.2　无需解析模型的故障诊断方法

该类方法不需要搭建系统模型，而是依赖于信号内蕴含的信息。将建模或测量获得的故障信号分类放入数据库中，通过信号释义或专家系统进行信号分析。

下列故障可以通过该诊断方法进行检测：
- 导条或转子环开裂；
- 静态和动态偏心；
- 轴承故障；
- 匝间短路。

1.4.2.1 信号处理方法

出于对简易性和高效性的考虑，信号处理方法在故障诊断中得到广泛应用。这一方法是基于健康系统行为特征，通过与测量信号做比较来进行的。暂态和稳态系统的常用故障诊断信号分析方法有频谱分析法、频谱图法、时域分析法及Wigner – Ville 分布法等［AND 94］。

频谱信号分析法是故障检测中最常用的方法。其缺点是对于信号采集质量、采样频率以及样本数极其敏感。监测过程通常是针对电机定子、转子以及轴承三大部件中的一个进行的。

为了获得精确的故障信息，研究人员进行了很多研究，特别是研究了定子电流频谱，主要有两个原因：一是电流易于测量，并且可以对不同故障提供大量信息。但是只有当每种故障的频率分量已知时，才能对测量信号进行 FFT 频谱分析［BEN 00，KAZ 03，SAH 08］。此外，该方法需要大量采样点才能够保证精度，因此该方法常用于电机长时间运行时的故障诊断［DID 04］。

频谱图法是在电机动态运行时对信号进行频率分析。这种方法在时降窗口中重复进行 FFT 计算，使得该方法对窗口长度、类型、监测时长以及滑动窗步长具有高灵敏度［FLA 93］。尽管这种方法可以在动态模式下分析信号，但是在感应电机工作在 150m/s 的速度时其精度会大大降低。

时域分析法是将健康运行时系统的时域信号与当前系统的时域信号进行比较［CAS 03，KRA 04，OND 06］。测量工具带来的相移会对直接比较带来很大影响，因此，在比较之前需要对信号进行转换，如果不经过转换，是无法有效识别影响电机的故障类型的。

基于 Wigner – Ville 分布的时频分析法结合了时域分析和频域分析。［AND94］说明了该方法可在系统动态过程中提取信息，并且比应用于静态过程时更加有效。

1.4.2.2 人工智能方法

人工智能方法在故障检测和诊断领域也有着广泛的应用，该方法能够提高诊断的效率和可靠性。在电机监测领域，工程师和研究人员通常是为了提高系统效率而采用这种方法［ALT 99，AWA 03］。

事实上，"人工智能"这一术语包含很多种不同的方法。例如专家系统、神经网络、模糊控制等，这些方法可以独立使用，也可以结合起来以提高诊断效率。尽管有时需要经过对优化运行来说非常重要的训练阶段，但这些方法仍旧非常吸引人。训练过程中需要使用样本集，这些样本可能是错误的，也可能只适用于某些特定系统。

一旦训练完成，该方法将变得简单并且高效，并可应用于电气系统的故障诊断。人工智能方法可加速决策过程，减少人工干预，但是并不一定适用于所有的故障诊断问题。

人工智能方法通过多种形式模仿人类的推理过程，主要包括：

"人工神经网络"模仿人类大脑的神经结构，通过简单的计算模块组成复杂的网络结构，可以用于描述非线性、多输入/输出系统。

该方法根据采用的不同技术，可广泛应用于电机故障诊断［SAL 00, AWA 03］：

- 根据仿真或实验得到的时域或频域信号进行训练；
- 实时自诊断；
- 网络结构动态更新；
- 对瞬变、干扰及噪声进行滤波；
- 故障发生立即检测。

"模糊逻辑"利用了人类的价值感知能力，它不仅仅局限于传统逻辑对"对"或"错"的判断，而是在更大范围内给出了介于是和否之间的值。模糊系统利用"if–then"形式的模糊控制规则来处理自然变量。自适应模糊控制系统利用神经网络的训练机制以及用于研究对象参数优化遗传算法的鲁棒性，能够有效地将先验知识和人类经验纳入考虑范围。

相关的研究工作中［ALT 99, BAL 07, ZID 08］，很多文献致力于研究用于电机状态监测和故障诊断的方法，它们包含不同的研究目标：

- 功能异常检测和定位故障；
- 性能指数评估；
- 利用人类知识建立数据库，制定一系列"if–then"形式的模糊推理规则；
- 设计用于故障诊断的自适应系统。

"神经模糊"方法是上述两种方法的组合。［ALT99］和［BAL07］中证明了这种组合可以很好地应用于电机故障监测和诊断。事实上，自适应神经网络可以单独生成相应的模糊系统，规则的生成是利用训练样本实现的，即在规则制定过程中尽量减少专家的干预。

人工智能大大提高了诊断过程的自动化，使得在故障诊断领域充分利用人类知识成为可能。

1.5 本章小结

电机故障诊断在过去几十年中一直是研究热点，得到了持续关注，在本章结尾的参考文献部分可看出这一点。监测技术的出现彻底改变了电机的系统维护技术。事实上，电机故障诊断这一术语针对的是被监测系统，其目的是诊断交流电机在正常运行状态下其故障的类型及严重程度。

本章开始介绍了感应电机的构成，接着对可能产生的故障进行分类，然后针对可能导致机械或电气故障的原因进行归纳。

本章中我们还介绍了监测诊断电机故障的方法和技术。这些方法主要分为两大类：一类是基于解析模型的诊断方法（偏向于采用辨识技术）；另一类则不采用解析模型，是基于傅里叶分析和启发式的方法。

1.6 参考文献

[AKI 08] Akin B., Orguner U., Toliyat H.A., Rayner M., "Low order PWM inverter harmonics contributions to the inverter-fed induction machine fault diagnosis", *IEEE Transactions on Industry Electronics*, vol. 55, no. 2, p. 910-919, February 2008.

[ALT 99] Altug S., Chen M.-Y., Trussell H.J., "Fuzzy inference systems implemented on neural architectures for motor fault detection and diagnosis", *IEEE Transaction on Industry Electronics*, vol. 46, no. 6, p. 1069-1079, 1999.

[AND 94] Andria G., Savino M., Trotta A., "Application of Wigner-Ville distribution to measurement on transient signal", *IEEE Transaction on Instrumentation and measurement*, vol. 43, no. 2, April 1994.

[AWA 03] Awadallah M.A., Morcos M., "Application of AI tools in fault diagnosis of electrical machines and drives-an overview", *IEEE Transaction on Energy Conversion*, vol. 18, no. 2, p. 245-251, 2003.

[BAC 02] Bachir S., Contribution au diagnostic de la machine asynchrone par estimation paramétrique, PhD thesis, University of Poitiers, France, December 2002.

[BAL 07] Ballal M.S., Khan Z.J., Suryawanshi H.M., Sonolikar R.L., "Adaptive neural fuzzy inference system for the detection of inter turn insulation and bearing wear faults in induction motor", *IEEE Transaction on Industry Electronics*, vol. 54, no. 1, p. 250-258, 2007.

[BAZ 09a] Bazine I.B.A., Bazine S., Tnani S., Champenois G., "Online broken bars detection diagnosis by parameters estimation", *13th European Conference on Power Electronics and Applications EPE*, Spain, Barcelona, 8-10 September 2009.

[BAZ 09b] Bazine S., Conception et implémentation d'un Méta-modèle de machines asynchrones en défaut, PhD thesis, University of Poitiers, Ecole nationale d'ingénieurs de Tunis, June 2009.

[BEN 00] Benbouzid M.E.H., "Review of induction motors signature analysis as a medium for fault detection", *IEEE Transactions on Industrial Electronics*, vol. 47, p. 984-993, 2000.

[BES 07]　BESANÇON G., *Non-linear Observers and Applications*, Springer, Berlin, 2007.

[BIA 07]　BIANCHI N., BOLOGNANI S., PRÉ M.D., "Strategies for the fault-tolerant current control of a five-phase permanent-magnet motor", *IEEE Transactions on Industry Applications*, vol. 43, no. 4, p. 960-970, July-August 2007.

[BIG 95]　BIGRET R., FÉRON J.L., *Diagnostic - maintenance - disponibilité des machines tournantes*, Editions Masson, 1995.

[BON 92]　BONNETT A.H., SOUKUP G.C., "Cause and analysis of stator and rotor failures in tree-phase squirrel-cage induction motor", *IEEE Transactions on Industry Applications*, vol. 28, p. 921-937, July-August 1992.

[BON 99]　BONNETT A.H., "Understanding motor shaft failures", *IEEE Applications Magazine*, p. 25-41, 1999.

[BON 00]　BONNETT A.H., "Root cause AC motor failure analysis with a focus on shaft failures", *IEEE Transactions on Industry Applications*, vol. 36, p. 1435-1448, 2000.

[BON 08]　BONNETT A.H., YUNG C., "Increased efficiency versus increased reliability", *IEEE Industry Applications Magazine*, p. 1077-2618, January-February 2008.

[BOU 01]　BOUMEGOURA T., Recherche de signature électromagnétique des défauts dans une machine asynchrone et synthèse d'observateurs en vue du diagnostic, PhD thesis, École Centrale de Lyon, March 2001.

[CAS 03]　CASIMIR R., Diagnostic des défauts des machines asynchrones par reconnaissance des formes, PhD thesis, Ecole centrale de Lyon, 2003.

[CAS 05]　CASIMIR R., BOUTELEUX E., YAHOUI H., CLERC G., HENAO H., DELMOTTE C., CAPOLINO G., HOUDOUIN G., BARAKAT G., DAKYO B., DIDIER G., RAZIK H., FOULON E., LORON L., BACHIR S., TNANI S., CHAMPENOIS G., TRIGEASSOU J., DEVANNEAUX V., DAGUES B., FAUCHER J., ROSTAING G., ROGNON J., "Synthèse de plusieurs méthodes de modélisation et de diagnostic de la machine asynchrone à cage en présence de défauts", *Revue Internationale de Génie Électrique*, vol. 8, no. 2, p. 287-330, 2005.

[CHE 06]　CHERRIER E., Estimation de l'état et des entrées inconnues pour une classe de systèmes non linéaires, PhD thesis, Institut national polytechnique de Lorraine, France, 2006.

[CHR 99]　CHRISTOPHE C., COCQUEMPOT V., STAROSWIECKI M., "Robust residual generation for induction motor using elimination theory", *SDEMPED-99*, 1-3 September 1999.

[DID 04]　DIDIER G., Modélisation et diagnostic de la machine asynchrone en présence de défaillances, PhD thesis, University of Nancy 1, France, 2004.

[FLA 93]　FLANDRIN P., *Temps - Fréquence*, Hermès, Paris, 1993.

[GAU 92]　GAUTHIER J., HAMMOURI H., OTHMAN S., "A simple observer for non-linear systems applications to bioreactors", *IEEE Transactions on Automatic Control*, vol. 37, no. 6, p. 875-880, 1992.

[GRE 89]　GRELLET G., "Pertes dans les machines tournantes", *Convertisseurs et machines électriques*, Techniques de l'ingénieur, dossier D3450, December 1989.

[ISE 93] ISERMAN R., "Fault diagnosis of machines via parameter estimation and knowledge processing - tutorial paper", *Automatica*, vol. 29, no. 4, p. 815-835, 1993.

[KAL 60] KALMAN R., "A new approch to linear filtering and prediction problems", *Transactions of the ASME - Journal of Basic Engineering*, vol. 82, p. 35-45, 1960.

[KAZ 03] KAZZAZ S.A.S.A., SINGH G.K., "Experimental investigations on induction machine condition monitoring and fault diagnosis using digital signal processing techniques", *Electric Power Systems Research*, vol. 65, p. 197-221, Elsevier, 2003.

[KRA 04] KRAL C., HABETLER T.G., HARLEY R.G., "Detection of mechanical unbalances of induction machines without spectral analysis of time-domain signals", *IEEE Transactions on Industrial Applications*, vol. 40, no. 4, p. 1101-1106, August 2004.

[LJU 87] LJUNG L., *System Identification: Theory for the User*, Prentice Hall, Englewood Cliffs, 1987.

[LOR 98] LORON L., Identification et commande des machines électriques, Habilitation à diriger des recherches, UTC Compiègne, 1998.

[LOU 69] LOUTZKY S., *Calcul pratique des alternateurs et des moteurs asynchrones*, Eyrolles, Paris, 1969.

[LUE 71] LUENBERGER D.G., "An introduction to observers", *IEEE Transactions on Automatic Control*, vol. 16, no. 6, p. 596-602, 1971.

[MEN 99] MENSLER M., Analyse et étude comparative de méthodes d'identification des systèmes à représentation continue. Développement d'une boîte à outil logicielle, PhD thesis, University of Nancy I, 1999.

[MOR 99] MOREAU S., Contribution à la modélisation et à l'estimation paramétrique des machines électriques à courant alternatif: Application au diagnostic, PhD thesis, University of Poitiers, 1999.

[MUL 94] MULLER G., LANDY C., "Vibration produced in squirrel-cage induction motors having broken rotor bars and interbar currents", *International Conferences on Electrical Machines*, 1994.

[OND 06] ONDEL O., Diagnostic par reconnaissance des formes : Application à un ensemble convertisseur-machine asynchrone, PhD thesis, Ecole centrale de Lyon, 2006.

[RAG 94] RAGHAVAN S., HEDRICK J., "Observer design for a class of non-linear systems", *International Journal of Control*, vol. 59, no. 2, p. 515-528, 1994.

[RAJ 98] RAJAMANI R., "Observer for lipschitz non-linear systems", *IEEE Transactions on Automatic Control*, vol. 43, no. 3, p. 397-401, 1998.

[RIC 71] RICHALET J., RAULT A., POULIQUEN R., *Identification des processus par la méthode du modèle*, Gordon and Breach, London, 1971.

[SAH 08] SAHRAOUI M., GHOGGAL A., ZOUZOU S., BENBOUZID M., "Dynamic eccentricity in squirrel-cage induction motor-Simulation and analytical study of its spectral signature on stator currents", *ELSEVIER Simulation Modeling Practice and Theory*, vol. 16, p. 1503-1513, 2008.

[SAÏ 00] SAïD M., BENBOUZID M., BENCHAIB A., "Detection of broken bares in induction motors using an extended Kalman filter for rotor resistance sensorless estimation", *IEEE Transaction on Energy Conversion*, vol. 15, no. 1, March 2000.

[SAL 00] SALLES G., FILIPPETTI F., TASSONI C., CRELLET G., FRANCESCHINI G., "Monitoring of induction motor load by neural network techniques", *IEEE Transaction on Power Electronics*, vol. 15, no. 4, p. 762-768, 2000.

[SCH 99] SCHAEFFER E., Diagnostic des machines asynchrones: modèles et outils paramétriques dédiés à la simulation et à la détection de défauts, PhD thesis, University of Nantes, 1999.

[STA 05] STACK J.R., HABETLER T.G., HARLEY R.G., "Experimentally generating faults in rolling element bearings via shaft current", *IEEE Transactions on Industry Applications*, vol. 41, no. 1, p. 25-29, January-February 2005.

[THO 95] THORSEN O.V., DALVA M., "A survey of fault on induction motors in offshore oil industry, petrochemical industry, gas terminals, and oil refineries", *IEEE Industry Applications Magazine*, vol. 31, no. 5, September 1995.

[THO 97] THORSEN O.V., DALVA M., "Failure identification and analysis for high voltage motors in petrochemical industry", *Conference Publication, IEE 1997*, no. 444, Condition monitoring methods, 1-3 September 1997.

[TRI 96] TRIGEASSOU J.-C., "Estimation paramétrique des systèmes continus", *Surveillance des systèmes continus*, Ecole d'été d'Automatique de Grenoble, France, 1996.

[TRI 01] TRIGEASSOU J.-C., POINOT T., "Identification des systèmes à représentation continue - application à l'estimation de paramètres physiques", *Identification des systèmes*, p. 177-211, LANDAU I.D., BESANÇON-VODA A. (eds), Hermès, Paris, 2001.

[YOU 81] YOUNG P., "Parameter estimation for continuous time models - a survey", *Automatica*, vol. 17, no. 1, p. 23-39, 1981.

[ZID 08] ZIDANI F., DIALLO D., BENBOUZID M.E.H., NAIT-SAID R., "A fuzzy-based approach for the diagnosis of fault modes in a voltage-fed PWM inverter induction motor drive", *IEEE Transaction on Industry Electronics*, vol. 55, no. 2, p. 586-593, February 2008.

第 2 章

感应电机绕组故障建模

Emmanuel Schaeffer, Smail Bachir

2.1 概述

2.1.1 仿真模型与诊断模型

为了能够在电机绕组故障情况下实现控制重构，仿真模型的仿真时间必须能够根据精度要求，在几分钟至几小时内变化。另一方面，如果建模的目的是通过跟踪诊断模型的参数θ来在线监测电机驱动系统，那么选择模型的首要标准是模型的复杂度。

事实上，辨识算法得到的监测参数与依赖于模型和优化标准得到的参数大不相同 [LJU 99，MEN 99]。在基于输出误差和非仿射模型得到二次判据的典型例子中，经典优化算法在中间位置$\hat{\theta}_i$使用这一判据得到参数空间中所研究参数的方向和深度。然而，经验表明，算法收敛需要梯度和 Hessian 矩阵的解析表达式。为了确保系统正常使用和参数的正确识别，就必须减少参数数量，因此，引入先验知识有可能帮助我们解决这一问题。此外，单纯形算法 [DAN 98] 对模型的解析结构没有任何限制，主要因为我们只需要系统的仿真输出。因此，为了达到更高的仿真精度，我们可以使用较为复杂的模型，但是系统的收敛时间就会大大增加。

2.1.2 模型选择的目标

寻找一个好故障诊断方法需要进行适当的妥协，以将诊断模型与辨识算法结合起来。此外，辨识方法要求输入信号具有足够带宽。对于电动汽车来说，频繁加速和减速能够充分激励诊断模型，但是对于定速或者缓慢变化的系统来说并不适用。

从实际操作的角度来说，选择依赖于诊断的紧急程度，即故障发生、故障诊断（包括故障检测、定位、故障严重性的特征）和决策过程所耗费的时间。换句话说，是否需要立即停机？或者重新配置控制方法能否在不停机的条件下解决故障并获得足够大的电磁转矩？事实上，在最新的变速传动系统中，内部电流控制环可以很好地控制电流，从而在不影响电机性能的前提下，忽略较小的故障。

例如，我们可以很好地解决由于定子绝缘层故障带来的不平衡问题，无论这一问题是由于内部绕组有几匝出现短路还是由于某一相内大量绕组间存在轻微接触所导致。然而，故障时的电流往往高于额定电流，不可避免地导致导体过热，因此作为连锁反应，会导致绝缘层的碳化。

20 世纪 90 年代以来，在法国开展的利用参数跟踪解决电机监测问题的研究工作［CAS 04，LOR 93，MOR 99，SCH 99］表明，短路故障并不会导致 Park 两相模型中参数的明显变化。因此，电机驱动系统故障诊断问题研究的重要环节是开发能够适合描述绕组故障的诊断模型，并且能够在电机使用环境下进行参数辨识。本章主要讨论这个问题。

2.1.3　模型选择的方法

上一节中，我们假设由绕组故障引起的不平衡问题并不突出，因此我们可以继续利用两相模型参数$\underline{i}_{s_{dq}} = T_{23}\,\underline{i}_{s_{abc}}$和$\underline{u}_{s_{dq}} = T_{23}\,\underline{u}_{s_{abc}}$，其中，$\underline{i}_{s_{abc}}$和$\underline{u}_{s_{abc}}$分别是定子相电流和定子相电压，$T_{23}$是 Concordia 变换矩阵。严格来说，上述式子不可能实现，因为在星形联结中，线电流等于相电流，而相电压无法从逆变器的线电压中得到；另一方面，对于三角形连接，相电压是由逆变器施加的，我们无法得到相电流$^{\ominus}$。这一简化的假设对于后续研究十分重要，它可以在旋转磁场或转子参考系中列电机方程时简化 Concordia 和 Park 变换的功率计算。该参考系的转换可以在低频处分析电流和电压信号的频谱，因此也简化了数值积分中连续状态模型的离散化。

从概念上讲，这一假设提出了一个双模式的模型：共模模式和差模模式。共模模式对应于无故障电机的动态模型（Park 模型），表现电机在正常运行状态下的特点，这些特点可能包括温度变化，可能的磁场变化以及铁损的变化。而差模模式中的参数只有在电机故障诊断时才会有所变化。

上述情况只有在引入电机先验知识的前提下才能有效实现，先验知识可以帮助我们简化参数估计。Park 模型的主要参数有阻抗R_s，环形定子电感L_{c_s}，转子时间常数T_r，以及弥散系数$\sigma = 1 - \dfrac{M_{c_{sr}}^2}{L_{c_s}L_{c_r}}$，其中，$L_{c_r}$代表转子电感，$M_{c_{sr}}$代表定/转子互感。在控制调节磁通的例子中，$L_{c_s}$和$\sigma$可视为常数。然而，定子温度变化、特别是转子温度变化对定/转子阻抗的影响很大，因此有$T_r = \dfrac{L_{c_r}}{R_r}$，其中，$R_r$是转子阻抗。上述讨论意味着我们可大大减少在线诊断中需要估计的模型参数，从而对辨识过程的激励也产生了一定的影响。

　$\ominus$　与相电流有关的线电流矩阵是不可逆的。

2.1.4　本章结构安排

本章第 1 节作了一些假设，强调了电机诊断建模的原理，同时还给出了旋转磁场和静态磁场的概念，以及绕组的等效模型。这些都是充分理解绕组故障建模的基本概念，为我们引出其他符号奠定基础。第 2 节详细介绍列写方程和建模过程，该模型适用于检测绕组内短路故障。第 3 节将该方法扩展到笼型转子不平衡故障的建模。最后一节介绍可用于衡量诊断模型可行性的方法和工具，主要依据是 IREENA 实验室［SCH 99］和 LAII［BAC 06，BAZ 08，MOR 99］取得的研究成果。这些研究工作中都使用了相同功率等级（1.1kW 和 1.5kW）的感应电机，但是使用了不同的激励方法和优化算法。

2.2　研究框架与一般方法

2.2.1　前提假设

研究旋转电机的方法要么是使用旋转磁场，引入磁导和电动势（Electromotive Force，EMF）的概念，要么是利用电感和矩阵表达式［DOE 10，TOL 04］。第二种方法中，磁场强度 $\vec{H}$ 和磁通密度 $\vec{B}$ 之间必须有线性化假设，因为只有这样才能有效简化电机动态运行方程。这个简化假设一般用于监测磁通变化，但当用于控制电机变速运行时，这一假设仍然是合理的。

此外，电机制造商希望在气隙表面得到电流的正弦分布（因此，$\vec{B}$ 和 $\vec{H}$ 也是正弦分布的），从而抑制电磁转矩的振荡。由于考虑了空间谐波的影响，这一假设不是那么重要，但是模型的复杂度会大幅增加。在下一节中，我们将对笼型电机在绕组故障情况下进行建模，主要考虑旋转磁场和静态磁场的一次谐波（基波）。

我们还将忽略趋肤效应和电容影响，它们与频率无关［MAK 97］。

最后一个假设是关于某一相线圈内匝间短路，将其等效为一个新的短路绕组 B_{cc}，平均分布于所有相的槽内，忽略故障相内线圈匝数的减少。这一假设将在 2.2.4 节中详细说明。虽然这一假设争议很大，但众多实验结果已经证明了它的正确性。在定/转子绕组故障发生时，我们可以利用这一假设继续利用旋转矢量的概念，获得电机方程的极简形式。

2.2.2　绕组的等效

2.2.2.1　静态磁场和旋转磁场

根据上述假设，沿磁力线应用安培定律，如图 2.1a 所示，p 对极的定子绕组 a 中流过电流 $i_{s_a}(t) = I_m \cos(\omega_s t)$，在气隙中的点 $M_{(\gamma)}$ 处产生磁场强度，其表

达式为

$$H_{s_a}(\gamma, t) = n_s k_{b_s} \cos\left[p(\gamma - \gamma_a)\right] i_{s_a}(t) \qquad [2.1]$$

其中，γ_a 是物理角度，代表了磁场的对称点；n_s 是每相串联的线圈数；系数 k_{b_s} 代表绕组。

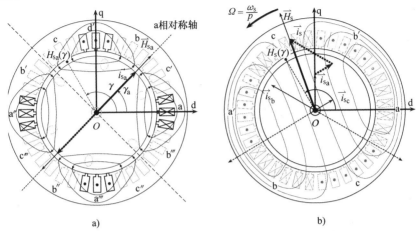

a)　　　　　　　　　　　b)

图 2.1　静态磁场（图 a）和旋转磁场（图 b）的产生

a) 2 对极电机　b) 1 对极电机

静止波的表达式[⊖]如下式所示。该磁场通常由向量 $\vec{H}_s$ 表示，$\vec{H}_s$ 在 $p\gamma_a$ 方向上与气隙中的磁场强度成正比

$$\vec{H}_{s_a}(t) = n_s k_{b_s} i_{s_a}(t) \begin{bmatrix} \cos(p\gamma_a) \\ \sin(p\gamma_a) \end{bmatrix} = H_{m_a} \cos(\omega_s t) \begin{bmatrix} \cos(p\gamma_a) \\ \sin(p\gamma_a) \end{bmatrix} \qquad [2.2]$$

其中，$H_{m_a} = n_s k_{b_s} I_m$。该向量是在 $R_{(0, d, q)}$ 参考坐标系中表示的，该坐标系与电机的物理结构相关，故称为物理坐标系。

电流 $i_{s_a}(t)$ 与 $H_{s_a}(\gamma_a, t)$ 的表达式很相似，所以在同一坐标系中很容易将该电流表达为向量形式。要注意的是，我们描述同一电机的不同物理量，磁场强度和空间位置相关，而电流 i_{s_a} 只和时间相关。

如果一个 p 对极三相平衡定子绕组（三个相同线圈空间相隔 $2\pi/3$）是一个平衡的正弦系统，其电流可定义为

$$\underline{i}_{s_{abc}}(t) = \begin{bmatrix} i_{s_a}(t) \\ i_{s_b}(t) \\ i_{s_c}(t) \end{bmatrix} = I_m \begin{bmatrix} \cos(\omega_s t) \\ \cos\left(\omega_s t - \dfrac{2\pi}{3}\right) \\ \cos\left(\omega_s t - \dfrac{4\pi}{3}\right) \end{bmatrix} \qquad [2.3]$$

⊖　静态磁场的表达不要和静态场的统计概念混淆。

那么气隙中磁场强度表达式为

$$H_s(\gamma,t) = H_{s_a}(\gamma,t) + H_{s_b}(\gamma,t) + H_{s_c}(\gamma,t) = \frac{3}{2}n_s k_{b_s} I_m \cos(\omega_s t - p\gamma) \quad [2.4]$$

这是一个前进的正弦周期波 p，在物理坐标系中以角速度 $\Omega_s = \omega_s/p$ 旋转，如图 2.1b 所示。将其与旋转变量 $\vec{H_s}$ 结合，得到

$$\vec{H_s}(t) = \frac{3}{2}n_s k_{b_s} I_m \begin{bmatrix} \cos\left(\dfrac{\omega_s}{p}t\right) \\ \sin\left(\dfrac{\omega_s}{p}t\right) \end{bmatrix} = H_m \begin{bmatrix} \cos\left(\dfrac{\omega_s}{p}t\right) \\ \sin\left(\dfrac{\omega_s}{p}t\right) \end{bmatrix} \quad [2.5]$$

旋转磁场 $\vec{H_s}$ 能够由下面的旋转电流 $\vec{i_s}(t)$ 得到

$$\vec{i_s}(t) = \frac{3}{2}I_m \begin{bmatrix} \cos\left(\dfrac{\omega_s}{p}t\right) \\ \sin\left(\dfrac{\omega_s}{p}t\right) \end{bmatrix} \quad [2.6]$$

2.2.2.2　Concordia 参考系的物理解释

上述结果利用 Concordia 正交变换可以写为 $T_{33} = [T_{31}, T_{32}]$，其中，

$$T_{31} = \sqrt{\frac{1}{3}} \begin{bmatrix} 1 \\ 1 \\ 1 \end{bmatrix}, \quad T_{32} = \sqrt{\frac{2}{3}} \begin{bmatrix} \cos(0) & \sin(0) \\ \cos(-2\pi/3) & \sin(-2\pi/3) \\ \cos(-4\pi/3) & \sin(-4\pi/3) \end{bmatrix}, \quad T_{33}^{-1} = T_{33}^T$$

$$[2.7]$$

现在考虑任一与电流、电压、磁通相关的三相系统 $\underline{x}_{abc} = X_m \left[\cos(\varphi) \ \cos\left(\varphi - \dfrac{2\pi}{3}\right) \ \cos\left(\varphi - \dfrac{4\pi}{3}\right)\right]^T$。这一系统可以理解为向量在自然参考坐标系轴上的投影，Concordia 变换能够诊断三相平衡绕组的电感矩阵，这一矩阵是自然坐标系 $R(O, x, y, z)$ 到 Concordia 坐标系的转换矩阵 $R(0, h, d, q)$，系统可以表示为

$$\underline{x}_{hdq} = T_{33}^{-1} \cdot \underline{x}_{abc} = \begin{bmatrix} x_h \\ \underline{x}_{dq} \end{bmatrix} \quad [2.8]$$

当系统 $\underline{x}_{abc}$ 平衡时，单极性分量 x_h 为零，x_{dq} 是从平面 $P_{(O,d,q)}$ 起始的向量，与轴 $(0, d)$ 间的夹角为 φ，满足

$$\begin{cases} x_h = \sqrt{\dfrac{1}{3}}(x_a + x_b + x_c) = 0 \\ \underline{x}_{dq} = T_{32}^T \underline{x}_{abc} = X_m \sqrt{\dfrac{3}{2}} \begin{bmatrix} \cos(\varphi) \\ \sin(\varphi) \end{bmatrix} \end{cases} \quad [2.9]$$

在三相感应电机中，这一转换具有特殊含义，平面 $P_{(O, d, q)}$ 对应于电机的一

个截面。事实上，如果定子相电流向量$i_{s_{abc}} = [i_{s_a} i_{s_b} i_{s_c}]^T$在自然参考系中没有具体的物理意义，那么$\underline{i}_{s_{abc}}$可以理解为一个起始于旋转磁场⊖原点的虚拟旋转电流向量，由式［2.6］式定义。

根据式［2.9］和式［2.5］可以写出磁场的峰值表达式，如下所示：

$$H_m = \frac{3}{2}n_s k_{b_s} I_m = \underbrace{\left(\sqrt{\frac{3}{2}}n_s\right)}_{n_{s_{dq}}} k_{b_s} \underbrace{\left(\sqrt{\frac{3}{2}}I_m\right)}_{|i_{s_{dq}}|} \qquad ［2.10］$$

该表达式说明如果气隙中的磁场强度是由$n_{s_{dq}} = \sqrt{\frac{3}{2}}n_s$匝线圈的两相绕组产生，那么两相平衡系统内的电流$\underline{i}_{s_{dq}}$可表示为

$$\underline{i}_{s_{dq}} = \sqrt{\frac{3}{2}}I_m \begin{bmatrix} \cos\left(\dfrac{\omega_s}{p}t\right) \\ \sin\left(\dfrac{\omega_s}{p}t\right) \end{bmatrix} \qquad ［2.11］$$

2.2.2.3 实际绕组电压方程

事实上，三相系统只是 q 相系统的一种特殊形式。任何具有 p 对极的 q 相平衡绕组系统和电流角频率为 ω 的 q 相平衡绕组系统，都可以在气隙中产生一个超前的正弦磁场，以 $\Omega = \omega/p$ 转速旋转。感应电机的笼型结构包括 n_b 个导条，可以看作具有 n_b 个线圈，相距 $2\pi/n_b$，第 k 个线圈由相邻两个导条两端相连形成，等效电路如图 2.2 所示。

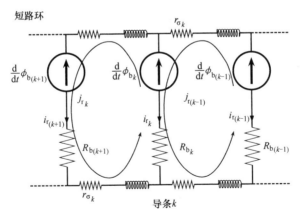

图 2.2 笼型转子等效电路

这种类型的转子极为特殊，因为转子电流都是经由短路环由一根导条流入其

⊖ 在参考坐标系 $R(0, h, d, q)$ 中的单极定子电流 i_h 物理上并不存在。

他导条的。

此外，导条数量并不是定子绕组极对数的整数倍。因此解决方案必须能够使流入转子的电流可以抵消定子电流的影响（楞次定律）：转子电流试图流入导条，产生转子磁场$\vec{B}_r$，与定子磁场$\vec{B}_s$方向相反。并且，转子磁场的周期性是由定子磁场决定的，每一圈有p个周期。在永磁场中，假设气隙中磁场正弦分布，那么流经两个连续转子线圈内的电流相位偏移了$p\left(\dfrac{2\pi}{n_b}\right)$，组成了$n_b$相平衡直流系统。Concordia 变换$T_{2n_b}$的一般形式表达式为

$$T_{2n_b} = \sqrt{\frac{2}{n_b}} \begin{bmatrix} \cos(0) & \cdots & \cos\left(pk\dfrac{2\pi}{n_b}\right) & \cdots & \cos\left[p(n_b-1)\dfrac{2\pi}{n_b}\right] \\ \sin(0) & \cdots & \sin\left(pk\dfrac{2\pi}{n_b}\right) & \cdots & \sin\left(p(n_b-1)\dfrac{2\pi}{n_b}\right) \end{bmatrix} \quad [2.12]$$

图 2.2 中根据两相直流系统$i_{r_{dq}}$定义的转子网孔电流为

$$j_{r_{1:n_b}} = [j_{r_1} \quad \cdots \quad j_{r_k} \quad \cdots \quad j_{r_{n_b}}]^T = T_{2n_b}^T i_{r_{dq}} \quad [2.13]$$

电压方程此时变为

$$\begin{cases} \underline{u}_{s_{abc}} = R_{s_{abc}} \underline{i}_{s_{abc}} + \dfrac{d}{dt} \underline{\phi}_{s_{abc}} \\[2mm] \underline{0} = R_{r_{1:n_b}} \underline{j}_{r_{1:n_b}} + \dfrac{d}{dt} \underline{\phi}_{r_{1:n_b}} \\[2mm] \underline{\phi}_{s_{abc}} = L_{s_{abc}} \underline{i}_{s_{abc}} + M_{sr}(\Theta) \underline{j}_{r_{1:n_b}} \\[2mm] \underline{\phi}_{s_{abc}} = L_{r_{1:n_b}} \underline{i}_{r_{1:n_b}} + M_{rs}(\Theta) \underline{i}_{s_{abc}} \end{cases} \quad [2.14]$$

式中

$$R_{s_{abc}} = \begin{bmatrix} R_s & 0 & 0 \\ 0 & R_s & 0 \\ 0 & 0 & R_s \end{bmatrix} \qquad L_{s_{abc}} = \begin{bmatrix} L_s & M_s & M_s \\ M_s & L_s & M_s \\ M_s & M_s & L_s \end{bmatrix} \quad [2.15]$$

$$R_{r_{1:n_b}} = \begin{bmatrix} 2(R_b + r_\sigma) & -R_b & 0 & \cdots & 0 & -R_b \\ -R_b & 2(R_b + r_\sigma) & -R_b & 0 & \cdots & 0 \\ 0 & \ddots & \ddots & \ddots & \ddots & \vdots \\ \vdots & \ddots & \ddots & \ddots & \ddots & 0 \\ 0 & \cdots & 0 & -R_b & 2(R_b + r_\sigma) & -R_b \\ -R_b & 0 & \cdots & 0 & -R_b & 2(R_b + r_\sigma) \end{bmatrix}$$

$$L_{r_{1:n_b}} = \begin{bmatrix} M_{r_{1,1}} & M_{r_{1,2}} & \cdots & M_{r_{1,n_b}} \\ M_{r_{2,1}} & M_{r_{2,2}} & \cdots & M_{r_{2,n_b}} \\ \vdots & \ddots & \ddots & \vdots \\ M_{r_{n_b,1}} & M_{r_{n_b,2}} & \cdots & M_{r_{n_b,n_b}} \end{bmatrix} \qquad [2.16]$$

$$M_{sr}(\Theta) = \sqrt{\frac{3}{2}}\sqrt{\frac{n_b}{2}} M_{sr} T_{32} P(p\Theta) T_{2n_b} = M_{sr}^T(p\Theta) \qquad [2.17]$$

其中，Θ 是转子角位置；L_s 是定子一相的自感；M_s 是定子两相间的互感；R_b 是导条电阻；r_σ 是连接两个连续导条短路环端部的阻抗；M_{sr} 是定子相和转子线圈间的最大互感。

假设 R_p 为主磁场的磁阻，R_{fs} 为漏磁磁阻，可根据下面两式得到定子绕组电感

$$L_s = L_{p_s} + L_{f_s} = \frac{n_s^2}{R_p} + \frac{n_s^2}{R_{fs}} \qquad [2.18]$$

$$M_s = M_{s_{(a,b)}} = M_{s_{(a,c)}} = M_{s_{(c,b)}} = \cos\left(\frac{2\pi}{3}\right)\frac{n_s^2}{R_p} \qquad [2.19]$$

其中，当计算绕组磁通时，互感系数 $\cos(2\pi/3)$ 通过计算磁场 $\vec{B}$ 和面向量 $\vec{dS}$ 的代数乘法得到，我们可以继续研究通过计算绕组磁通获得电感的方法，用于确定短路绕组参数。

2.2.2.4 等效两相绕组的电参数

对三相定子幅值运用 Concordia 变换 T_{23}，对 n_b 相转子幅值应用 T_{2n_b} 变换，得到定/转子上的两相虚拟电机方程

$$\begin{cases} \underline{u}_{s_{dq}} = R_{s_{dq}} \underline{i}_{s_{dq}} + \frac{d}{dt}\underline{\phi}_{s_{dq}} \\ \underline{0} = R_{r_{dq}} \underline{i}_{r_{dq}} + \frac{d}{dt}\underline{\phi}_{r_{dq}} \\ \underline{\phi}_{s_{dq}} = L_{s_{dq}} \underline{i}_{s_{dq}} + M_{sr_{dq}}(\Theta)\underline{i}_{r_{dq}} \\ \underline{\phi}_{r_{dq}} = L_{r_{dq}} \underline{i}_{r_{dq}} + M_{sr_{dq}}(-\Theta)\underline{i}_{s_{dq}} \end{cases} \qquad [2.20]$$

其中，

$$R_{s_{dq}} = T_{23} R_{s_{abc}} T_{32} = \begin{bmatrix} R_s & 0 \\ 0 & R_s \end{bmatrix} \qquad [2.21]$$

$$R_{r_{dq}} = T_{2n_b} R_{r_{1:n_b}} T_{n_b 2} = \begin{bmatrix} R_r & 0 \\ 0 & R_r \end{bmatrix} \qquad [2.22]$$

$$L_{s_{dq}} = T_{23} L_{s_{abc}} T_{32} = \begin{bmatrix} L_{C_s} & 0 \\ 0 & L_{C_s} \end{bmatrix} \tag{2.23}$$

$$L_{r_{dq}} = T_{2n_b} R_{r_{1:n_b}} T_{n_b2} = \begin{bmatrix} L_{C_r} & 0 \\ 0 & L_{C_r} \end{bmatrix} \tag{2.24}$$

$$M_{sr_{dq}} = \underbrace{\sqrt{\frac{3}{2}} \sqrt{\frac{n_b}{2}} M_{sr}}_{M_{C_{sr}}} P(p\Theta) \tag{2.25}$$

$$L_{C_s} = (L_s - M_s) = \frac{3}{2} L_{p_s} + L_{f_s} \tag{2.26}$$

Concordia 变换从定/转子的描述模型出发，得到了一个等效两相虚拟模型，如图 2.3 所示。

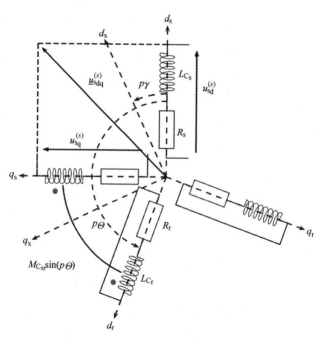

图 2.3　定/转子等效两相虚拟模型中一对极的表示

由于等效定子绕组正交，互感为零，且电感 L_{C_s} 与其自感相关，故有

$$L_{C_s} = \frac{3}{2} L_{p_s} + L_{f_s} = \frac{n_{s_{dq}}^2}{R_p} + \frac{2}{3} \frac{n_{s_{dq}}^2}{R_{fs}} \tag{2.27}$$

然而，由于我们假设气隙表面磁通正弦分布，所以实际线圈主磁场的磁场线和等效虚拟线圈的主磁场磁场线是一致的，如图 2.4 所示。可以推断出，电感 $\frac{3}{2} L_{p_s}$

与虚拟两相定子绕组的主电感也是相关的，其中，线圈数为 $n_{s_{dq}} = \sqrt{\dfrac{3}{2}} n_s$，电阻为 R_s。

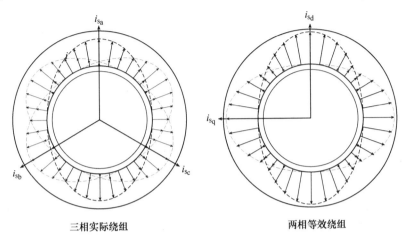

三相实际绕组   两相等效绕组

图 2.4 实际三相绕组和等效两相绕组磁路

同样地，L_{c_r} 与等效两相转子绕组的自感是相关的，$M_{c_{sr}} = \sqrt{\dfrac{3}{2}} \sqrt{\dfrac{n_b}{2}} M_{sr}$ 是虚拟定/转子两相绕组间最大的互感。

2.2.3 无故障等效两相电机

2.2.3.1 非特定参考系方程

图 2.3 中的符号表达给出了电角度（例如转子的电角度 $p\Theta$）和电脉冲，可以应用于所有电机类型，不受极对数的限制。它可以在类似于电机物理截面的一个平面内表示出旋转向量，并把它们按照控制要求投影到任意参考系 $R_{(O,d_x,q_x)}$ 中，例如，定子固定的参考系 $R_{(O,d_s,q_s)}$，转子固定的参考系 $R_{(O,d_r,q_r)}$，甚至是磁场固定的参考系 $R_{(O,d_c,q_c)}$。

在式 2.20 所示系统中，所有定子都具有一定的角频率 ω_s，例如，在定子参考系中与向量结合以角速度 ω_s/p 旋转，而所有转子都具有一定的角频率 ω_r，在转子参考系中与向量结合以角速度 ω_r/p 旋转。为了消除歧义，我们另外定义了指数参考系，在参考系 $R_{(O,d_x,q_x)}$ 中，以电角度 $p\Theta$ 为参考量，得到

$$\begin{cases} \underline{v}_s^{(x)} = P(\gamma)\underline{v}^{(s)} \text{ 定子电压幅值} \\ \underline{v}_r^{(x)} = P(p\gamma - p\Theta)\underline{v}^{(r)} \text{ 转子电压幅值} \end{cases} \qquad [2.28]$$

为相同角频率的电机方程。换句话说，在任何参考系中，它们都是以相同速度旋

转的。

$$u_{s_{dq}}^{(x)} = R_s i_{s_{dq}}^{(x)} + p\dot{\gamma} P\left(\frac{\pi}{2}\right)\phi_{s_{dq}}^{(x)} + \frac{d}{dt}\phi_{s_{dq}}^{(x)} \qquad [2.29]$$

$$0 = R_r i_{r_{dq}}^{(x)} + p(\dot{\gamma} - \dot{\Theta}) P\left(\frac{\pi}{2}\right)\phi_{r_{dq}}^{(x)} + \frac{d}{dt}\phi_{r_{dq}}^{(x)} \qquad [2.30]$$

$$\phi_{s_{dq}}^{(x)} = L_{c_r} i_{s_{dq}}^{(x)} + M_{c_{sr}} i_{r_{dq}}^{(x)} \qquad [2.31]$$

$$\phi_{r_{dq}}^{(x)} = L_{c_r} i_{r_{dq}}^{(x)} + M_{c_{sr}} i_{s_{dq}}^{(x)} \qquad [2.32]$$

2.2.3.2 状态空间表达式

在大多数工业生产中，旋转部件的惯性较大，而旋转速度相对于其他电参数来说变化范围很小。通过方程式 [2.29] ~式 [2.32] 能够得到下列与 $\{R_s, L_{c_s}, T_r, \sigma\}$ 四个参数和比例 $\delta = \left(\dfrac{M_{c_{sr}}}{L_{c_r}}\right)$ 相关的线性状态表达式为

$$\sum(\underline{\theta})\begin{cases} \underline{\theta} = \begin{bmatrix} R_s & L_{c_s} & T_r & \sigma \end{bmatrix}^T \\[2mm] \underline{x} = \begin{bmatrix} i_{s_{dq}}^{(x)} \\ \phi_{r_{dq}}^{(x)} \end{bmatrix} \quad \underline{y} = i_{s_{dq}}^{(x)} \quad \underline{u} = u_{r_{dq}}^{(x)} \\[4mm] \dot{\underline{x}} = A(\underline{\theta})\,\underline{x} + B(\underline{\theta})\,\underline{u} \\[2mm] \underline{y} = C\underline{x} \end{cases} \qquad [2.33]$$

其中，

$$A = \begin{bmatrix} -\left(\dfrac{R_s}{\sigma L_{c_s}} + \dfrac{1-\sigma}{\sigma T_r}\right) & p\dot{\gamma} & \delta\dfrac{1}{\sigma L_{c_s} T_r} & \delta\dfrac{p\dot{\Theta}}{\sigma L_{c_s}} \\[4mm] -p\dot{\gamma} & -\left(\dfrac{R_s}{\sigma L_{c_s}} + \dfrac{1-\sigma}{\sigma T_r}\right) & -\delta\dfrac{p\dot{\Theta}}{\sigma L_{c_s}} & \delta\dfrac{1}{\sigma L_{c_s} T_r} \\[4mm] \dfrac{1}{\delta}\dfrac{L_{c_s}(1-\sigma)}{T_r} & 0 & -\dfrac{1}{T_r} & p(\dot{\gamma} - \dot{\Theta}) \\[4mm] 0 & \dfrac{1}{\delta}\dfrac{L_{c_s}(1-\sigma)}{T_r} & p(\dot{\Theta} - \dot{\gamma}) & -\dfrac{1}{T_r} \end{bmatrix} \qquad [2.34]$$

$$B = \begin{bmatrix} \dfrac{1}{\sigma L_{c_s}} & 0 \\[3mm] 0 & \dfrac{1}{\sigma L_{c_s}} \\[3mm] 0 & 0 \\[2mm] 0 & 0 \end{bmatrix} \qquad C = \begin{bmatrix} 1 & 0 & 0 & 0 \\ 0 & 1 & 0 & 0 \end{bmatrix} \qquad [2.35]$$

实际上，系统 $\sum(\underline{\theta})$ 与 δ 无关，状态变量变化量由下式决定：

$$\tilde{\underline{x}} = K \underline{x} \qquad K = \begin{bmatrix} 1 & 0 & 0 & 0 \\ 0 & 1 & 0 & 0 \\ 0 & 0 & \delta & 0 \\ 0 & 0 & 0 & \delta \end{bmatrix} \qquad [2.36]$$

可以看出，系统输入是向量 $u_{s_{dq}}^{(x)}$，输出为电流向量 $i_{s_{dq}}^{(x)}$，与 δ 无关。从理论上来说，这正解释了转子物理实现的不确定性。实际上，如果我们把 R_p 作为主磁路的磁阻，$R_{fs_{dq}} = \frac{2}{3} R_{fs}$ 和 $R_{fr_{dq}}$ 是等效两相绕组考虑了定/转子漏感的磁阻，于是我们可以得到依赖于电机特征（尺寸，磁导率）或电机磁路的不同电感值 [SCH 99]

$$\begin{cases} L_{c_s} = \dfrac{n_{s_{dq}}^2 (R_p + R_{fs_{dq}})}{R_p R_{fs_{dq}}} \\[3mm] L_{c_r} = \dfrac{n_{r_{dq}}^2 (R_p + R_{fr_{dq}})}{R_p R_{fs_{dq}}} \\[3mm] M_{c_{sr}} = \dfrac{n_{s_{dq}} n_{r_{dq}}}{R_p} \end{cases} \qquad [2.37]$$

假设 ρ_r 是转子线圈阻抗，可以得到 σ 和 T_r 的表达式，这两个表达式都与比值 $\dfrac{n_{r_{dq}}}{\rho_r}$ 以及磁路特征参数相关

$$\begin{cases} \sigma = 1 - \dfrac{R_{fs_{dq}} R_{fr_{dq}}}{(R_p + R_{fs_{dq}})(R_p + R_{fr_{dq}})} \\[3mm] T_r = \left(\dfrac{n_{r_{dq}}}{\rho_r}\right) \dfrac{(R_p + R_{fr})}{R_p R_{fr_{dq}}} \end{cases} \qquad [2.38]$$

很明显，参数 R_s 和 L_{c_s} 与转子线圈数无关。由于磁路特征参数和定子绕组不变，如果比值 $\dfrac{n_{r_{dq}}}{\rho_r}$ 为常数，电机输入输出与转子线圈数也是无关的。对于笼型转子来说，为了保证转子的可靠性，设计师通常通过增加横截面积的方法，最大程度减少线圈数。在等效两相电机建模问题上，选择 $\dfrac{M_{c_{sr}}}{L_{c_r}}$ 的值也就相当于任意确定虚拟线圈数（以及它们的阻抗），最常用的方法是将这个比值定为单位值，即

$$\frac{M_{c_{sr}}}{L_{c_r}} = \frac{n_{s_{dq}}}{n_{r_{dq}}} \frac{R_p + R_{fr_{dq}}}{R_{fr_{dq}}} = 1 \qquad [2.39]$$

2.2.4　考虑定子绕组故障

2.2.4.1　直接短路或电阻接触

不同类型短路的拓扑结构千变万化，连锁反应导致后果的严重程度也大不相

同。这里我们主要研究槽内线圈间接触引起的故障。这一故障可以通过闭环控制进行补偿，但是该线圈内的电流将非常大。

导体直接接触时，短路电流与故障线圈数无关。简单的推导过程为假设定子一相为正弦波，有少量线圈短路，这样可以不用怎么改变总旋转磁场$\vec{B}_t = \vec{B}_s + \vec{B}_r$。假设$\rho_s = \dfrac{R_s}{n_s}$为定子线圈电阻，$n_{cc}$为短路线圈数，$\phi_m$为存在旋转磁场$\vec{B}_t$时，定子线圈切割的磁通峰值振幅，短路电流的表达式为

$$0 = (\rho_s n_{cc}) i_{cc}(t) + \frac{\mathrm{d}}{\mathrm{d}t} \phi_{cc}(t) \qquad [2.40]$$

其中，$\phi_{cc}(t) \approx (n_{cc}\phi_m)\cos(\omega_s t)$，为此

$$i_{cc}(t) \simeq \left(\frac{\phi_m}{\rho_s}\right)\omega_s \sin(\omega_s t) = \left(\frac{n_s \phi_m \omega_s}{R_s}\right)\sin(\omega_s t) \qquad [2.41]$$

式［2.41］说明当控制磁通量ϕ_m为常量时，流经短路定子线圈的电流与定子角速度成正比，而与定子线圈数无关。此外，如果忽略电阻压降，乘积$(n_s \Phi_m \omega_s)$与定子相电压幅值相关。对于1.5kW的实验用感应电机LS90，在标称角频率下，短路电流大小为77A，比标称电流大了10倍！实验结果可验证这一结论：图2.5给出了实验中电流的变化曲线，为了不损坏电机，将定子角频率限制为120rad/s以下，可以验证$|i_{cc}|$与ω_s之间是比例关系。

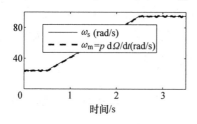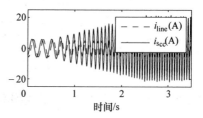

图2.5　电流i_{cc}随角速度变化曲线

图2.6给出了角频率为120rad/s时，故障电流i_{cc}与n_{cc}的关系。n_{cc}较小时，实验电流与通过故障电机多线圈仿真模型得到的电流相差很小［SCH 99］，这与定子短路实验连接的电阻有关。

然而，当进行线圈间电阻接触实验时，n_{cc}线圈中的故障电流变为

$$i_{cc}(t) \approx \left(\frac{\phi_m \omega_s n_s}{R_s + \left(\dfrac{R_c}{n_{cc}}\right)n_s}\right)\sin(\omega_s t) \qquad [2.42]$$

其中，R_c是线圈间接触电阻，短路线圈内电流大小对应于比值R_c/n_{cc}，该电流可以产生一个恒定磁场$\vec{H}_{cc}$，其大小由式［2.1］和式［2.42］决定

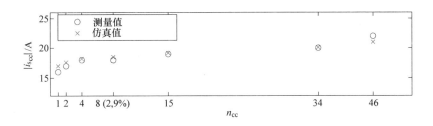

图 2.6　短路线圈匝数变化时电流 i_{cc} 幅值变化曲线

$$\left| \overrightarrow{H}_{cc} \right| \approx k_{b_s} \phi_m \omega_s n_s \frac{n_{cc}}{R_s + \left(\dfrac{R_c}{n_{cc}} \right) n_s} \qquad [2.43]$$

可以发现，有很多种（R_c，n_{cc}）组合可以获得相同幅值的恒定磁场，电机输入输出的变化也相同。为了验证这一结论，使用实验电机 LS90，使其中 4 个线圈短路，这时产生的磁场与 19 匝线圈通过 1 Ω 的接触电阻短路或者 55 匝线圈通过 $R_c = 10$ Ω 接触电阻短路得到的磁场相同。

2.2.4.2　故障对称化

前文提到过，要使短路线圈在所有相槽内平均分布是不可能的。实际中，短路接触的线圈常位于两个槽内，在某相的一对极之间移动。图 2.7 是 2 对极电机 b 相中两个槽短路的示例。

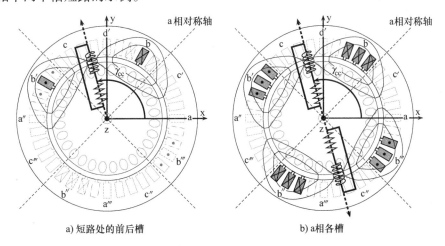

a) 短路处的前后槽　　　　　　　　　　b) a相各槽

图 2.7　2 对极电机 b 相中两个槽短路

这些线圈产生气隙中的恒定磁场。然而，[SCH 99] 发现位于同一对极内的 n_{cc} 匝短路线圈在不同定子相中产生的电动势几乎是相同的，这是因为（n_{cc}/mp）匝短路线圈均匀分布于 p 对极电机的 m 匝线圈内，如图 2.7b 所示。

这种故障对称化的优点在于能够继续使用向量表达电流、电压和磁通等量，以及能够用数学方程表示等效为一对极的电机，如图 2.8 所示。对称线圈 B_{cc} 的电角度 $p\gamma_{cc}$ 是以对称轴为参考的。

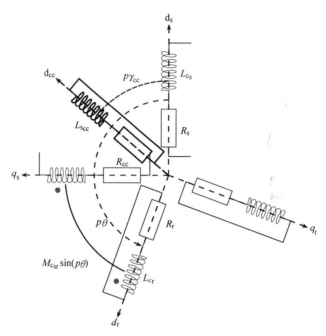

图 2.8   定子短路电机的等效电路

这一假设看似存在争议，但是我们在只研究一次谐波的情况下使用这一假设没有问题。当故障仅存在于少量线圈时，这一假设的准确性更高，能够在不同转速情况下应用于实际工业生产过程的故障诊断。

2.3   定子绝缘故障时的电机建模

2.3.1   定子短路时的电机方程

2.3.1.1   短路绕组的电气参数

在本节中，我们忽略故障相内线圈数的减少量，讨论短路线圈在槽内的分布。故障时等效电机的电感表达式为

$$L_{c_s} = L_s - M_s = \frac{3}{2}L_{p_s} + L_{f_s} = \frac{n_{s_{dq}}^2}{R_p} + \frac{2}{3}\frac{n_{s_{dq}}^2}{R_{f_s}} \qquad [2.44]$$

$$M_{c_{sr}} = \frac{n_{s_{dq}} n_{r_{dq}}}{R_p} \qquad [2.45]$$

其中，$n_{s_{dq}}$ 和 $n_{r_{dq}}$ 分别代表虚拟电机两相绕组的线圈数。

采用与式 [2.18]、式 [2.19] 和式 [2.27] 相同的推导方法，可以得到新的短路绕组电感表达式：

$$L_{cc} = \eta_{cc}^2 L_s = \eta_{cc}^2 \frac{2}{3} \left(\frac{3}{2} L_{p_s} + \frac{3}{2} L_{f_s} \right) \qquad [2.46]$$

$$M_{s_{(d,cc)}} = \frac{(\eta_{cc} n_s) n_{s_{dq}}}{R_p} \cos(p\gamma_{cc}) = \eta_{cc} \sqrt{\frac{2}{3}} L_{c_s} \cos(p\gamma_{cc}) \qquad [2.47]$$

$$M_{s_{(q,cc)}} = \eta_{cc} \sqrt{\frac{2}{3}} L_{c_s} \sin(p\gamma_{cc}) \qquad [2.48]$$

$$M_{sr_{(d,cc)}} = \eta_{cc} \sqrt{\frac{2}{3}} M_{c_{sr}} \cos(p\gamma_{cc} - p\Theta) \qquad [2.49]$$

$$M_{sr_{(q,cc)}} = \eta_{cc} \sqrt{\frac{2}{3}} M_{c_{sr}} \sin(p\gamma_{cc} - p\Theta) \qquad [2.50]$$

其中，$\eta_{cc} = \dfrac{n_{cc}}{n_s}$。

2.3.1.2 定子参考系中的向量关系

通过观察 $L_{cc} \approx \eta_{cc}^2 \dfrac{2}{3} L_{c_s}$，以及式 [2.46] ~ 式[2.50]，可以写出短路绕组中电压和磁通的标量关系

$$0 = \eta_{cc} R_s i_{cc} + \frac{d}{dt} \phi_{cc} \qquad [2.51]$$

$$\phi_{cc} = \eta_{cc}^2 \frac{2}{3} L_{c_s} i_{cc} + \eta_{cc} \sqrt{\frac{2}{3}} L_{c_s} [\cos(p\gamma_{cc}) \quad \sin(p\gamma_{cc})] \underline{i}_{s_{dq}}^{(s)} +$$

$$\eta_{cc} \sqrt{\frac{2}{3}} M_{c_{sr}} [\cos(p\gamma_{cc}) \quad \sin(p\gamma_{cc})] P(p\Theta) \underline{i}_{r_{dq}}^{(r)} \qquad [2.52]$$

由于绕组中的电流产生恒定的磁场，所以可将 i_{cc} 和 ϕ_{cc} 的标量值与稳态向量 $\underline{i}_{cc_{dq}}^{(s)}$ 和 $\underline{\phi}_{cc_{dq}}^{(s)}$ 结合起来，在定子参考系 $R_{(O,d_s,q_s)}$ 中的表达为

$$\underline{i}_{cc_{dq}}^{(s)} = \begin{bmatrix} \cos(p\gamma_{cc}) \\ \sin(p\gamma_{cc}) \end{bmatrix} i_{cc} \qquad \underline{\phi}_{cc_{dq}}^{(s)} = \begin{bmatrix} \cos(p\gamma_{cc}) \\ \sin(p\gamma_{cc}) \end{bmatrix} \phi_{cc} \qquad [2.53]$$

式 [2.51] 和式 [2.52] 在定子参考系中转化为静态向量间的如下向量关系

$$\underline{0} = \eta_{cc} R_s \underline{i}_{cc_{dq}}^{(s)} + \frac{d}{dt} \underline{\phi}_{cc_{dq}}^{(s)} \qquad [2.54]$$

$$\underline{\phi}_{cc_{dq}}^{(s)} = \sqrt{\frac{2}{3}}\eta_{cc}Q(p\gamma_{cc})\left[L_{c_s}\underline{i}_{s_{dq}}^{(s)} + M_{c_{sr}}P(p\Theta)\underline{i}_{r_{dq}}^{(r)} + \eta_{cc}L_{c_s}\sqrt{\frac{2}{3}}\underline{i}_{cc_{dq}}^{(s)}\right] \quad [2.55]$$

其中，矩阵 Q 的定义式为

$$Q(p\gamma_{cc}) = \begin{bmatrix} \cos(p\gamma_{cc}) \\ \sin(p\gamma_{cc}) \end{bmatrix}\begin{bmatrix} \cos(p\gamma_{cc}) & \sin(p\gamma_{cc}) \end{bmatrix} \quad [2.56]$$

包含短路故障的两相虚拟电机向量方程变为

$$\underline{u}_{s_{dq}}^{(s)} = R_s\underline{i}_{s_{dq}}^{(s)} + \frac{\mathrm{d}}{\mathrm{d}t}\underline{\phi}_{s_{dq}}^{(s)} \quad [2.57]$$

$$\underline{0} = R_r\underline{i}_{r_{dq}}^{(s)} - p\dot{\Theta}p\left(\frac{\pi}{2}\right)\underline{\phi}_{r_{dq}}^{(s)} + \frac{\mathrm{d}}{\mathrm{d}t}\underline{\phi}_{r_{dq}}^{(s)} \quad [2.58]$$

$$\underline{0} = \eta_{cc}R_s\underline{i}_{cc_{dq}}^{(s)} + \frac{\mathrm{d}}{\mathrm{d}t}\underline{\phi}_{cc_{dq}}^{(s)} \quad [2.59]$$

$$\underline{\phi}_{s_{dq}}^{(s)} = L_{c_s}\underline{i}_{s_{dq}}^{(s)} + M_{c_{sr}}\underline{i}_{r_{dq}}^{(s)} + \eta_{cc}\sqrt{\frac{2}{3}}L_{c_S}\underline{i}_{cc_{dq}}^{(s)} \quad [2.60]$$

$$\underline{\phi}_{r_{dq}}^{(s)} = M_{c_{sr}}\underline{i}_{s_{dq}}^{(s)} + L_{c_r}\underline{i}_{r_{dq}}^{(s)} + \eta_{cc}\sqrt{\frac{2}{3}}M_{c_{sr}}\underline{i}_{cc_{dq}}^{(s)} \quad [2.61]$$

$$\underline{\phi}_{cc_{dq}}^{(s)} = \sqrt{\frac{2}{3}}\eta_{cc}L_{c_s}Q(p\gamma_{cc})\left[\underline{i}_{s_{dq}}^{(s)} + \underbrace{\frac{M_{c_{sr}}}{L_{c_s}}P(p\Theta)\underline{i}_{r_{dq}}^{(r)}}_{\underline{i}_{r_{dq}}^{(s)}} + \eta_{cc}\sqrt{\frac{2}{3}}\underline{i}_{cc_{dq}}^{(s)}\right] \quad [2.62]$$

2.3.1.3 对故障矩阵 $Q(p\gamma_{cc})$ 的理解

通过观察我们还可将 Q 写作

$$Q(p\gamma_{cc}) = P(-p\gamma_{cc})\begin{bmatrix} 1 & 0 \\ 0 & 0 \end{bmatrix}P(p\gamma_{cc}) \quad [2.63]$$

可以看出，稳态向量 $v_{cc_{dq}}^{(s)} = Q(p\gamma_{cc})v_{dq}^{(s)}$ 和短路线圈 B_{cc} 在对称轴 $(0, d_{cc})$ 上的旋转向量 $v_{dq}^{(s)}$ 的投影有关。式 [2.59] 和式 [2.62] 最终都可以与变压器二次侧绕组方程对应。通过矩阵 Q 可以看出这里一次侧和二次侧间的耦合是通过旋转磁场实现的。

2.3.2 任意参考系下的状态模型

2.3.2.1 方程的简化

根据式 [2.39]，选择 $n_{r_{dq}}$，使得 $\dfrac{M_{c_{sr}}}{L_{c_r}} = 1$，那么 $\sigma = 1 - \dfrac{M_{c_{sr}}}{L_{c_s}}$，等式 [2.62] 变为

$$\underline{\phi}_{s_{dq}}^{(s)} = \sigma L_{c_s}(\underline{i}_{s_{dq}}^{(s)} + \underline{i}_{cc_{dq}}^{(s)}) + (1-\sigma)L_{c_s}\left[\underline{i}_{s_{dq}}^{(s)} + \underline{i}_{r_{dq}}^{(s)} + \eta_{cc}\sqrt{\frac{2}{3}}\underline{i}_{cc_{dq}}^{(s)}\right] \quad [2.64]$$

根据变压器和感应电机相关理论，进行如下变量变换

$$\widetilde{\underline{\phi}}_{cc_{dq}}^{(s)} = \sqrt{\frac{3}{2}}\underline{\phi}_{cc_{dq}}^{(s)} \qquad [2.65]$$

$$\widetilde{\underline{i}}_{cc_{dq}}^{(s)} = -\eta_{cc}\sqrt{\frac{2}{3}}\underline{i}_{cc_{dq}}^{(s)} \qquad [2.66]$$

由此可以引入磁通和磁化电流 $i_{m_{dq}}^{(s)}$

$$\underline{\phi}_{s_{dq}}^{(s)} = \underbrace{\sigma L_{c_s}(\underline{i}_{s_{dq}}^{(s)} - \underline{i}_{cc_{dq}}^{(s)})}_{\approx 漏磁通} + (1-\sigma)L_{c_s}\underbrace{(\underline{i}_{s_{dq}}^{(s)} - \widetilde{\underline{i}}_{cc_{dq}}^{(s)} + \underline{i}_{r_{dq}}^{(s)})}_{\underbrace{\quad}_{\approx 磁通}} \qquad [2.67]$$

为了简化方程，进行下列变换

$$L_f = \sigma L_{c_s} \qquad [2.68]$$

$$L_m = (1-\sigma)L_{c_s} \qquad [2.69]$$

定子参考系中变换到一次侧的电压方程为

$$\underline{u}_{s_{dq}}^{(s)} = R_s\underline{i}_{s_{dq}}^{(s)} + L_f\frac{\mathrm{d}}{\mathrm{d}t}\underline{i}_{s_{dq}}^{(s)} + \frac{\mathrm{d}}{\mathrm{d}t}\underline{\phi}_{r_{dq}}^{(s)} \qquad [2.70]$$

$$\widetilde{\underline{i}}_{cc_{dq}}^{(s)} = \frac{2}{3}\frac{\eta_{cc}}{R_s} + Q(p\gamma_{cc})\frac{\mathrm{d}}{\mathrm{d}t}\underline{\phi}_{s_{dq}}^{(s)} \qquad [2.71]$$

$$\frac{\mathrm{d}}{\mathrm{d}t}\underline{\phi}_{r_{dq}}^{(s)} = R_r\underline{i}_{r_{dq}}^{(s)} - p\dot{\Theta}P\left(\frac{\pi}{2}\right)\underline{\phi}_{r_{dq}}^{(s)} \qquad [2.72]$$

以上方程式与图 2.9 所示电路相对应，与等效两相电机（Park 模型）电路图的不同之处在于引入了磁偶极子，通过短路线圈上恒流的焦耳效应消耗能量。

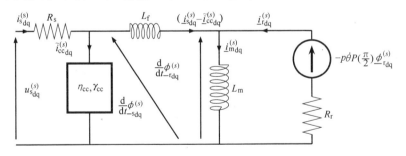

图 2.9　等效故障电机电路图

2.3.2.2　状态空间表达

由于矩阵 $Q(p\gamma_{cc})$ 的存在，前文的向量方程只在定子参考坐标系 $R_{(O,d_s,q_s)}$ 中有效。但是，只有采用旋转坐标系才能提高模型参数估算的准确性。我们发现电阻压降 $|R_s\underline{i}_{s_{dq}}^{(s)}|$ 在 $|\underline{u}_{s_{dq}}^{(s)}|$ 之前可以在较大工作范围内保持较小的值，由此可以得到新的等效电路，如图 2.10 所示，其中短路电流变为

$$\underline{\tilde{i}}_{cc_{dq}}^{(x)} = \frac{2}{3} \frac{\eta_{cc}}{R_s} P(-p\gamma) Q(p\gamma_{cc}) P(p\gamma) \underline{u}_{s_{dq}}^{(s)} \qquad [2.73]$$

其中，γ 表示任意坐标系 $R_{(O, d_x, q_x)}$ 下的角度。

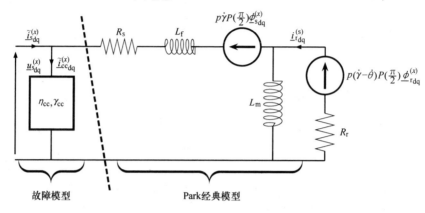

图 2.10 等效故障电机电路图

最后，我们可以得到关于 $\eta_{cc} = \dfrac{n_{cc}}{n_s}$ 以及代表故障线圈对称轴角度 γ_{cc}、包含 $\{R_s, L_f, L_m, R_r\}$ 或 $\{R_s, L_{c_s}, T_r, \sigma\}$ 参数的状态空间表达式

$$\Sigma(\underline{\theta}) \begin{cases} \underline{\theta} = \begin{bmatrix} R_s & L_m & L_f & T_r & \eta_{cc} & \gamma_{cc} \end{bmatrix}^T \\[2mm] \underline{x} = \begin{bmatrix} \underline{i}_{s_{dq}}^{(x)} \\ \underline{\phi}_{r_{dq}}^{(x)} \end{bmatrix} \qquad \underline{y} = \underline{i}_{s_{dq}}^{(x)} \qquad \underline{u} = \underline{u}_{s_{dq}}^{(x)} \\[4mm] \underline{\dot{x}} = A\underline{x} + B\underline{u} \\[2mm] \underline{y} = C\underline{x} + \dfrac{2}{3} \dfrac{\eta_{cc}}{R_s} P(-p\gamma) Q(p\gamma_{cc}) P(p\gamma) \underline{u}_{s_{dq}}^{(s)} \end{cases} \qquad [2.74]$$

可以看出，在 Park 经典模型中，故障就像是发生在电流测量中的小误差；从物理角度来看，该电流对应于变换到一次侧的短路电流，其大小与式 [2.41] 和式 [2.42] 中电流的大小不同，该等效变压器变压比为 $\sqrt{\dfrac{3}{2}} \dfrac{n_{cc}}{n_s} = \dfrac{n_{cc}}{n_{s_{dq}}}$，一次侧线圈数为 $n_{s_{dq}}$，二次侧线圈数为 n_{cc}。

这种表达方法可以在任意参考系中使用，特别是转子参考系。

2.3.2.3 考虑铁损的情况

变压器或者感应电机考虑铁损时，通常需要引入一个包含磁偶极子和磁化电感的并联电路，其消耗的功率可以通过 [ROB 99] 给出的 $k_{hyst.} |\omega_s| + k_{F_{ouc.}} \omega_s^2$ 计算。很容易理解，在进行参数估计时，优化算法通常将故障磁偶极子 $Q(\eta_{cc},$

γ_{cc})归因于铁损（见图 2.10）。考虑铁损对诊断模型的影响可以大大提高诊断质量，特别是只有少量线圈发生短路的情况［SCH 99］。

2.3.2.4 定子槽短路线圈的定位

短路故障处前后槽的角位置 γ_{cc} 只能是一个有限大小的常数 $k(2\pi/n_e)$，其中，n_e 是定子槽数。为了减少参数的数量，我们可以通过只估测五个参数 R_s (γ_{cc})、$L_f(\gamma_{cc})$、$L_m(\gamma_{cc})$、$R_r(\gamma_{cc})$、$\eta_{cc}(\gamma_{cc})$ 进行空间扫描。表 2.1 和图 2.11 通过将 $p\gamma_{cc}\in[0,2\pi]$ 设定为不同的值来解释这一过程。采用功率为 1.5kW 的电机进行实验［SCH 99］，控制方法采用通用的矢量控制和激励方法，保证了优化算法的收敛性。图 2.11 中，每一条曲线都对应于不同 n_{cc} 值的故障，其中，c 相中 n_{cc} 的值分别为 8（$\eta_{cc}=2.9\%$）、16（$\eta_{cc}=5.6\%$）、22（$\eta_{cc}=8\%$）、46（$\eta_{cc}=16.7\%$），a 相中 n_{cc} 的值为 $n_{cc}=4$（$\eta_{cc}=1.45\%$）。

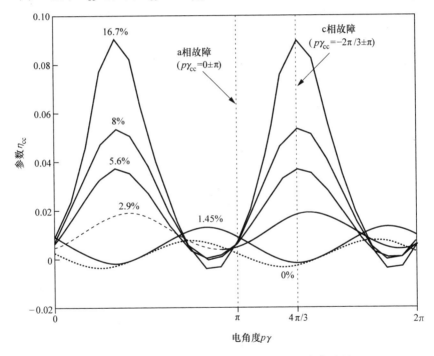

图 2.11 电角度 $p\gamma$ 在静态场中随参数 η_{cc} 变化过程

一方面，我们可以验证 4 个 Park 模型参数的估计值与 $p\gamma$ 的值无关（见表 2.1），另一方面，$\eta_{cc}(p\gamma_{cc})$ 的估算表明了电角度方向的最大值与短路线圈对称轴相关。

图 2.11 表明，如果每对极的绕组分布在几个槽内或者绕组都是同心时，对 $p\gamma_{cc}$ 进行空间扫描的作用不大，因为我们已经可以得到和三相定子绕组对称轴电

角度方向相关的三个角度值 $\{0, 2\pi/3, 4\pi/3\}$。

我们也可以发现电机正常运行的曲线也不是平的。通过对一些电机进行观测，发现这一现象可以通过轴不对中故障进行解释（转子轴相对定子中心沿电角度方向发生偏移，对应于曲线上的最大值）。因此，最好先进行空间扫描以进行基于矫正比例 $\eta_{cc}(\gamma_{cc}) - \eta_{cc}^o(\gamma_{cc})$ 分析的故障诊断，$\eta_{cc}^o(\gamma_{cc})$ 是正常电机 $\eta_{cc}(\gamma_{cc})$ 的估计值。事实上，图 2.11 的曲线表明，短路线圈数量较少时，不考虑 $\eta_{cc}^o(\gamma_{cc})$ 是无法得到正确结果的。

2.3.3 三相定子模型的扩展

空间扫描可以不用估计 $p\gamma_{cc}$，因此可以采用先验知识降低优化阶段的计算成本，但是要重复计算 3 个（或更多）$p\gamma_{cc}$ 的可能值。对于一些工业生产⊖来说，可以采用诊断模型，该模型可以同时在定子的三相内诊断同一故障 [BAC 06]。

表 2.1 短路线圈为 46 匝时均值和标准差随 $p\gamma$ 变化

$p\gamma_{cc}$	R_s	L_{c_s}	T_r	σ	η_{cc}
0	4.20 ± 0.29	0.329 ± 0.013	0.178 ± 0.022	0.205 ± 0.037	0.010 ± 0.020
$\frac{\pi}{12}$	4.20 ± 0.28	0.330 ± 0.011	0.169 ± 0.022	0.199 ± 0.041	0.034 ± 0.023
$2\frac{\pi}{12}$	4.28 ± 0.30	0.329 ± 0.008	0.149 ± 0.019	0.166 ± 0.044	0.070 ± 0.022
$3\frac{\pi}{12}$	4.33 ± 0.25	0.328 ± 0.006	0.125 ± 0.009	0.108 ± 0.014	0.118 ± 0.008
$4\frac{\pi}{12}$	4.23 ± 0.13	0.330 ± 0.007	0.122 ± 0.006	0.097 ± 0.006	0.138 ± 0.004
$5\frac{\pi}{12}$	4.22 ± 0.17	0.330 ± 0.007	0.126 ± 0.007	0.111 ± 0.007	0.126 ± 0.012
$6\frac{\pi}{12}$	4.18 ± 0.22	0.331 ± 0.009	0.143 ± 0.015	0.154 ± 0.021	0.088 ± 0.023
$7\frac{\pi}{12}$	4.14 ± 0.22	0.332 ± 0.010	0.162 ± 0.019	0.190 ± 0.025	0.052 ± 0.024
$8\frac{\pi}{12}$	4.15 ± 0.24	0.331 ± 0.011	0.173 ± 0.020	0.206 ± 0.034	0.025 ± 0.020
$9\frac{\pi}{12}$	4.20 ± 0.26	0.330 ± 0.013	0.179 ± 0.022	0.207 ± 0.041	0.005 ± 0.014
$10\frac{\pi}{12}$	4.24 ± 0.28	0.327 ± 0.014	0.181 ± 0.024	0.203 ± 0.042	-0.007 ± 0.010
$11\frac{\pi}{12}$	4.23 ± 0.30	0.327 ± 0.014	0.180 ± 0.023	0.203 ± 0.037	-0.005 ± 0.015

⊖ 一般要求越早检测出故障越好。

根据比例 η_{cc_1}、η_{cc_2}、η_{cc_3} 以及三个电角度方向 0、$2\pi/3$ 和 $4\pi/3$，可以方便地定义三个短路绕组 B_{cc_1}、B_{cc_2} 和 B_{cc_3}。问题是要将 3 个 4 端口电路（或 4 极电路）与 Q_{cc_k} 并联起来，该方法解释了为什么这个三个电角度方向上存在静态电场，如图 2.12 所示。每个 4 端口电路上的电流可表示为

$$\tilde{\underline{i}}_{cc_{dqk}}^{(r)} = \frac{2}{3}\frac{\eta_{cc}}{R_s}P(-p\varTheta)Q(p\gamma_{cck})P(p\varTheta)\underline{u}_{s_{dq}}^{(r)} \qquad [2.75]$$

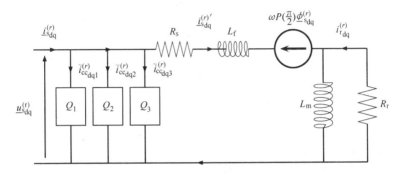

图 2.12 三个定子相中存在故障时的电机等效电路模型（转子参考系）

2.3.4 诊断模型的验证

有很多方法可以验证诊断模型。首先需要验证的是它能够正确对故障进行仿真（也就是能解释故障）。例如，可以通过比较相同输入下（2.5.2 节），至少是相同作业环境下，实验电流与仿真模型电流的大小。因此，我们提出的方法是将电机实验采集到的电流和合成线电流进行频谱比较。第二个对模型的要求是要能够通过在差模条件下的参数变化反映故障。

2.3.4.1 频谱分析

电力传动系统仿真必须考虑电机的运动方程

$$J\frac{\mathrm{d}\varOmega}{\mathrm{d}t} = C_{em} - f_v\varOmega - C_r \qquad [2.76]$$

其中，$\varOmega = \dot{\varTheta} = \dfrac{\omega}{p}$，是驱动轴的速度；$J$ 是转动惯量；C_{em} 是电磁转矩；C_r 是阻力矩；f_v 是黏性摩擦系数。两相参考系下转子的电磁力矩为 [GRE 97]

$$C_{em} = p(i_{s_q}\phi_{r_d} - i_{s_d}\phi_{r_d}) \qquad [2.77]$$

把式 [2.77] 带入式 [2.76]，可以得到关于角频率 ω 的电磁差分方程

$$\frac{\mathrm{d}\omega}{\mathrm{d}t} = \frac{p^2}{J}(i_{s_q}\phi_{r_d} - i_{s_d}\phi_{r_q}) - \frac{f_v}{J}\omega - \frac{p}{J}C_r \qquad [2.78]$$

将转子磁通$\underline{\phi}_{r_{dq}}$和定子电流$\underline{i}_{s_{dq}}$叠加到电磁量（$\omega$，$\theta$）上，传动系统可以用下面的非线性状态方程表示

$$\Sigma(\underline{\theta})\begin{cases} \underline{\dot{x}} = f(\underline{x}) + G\,\underline{u} \\ \underline{y} = h(\underline{x}) + H(\underline{x})\underline{u} \end{cases} \qquad [2.79]$$

其中，

$$\underline{x} = [\,i'_{s_d}\ \ i'_{s_q}\ \ \phi_{r_d}\ \ \phi_{r_q}\ \ \omega\ \ \Theta\,]^T \qquad \underline{u} = [\,u_{s_d}\ \ u_{s_q}\ \ C_r\,]^T \qquad \underline{y} = [\,i_{s_d}\ \ i_{s_q}\ \ \omega\,]^T$$

$$f(\underline{x}) = \begin{cases} -\dfrac{R_s + R_r}{L_f}i'_{s_d} + \omega\,i'_{s_q} + \dfrac{R_r}{L_m L_f}\phi_{r_d} + \dfrac{\omega}{L_f}\phi_{r_q} \\[2mm] -\omega\,i'_{s_d} - \dfrac{R_s + R_r}{L_f}i'_{s_q} + \dfrac{R_r}{L_m L_f}\phi_{r_q} - \dfrac{\omega}{L_f}\phi_{r_d} \\[2mm] R_r i'_{s_d} - \dfrac{R_r}{L_m}\phi_{d_r} \\[2mm] R_r i'_{s_d} - \dfrac{R_r}{L_m}\phi_{q_r} \\[2mm] \dfrac{p^2}{J}(i'_{s_q}\phi_{r_d} - i'_{s_d}\phi_{r_q}) - \dfrac{f_v}{J}\omega \\[2mm] \omega \end{cases} \qquad G = \begin{bmatrix} \dfrac{1}{L_f} & 0 & 0 \\[2mm] 0 & \dfrac{1}{L_f} & 0 \\[2mm] 0 & 0 & 0 \\[1mm] 0 & 0 & 0 \\[1mm] 0 & 0 & -\dfrac{p}{J} \\[1mm] 0 & 0 & 0 \end{bmatrix}$$

$$h(\underline{x}) = \begin{bmatrix} i'_{s_d} \\ i'_{s_q} \\ \omega \end{bmatrix} \qquad H(\underline{x}) = \begin{bmatrix} \dfrac{2}{3R_s}\displaystyle\sum_{k=1}^{3}\eta_{cc_k}P(-p\Theta)Q(p\gamma_{cc_k})P(p\Theta) & \underline{0} \\[3mm] \underline{0} & \underline{0} \end{bmatrix}$$

在该仿真中，需要求解之前状态空间中的三相正弦输入电流u_s，求解方法是采样周期0.5ms的龙格库塔四阶方法。实验中采用1.1kW、4对极的感应电机（每相464匝线圈），得到其功率谱，a相和b相中各有58匝线圈发生短路。

图2.13比较了在同样供电条件下同一故障的功率谱密度，可以发现图中电流频谱在频率kf_s处存在新的分量，从而验证了我们的假设。

2.3.4.2 故障参数η_{cc}的变化

可以验证模型关于判断短路线圈匝数的能力。当短路线圈匝数$\gamma = \gamma_{cc}$时，图2.14给出了诊断模型（R_s，L_{c_s}，T_r，σ，η）参数估算值的波动（平均误差和标准误差）。另外，即便是在短路线圈匝数较多时，我们也可以验证Park模型4个典型参数的独立性，以及η估算值与其理论值n_{cc}/n_s之间的高度一致性[⊖]。

⊖ 上述结论是通过一个有别于式［2.74］的模型［SCH 99］得到的，记录了10组数据。

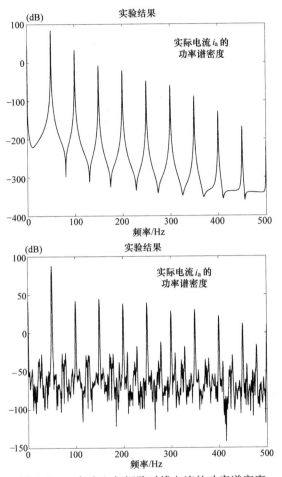

图 2.13 a 相和 b 相短路时线电流的功率谱密度

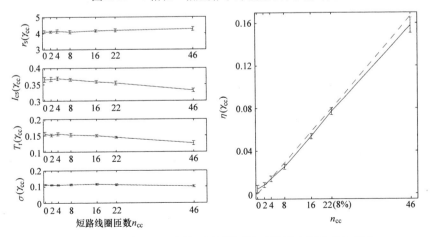

图 2.14 模型参数随不同短路线圈匝数（均值和标准差）变化

2.4 定/转子耦合故障建模方法的普适化

在之前的章节中，我们通过在定子稳定磁场引入 n_{cc} 匝短路绕组线圈来建立定子短路故障模型，其角频率为 ω_s。这一过程是建立在两个假设的基础上的，一个是忽略了短路故障引起的匝数减少，二是在计算线电流时忽略了定子单极性分量的影响。我们可以将这一方法扩展到转子故障研究中，例如导条断裂故障，或更一般的由于温度变化引起的裂缝变大导致电极不平衡故障。

导条 k 强度的增加限制了图 2.2 中感应电流 i_{r_k} 的大小，同时改变了转子磁场 $\vec{B_r}$ 的形状。然而，我们可以将具有 n_b 匝转子绕组的不平衡系统 $j_{1:n_b}$ 上的电流 $j'_{1:n_b}$ 看作是平衡系统电流 $j'_{1:n_b}$ 和故障网孔中反向流过的电流 j_0 的叠加。这就意味着转子磁场也可看作是正常运行的转子磁场 $\vec{H_r}$ 和 $\vec{H_0}$ 叠加的结果，$\vec{H_0}$ 相对于转子静止，由虚拟短路绕组 B_0 产生，其对称轴与 $\vec{H_0}$ 的对称轴相同（见图 2.15）。

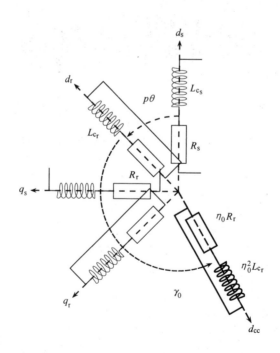

图 2.15 转子不平衡电机等效电路

这一方法起源于一种基于电磁学的经典方法。此外，转子电流角频率为 $\omega_r = (\omega_s - p\dot{\Theta})$ 时，稳态磁场 $\vec{H}_0$ 在转子频率 ω_r 附近震荡。如果想要使故障电流 $\underline{i}_0$ 与 $\underline{j}'_{1:n_b}$ 一致，那么一个简单的方法是使虚拟绕组 B_0 的线圈具有和两相等效转子相同的电气参数（电阻和电感）。

2.4.1 转子不平衡时的电机方程

把转子看作是两相平衡系统和一个 $n_0 = \eta_0 n_{r_{dq}}$ 匝短路绕组的叠加，其中，η_0 代表故障程度，$n_{r_{dq}}$ 是等效转子相线圈的匝数。在转子坐标系中电压和磁通方程为

$$0 = \eta_0 R_r i_0 + \frac{d\phi_0}{dt} \qquad [2.80]$$

$$\phi_0 = \eta_0^2 L_{c_r} i_0 + \eta_0 M_{c_{sr}} \begin{bmatrix} \cos(\gamma_0) & \sin(\gamma_0) \end{bmatrix} \underline{i}^{(r)}_{s_{dq}} + L_{c_r} \begin{bmatrix} \cos(\gamma_0) & \sin(\gamma_0) \end{bmatrix} \underline{i}^{(r)}_{r_{dq}} \qquad [2.81]$$

其中，γ_0 是静态场 $\vec{H}_0$ 对称轴与轴 $(0, d_r)$ 之间的夹角。

另外，我们可以通过等效转子绕组来决定匝数 $n_{r_{dq}}$，例如 $M_{c_{sr}} = L_{c_r} = (1 - \sigma) L_{c_s} = L_m$。将标量 i_0 和 ϕ_0 加入静态向量中

$$\underline{i}^{(r)}_{0_{dq}} = \begin{bmatrix} \cos(\gamma_0) \\ \sin(\gamma_0) \end{bmatrix} i_0 \qquad \underline{\phi}^{(r)}_{0_{dq}} = \begin{bmatrix} \cos(\gamma_0) \\ \sin(\gamma_0) \end{bmatrix} \phi_0$$

结合式 [2.80] 和式 [2.81]，可以得到转子不平衡的电机方程组

$$\underline{u}^{(r)}_{s_{dq}} = R_s \underline{i}^{(r)}_{s_{dq}} + \frac{d}{dt} \underline{\phi}^{(r)}_{s_{dq}} + \omega P(\frac{\pi}{2}) \underline{\phi}^{(r)}_{s_{dq}} \qquad [2.82]$$

$$\underline{\phi}^{(r)}_{s_{dq}} = L_f \underline{i}^{(r)}_{s_{dq}} + L_m \left[\underline{i}^{(r)}_{s_{dq}} + \underline{i}^{(r)}_{r_{dq}} + \eta_0 \underline{i}^{(r)}_{0_{dq}} \right] \qquad [2.83]$$

$$\underline{0} = R_r \underline{i}^{(r)}_{r_{dq}} + \frac{d}{dt} \underline{\phi}^{(r)}_{r_{dq}} \qquad [2.84]$$

$$\underline{\phi}^{(r)}_{r_{dq}} = L_m \left[\underline{i}^{(r)}_{s_{dq}} + \underline{i}^{(r)}_{r_{dq}} + \eta_0 \underline{i}^{(r)}_{0_{dq}} \right] \qquad [2.85]$$

$$0 = \eta_0 R_r i^{(r)}_{0_{dq}} + \frac{d}{dt} \phi^{(r)}_{0_{dq}} \qquad [2.86]$$

$$\underline{\phi}^{(r)}_{0_{dq}} = \eta_0 L_m Q(\gamma_0) \left[\underline{i}^{(r)}_{s_{dq}} + \underline{i}^{(r)}_{r_{dq}} + \eta_0 \underline{i}^{(r)}_{0_{dq}} \right] \qquad [2.87]$$

其中，

$$Q(\gamma_0) = \begin{bmatrix} \cos(\gamma_0)^2 & \cos(\gamma_0)\sin(\gamma_0) \\ \cos(\gamma_0)\sin(\gamma_0) & \sin(\gamma_0)^2 \end{bmatrix} \qquad [2.88]$$

2.4.1.1 等效电路图

本章的后续内容中，所有向量都将表示在转子参考系中。引入变量

$\tilde{i}_{0_{dq}}^{(r)} = -\eta_0 i_{0_{dq}}^{(r)}$，式［2.83］和式［2.86］可重新写为

$$\underline{\phi}_{r_{dq}}^{(r)} = L_m \left[\underline{i}_{s_{dq}}^{(r)} + \underline{i}_{r_{dq}}^{(r)} - \underline{\tilde{i}}_{0_{dq}}^{(r)} \right] \qquad [2.89]$$

$$\tilde{i}_{0_{dq}}^{(r)} = \frac{\eta_0}{R_r} Q(\gamma_0) \frac{d}{dt} Q_{r_{dq}}^{(r)} = Z_0^{-1} \frac{d}{dt} \underline{\phi}_{r_{dq}}^{(r)} \qquad [2.90]$$

上式的等效电路图如图 2.16 所示。可以发现代表故障的线圈 B_0 被表示为电阻偶极子 Z_0，与磁化电感和转子电阻并联。

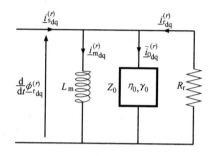

图 2.16 转子不平衡故障等效电路

为了进一步简化状态方程，可以将转子阻抗 R_r 和等效阻抗矩阵 Z_{eq} 中的故障 Z_0 并联，得到［BAC 06］

$$Z_{eq}^{-1} = R_r^{-1} + Z_0^{-1} = \frac{1}{R_r}(I_{d_2} + \eta_0 Z_0^{-1})$$

$$[2.91]$$

其中，矩阵 I_{d_2} 是二维单位矩阵。

通过 $Q_{(\gamma_0)} = P(-\gamma_0)\begin{bmatrix} 1 & 0 \\ 0 & 0 \end{bmatrix} P(\gamma_0)$，可以得到阻抗矩阵表达式

$$Z_{eq} = R_r I_{d_2} + \underbrace{\frac{\eta_0}{1 + \eta_0} R_r Q(\gamma_0)}_{Z_{def}} \qquad [2.92]$$

图 2.17 是转子参考系中电机转子故障等效电路。当电机正常运行时，即 $\eta_0 = 0$，该电路就是经典 Park 模型。当 η_0 不为 0 时，故障矩阵 Z_{def} 引入了阻抗，并且将它耦合在转子的 d 轴和 q 轴上。

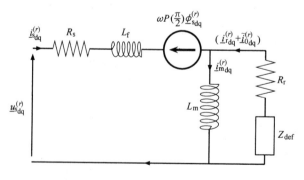

图 2.17 转子故障时的电机等效模型

2.4.1.2 静态模型验证

模型的数值积分运算与 2.3.4.1 节中的算法一致，转子是有两根导条断裂的

笼型转子。图 2.18 和图 2.19 分别是实验结果和仿真结果，我们可以在（1 ± 2kg）f_s 处发现谐波信号。

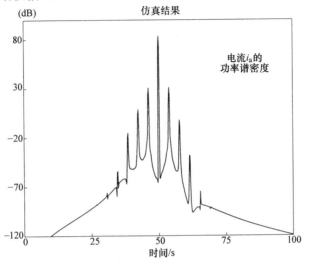

图 2.18　转子断条故障时线电流的频谱分析仿真

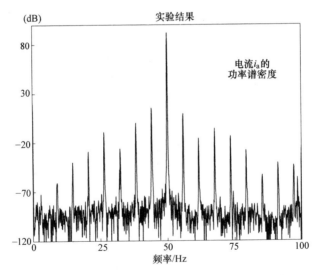

图 2.19　转子断条故障时线电流的频谱分析实验

2.4.2　定/转子故障时的一般电机模型

我们已经知道了绕组故障导致产生一个静态磁场的原理（和所涉及的绕组相关），其焦耳效应会使局部过热，电机信号（如电流、电压、转矩等）的频谱图中出现谐波。无论是转子设计问题（如静态不对中），导条与短路环的焊接问题，还是定子绝缘层老化问题，任何不平衡都会通过一系列连锁反应加速电机部件的损坏。因此，同时对定/转子故障进行诊断很有必要。

　　由于具有不同特征，我们可以把之前得到的两个模型结合起来，来研究包含定/转子故障的全局模型（见图 2.20），这一模型包括了正常运行电机（Park 模型）模型及通过故障矩阵 Q_k 和 Z_{def} 表示的同一相中定子线圈接触故障模型和转子电阻不平衡模型。

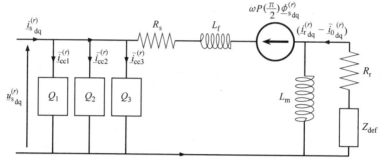

图 2.20　定/转子故障时的电机模型

为了简化符号，我们不再用上标指示不同参考坐标系。

图 2.20 中的电机绕组故障四阶状态空间表达式为

$$\Sigma(\underline{\theta})\begin{cases} \underline{\theta} = \begin{bmatrix} R_s \ L_m \ L_f \ R_r \ \eta_{cc_1} \ \eta_{cc_2} \ \eta_{cc_3} \ \eta_0 \ \gamma_0 \end{bmatrix}^T \\[2mm] \underline{x} = \begin{bmatrix} \underline{i}_{s_{dq}} \\ \underline{\phi}_{r_{dq}} \end{bmatrix} \quad \underline{y} = \underline{i}_{s_{dq}} \quad \underline{u} = \underline{u}_{s_{dq}} \\[2mm] \underline{\dot{x}} = A\,\underline{x} + B\,\underline{u} \\[2mm] \underline{y} = C\,\underline{x} + D\,\underline{u} \end{cases} \qquad [2.93]$$

其中，

$$A = \begin{bmatrix} (R_s + Z_{eq})L_f - \omega P\left(\dfrac{\pi}{2}\right) & \left(Z_{eq}L_m^{-1} - \omega P\left(\dfrac{\pi}{2}\right)\right)L_f^{-1} \\[3mm] Z_{eq} & -Z_{eq}L_m^{-1} \end{bmatrix}$$

$$B = \begin{bmatrix} \dfrac{1}{L_f} & 0 & 0 & 0 \\[3mm] 0 & \dfrac{1}{L_f} & 0 & 0 \end{bmatrix}^T \qquad C = \begin{bmatrix} 1 & 0 & 0 & 0 \\ 0 & 1 & 0 & 0 \end{bmatrix}$$

$$D = \sum_{k=1}^{3} \frac{2}{3} \frac{\eta_{cc_k}}{R_s} P(-p\Theta)Q(p\gamma_{cc_k})P(p\Theta)$$

$$Z_{eq} = R_r\left[I_{d_2} - \frac{\eta_0}{1+\eta_0}Q(\gamma_0)\right]$$

2.5　感应电机的监测方法

诊断方法包括在差分模式下监测电机参数（故障参数）。参数监测还必须在不受环境（温度、电机磁状态等）影响的共模情况下考虑正常参数的变化趋势及其预测。

2.5.1　感应电机故障诊断的参数估计

参考文献［LJU 99，RIC 98，TRI 01］讨论了基于输出误差的参数辨识方法。在本节中，我们将该方法应用于感应电机故障诊断。

2.5.1.1　基于输出误差法的参数辨识

模型法是参数辨识的常用方法，如图 2.21 所示。这个例子采用的是"直接法"，在闭环中处理采集到的数据。由于反馈是速度 ω，因此不需要考虑电流$^\ominus$ $i_{s_{dq}}$，也就不会对参数识别产生影响。实际上，有了这个反馈，我们在辨识方法中采用与输出干扰 b 有关的电压输入 $u_{s_{dq}}$（速度测量也是这样）：因此，这一辨识方法逐渐产生偏差［BAZ 08，LJU 99］。但是，我们可以通过改善测量方法，尽可能提高信号噪声比，以避免该问题。还有很多闭环的输出误差辨识算法，我们将在下一章中介绍，这些方法可以很好地避免偏差，但是方法更加复杂。

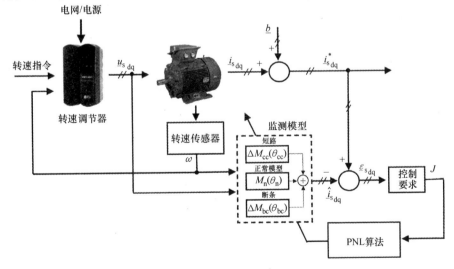

图 2.21　基于输出误差的参数辨识法在感应电机诊断中的应用原理

$\ominus$　在变速系统中，电流环由内部调节回路控制。

下面考虑叠加了共模信号 $M_n(\underline{\theta}_n)$ 的监测模型。在该模型中，$M_n(\underline{\theta}_n)$ 总结了使用者的经验知识，用于电气参数 $\underline{\theta}_n = [R_s \ R_r \ L_m \ L_f]^T$，其变化量 $Var\{\underline{\theta}_n\}$ 及对影响输出的噪声信号（方差值 σ_b^2）进行监测。这一模型只对可预见的参数变化敏感，在结构和参数上（$\underline{\theta}_{cc} = [\eta_{cc_1} \ \eta_{cc_2} \ \eta_{cc_3}]^T$ 和 $\underline{\theta}_{bc} = [\eta_0 \ \gamma_0]^T$）与表示实际故障信号的误差模型 $\Delta M_{cc}(\underline{\theta}_{cc})$ 以及 $\Delta M_{bc}(\underline{\theta}_{bc})$ 不同。在同时诊断定/转子故障的模型中，我们需要定义一个扩展参数 $\underline{\theta} = [\underline{\theta}_n^T \ \underline{\theta}_{cc}^T \ \underline{\theta}_{bc}^T]^T$，其估算公式为

$$\underline{\theta} = [R_s \ R_r \ L_m \ L_f \ \eta_{cc_1} \ \eta_{cc_2} \ \eta_{cc_3} \ \eta_0 \ \gamma_0]^T \qquad [2.94]$$

感应电机故障诊断过程包含很多估算矢量 $\hat{\underline{\theta}}$ 的方法。参数 $\hat{\eta}_{cc_k}$ 的估算平均值代表三相中各相的短路线圈数，$\hat{\eta}_0$ 反映了潜在转子故障的大小。

下式定义估算误差向量 $\varepsilon_{s_{dq}}$（测量值 $\underline{i}_{s_{dq}}^*$ 和仿真值 $\hat{\underline{i}}_{s_{dq}}$ 间的差）

$$\begin{cases} \varepsilon_{s_{d_k}} = i_{s_{d_k}}^* - \hat{i}_{s_{d_k}} \\ \varepsilon_{s_{q_k}} = i_{s_{q_k}}^* - \hat{i}_{s_{q_k}} \end{cases} \qquad [2.95]$$

$\underline{\theta}$ 的最优值根据下式采用多变量二次型判据得到最小值

$$J = \sum_{k=1}^{K} \varepsilon_{s_{d_k}}^2 + \sum_{k=1}^{K} \varepsilon_{s_{q_k}}^2 \qquad [2.96]$$

其中，$i_{s_{d_k}}^*$ 和 $i_{s_{q_k}}^*$ 是在周期 T_e（$t = kT_e$，k 在 $1 \sim K$ 之间变化）时的采样值。采用基于参数向量 $\hat{\underline{\theta}}$ 估算值的模型，得到仿真中电流 $\hat{i}_{s_{d_k}}$ 和 $\hat{i}_{s_{q_k}}$ 的估算值。

由于输出 $\underline{i}_{s_{dq}}$ 对于 $\hat{\theta}$ 是非线性的，可以通过非线性规划方法求该参数的最小值 [RIC 98]。矢量参数的最优值记作 θ_{opt}，通过迭代优化算法计算。[MAR 63] 给出的方法能够很好地平衡鲁棒性和收敛速度间的矛盾，估算参数通过下式更新

$$\hat{\underline{\theta}}_{i+1} = \hat{\underline{\theta}}_i - \{ [J''_{\underline{\theta}\underline{\theta}} + \lambda I]^{-1} J'_{\underline{\theta}} \}_{\hat{\underline{\theta}} = \hat{\underline{\theta}}_i} \qquad [2.97]$$

利用输出敏感度函数计算梯度和 Hessian 矩阵，从而进行优化

- $-J'_{\underline{\theta}} = -2 \sum_{k=1}^{K} \varepsilon_{s_{d_k}} \underline{\sigma}_{d_k, \theta_i} - 2 \sum_{k=1}^{K} \varepsilon_{s_{q_k}} \underline{\sigma}_{q_k, \theta_i}$:梯度；

- $-J''_{\underline{\theta}\underline{\theta}} \approx 2 \sum_{k=1}^{K} \underline{\sigma}_{d_k, \theta_i} \cdot \underline{\sigma}_{d_k, \theta_i}^T + 2 \sum_{k=1}^{K} \underline{\sigma}_{q_k, \theta_i} \cdot \underline{\sigma}_{q_k, \theta_i}^T$: Hessian 近似；

- $-\lambda > 0$: 监测参数；

- $-\underline{\sigma}_{d_k, \theta_i} = \dfrac{\partial \hat{y}_k}{\partial \tilde{\theta}_i}$: 输出敏感函数 i_{s_d} ；

- $-\underline{\sigma}_{q_k, \theta_i} = \dfrac{\partial \hat{y}_k}{\partial \tilde{\theta}_i}$: 输出敏感函数 i_{q_s} ；

该算法在搜索过程中通过控制参数 λ，在远离最优解的梯度法（$\lambda \gg 1$）和牛顿法（$\lambda \to 0$）之间变动，使得在最优解附近加速收敛。

这一差分系统利用感应电机的状态空间表达式（式 [2.93]）得到了灵敏度

函数的仿真结果

$$\begin{cases} \dot{\sigma}_{\underline{x},\theta_i} = A(\underline{\theta})\sigma_{\underline{x},\theta_i} + \left[\dfrac{\partial A(\underline{\theta})}{\partial \theta_i}\right]\underline{x} + \left[\dfrac{\partial B(\underline{\theta})}{\partial \theta_i}\right]\underline{u} \\ \dot{\sigma}_{\underline{y},\theta_i} = C^{\mathrm{T}}(\underline{\theta})\sigma_{\underline{x},\theta_i} + \left[\dfrac{\partial D(\underline{\theta})}{\partial \theta_i}\right]\underline{u} \end{cases} \qquad [2.98]$$

其中，$\sigma_{\underline{y},\theta} = \dfrac{\partial y}{\partial \underline{\theta}}$ 代表基于参数的输出灵敏度矩阵；$\sigma_{\underline{x},\theta} = \dfrac{\partial \underline{x}}{\partial \underline{\theta}}$ 代表基于状态的灵敏度矩阵。

2.5.1.2　先验知识与诊断

将先验知识运用到参数辨识过程可以用于解决灵敏度问题。实际上，采用上述算法的辨识器通常会出现异常情况，如得到不符合物理实际的参数，甚至出现电阻或电感值为负值的现象。出现这些情况的原因一部分是由于灵敏度或辨识能力问题，在情况允许时可以通过连续激励解决。另一种方法是根据先验知识在参数域上施加限制。实际上，当我们对待辨识参数有一定了解后，可以根据下列方程在带有噪声叠加 σ_{b}^2 的目标函数 J 上加入二次项（带有方差权重 $M_0 = \mathrm{Var}(\underline{\theta}_0)$ 的参数 $\underline{\theta}_0$）［MOR 99］

$$J_{\mathrm{C}} = (\hat{\underline{\theta}} - \underline{\theta}_0)^{\mathrm{T}} M_0^{-1}(\hat{\underline{\theta}} - \underline{\theta}_0) + \frac{J}{\sigma_{\mathrm{b}}^2} \qquad [2.99]$$

当先验知识准确时，该方法的有效性和收敛性大大提高，特别是对励磁方法敏感的系统，如电气传动系统［TRI 09］。

在故障诊断方法中，只有 $M_{\mathrm{n}}(\underline{\theta}_{\mathrm{n}})$ 中包含先验知识，用 $\{\underline{\theta}_{\mathrm{n0}}, \mathrm{Var}\{\underline{\theta}_{\mathrm{n0}}\}\}$ 表示。对于没有先验知识的误差类型，差分模式 $\Delta M_{\mathrm{cc}}(\underline{\theta}_{\mathrm{cc}})$ 以及 $\Delta M_{\mathrm{bc}}(\underline{\theta}_{\mathrm{bc}})$ 中的参数经验值为零，其变化是无穷大的，如

$$\underline{\theta}_0 = \begin{bmatrix} \underline{\theta}_{\mathrm{n0}} = \begin{bmatrix} R_{\mathrm{s}_0} & R_{\mathrm{s}_0} & L_{\mathrm{m}_0} & L_{\mathrm{f}_0} \end{bmatrix}^{\mathrm{T}} \\ \underline{\theta}_{\mathrm{cc}} = \underline{0} \\ \underline{\theta}_{\mathrm{bc}} = \underline{0} \end{bmatrix}$$

$$M_0 = \mathrm{Var}\{\underline{\theta}_0\} = \begin{bmatrix} \sigma_{\mathrm{R}_{\mathrm{s}}}^2 & & & & & \\ & \sigma_{\mathrm{R}_{\mathrm{s}}}^2 & & & & 0 \\ & & \sigma_{\mathrm{L}_{\mathrm{m}}}^2 & & & \\ & & & \sigma_{\mathrm{L}_{\mathrm{f}}}^2 & & \\ & & & & \infty & \\ & 0 & & & \cdots & \\ & & & & & \infty \end{bmatrix}$$

实际中，电气参数 $\underline{\theta}_{\mathrm{n0}}$ 的方差可以通过物理知识（制造数据或基础实验）或

初步估计得到。在每种情况下，这些方差必须能够容忍可预测的参数估计（例如运行环境的变化）。此外，故障参数没有约束，因为它们只能通过函数 J 得到实验数据。

2.5.2 监测方法的实验验证

2.5.2.1 实验系统

可用于测试所有监测方法的测试系统如图 2.22 所示。电机通过矢量控制方法来控制变速装置，从而进行电机的速度控制。电机轴上装有可以产生阻力矩的动态负载和位置/速度传感器（增量编码器）。三相电流电压在采集前需要经过测量以及抗混叠滤波器的调理。

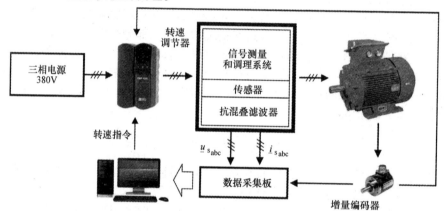

图 2.22　感应电机参数辨识和控制实验装置

考虑收敛性，参数辨识算法需要持续的激励，以保持系统各个模式下的灵敏度。由于电机是速度控制，最简单也是最常用的激励方法是在参考速度上叠加伪随机二进制序列（Pseudo - Random Binary Sequence，PRBS）。然而，这种激励方法不能应用于匀速情况。所以为了使应用不受限，我们在匀速情况下定义了另外一种激励协议，即在逆变器的参考电压上施加正弦信号［BAC 05］。下面的章节中将具体介绍这两种方法。

为了在实验中模拟故障，需要调整定子绕组使之中间能够接触。接触点分布在 a 相和 b 相中，短路的匝数是等比数列。外部端点分别对应 18 匝（3.88%）、29 匝（6.25%）、58 匝（12.5%）和 116 匝（25%）。实验台上有多个可更换的转子，包括一个 28 根导条的正常转子和两个故障转子（分别有一根和两根导条损坏）。前文介绍的方法使我们能够准确地预测参数在故障情况下的波动（例如因为过热），我们就可以在较高温度下实验（35℃变为50℃）。因此，需要在定子绕组和电机间安装温度传感器。

2.5.2.2　方法的实现

通过 10 个在不同温度下得到的数据作为先验知识，模拟参数变化的情况（电机正常条件变化范围内）。对于辨识实验，采用

$$\underline{\theta}_{\text{ref}} = \left[9.81\ 3.83\ 0.436\ 7.62 \times 10^{-2}\ 0\ 0\ 0\ 0\ \gamma_0\right]^T$$

$$M_0^{-1} = \text{diag}(5 \times 10^2,\ 65 \times 10^2,\ 17 \times 10^5,\ 10^7,\ 0,\ 0,\ 0,\ 0,\ 0)$$

噪声变化量为 $\sigma_b^2 = \begin{cases} \hat{\sigma}_{b_v}^2 = 0.046 & \text{速度激励} \\ \hat{\sigma}_{b_t}^2 = 0.064 & \text{电压激励} \end{cases}$

需要说明的是初始角度 γ_0 是由参数 η_0 第一次检测到峰值决定的。

当定/转子同时出现故障时，我们可以分析电机的状态，在不同定子相和导条断裂处进行短路实验，包括：

－ 正常电机；

－ a 相 18 匝线圈短路，一根导条断裂；

－ a 相 18 匝线圈短路，b 相 58 匝线圈短路，两根导条断裂；

－ 高温测试（50℃）：a 相 18 匝线圈短路，b 相 29 匝线圈短路，两根导条断裂。

表 2.2 总结了这一系列测试的参数辨识结果。

表 2.2　参数辨识结果

$\hat{\underline{\theta}}$	转速激励（750 ± 90）tr/min				电压激励 750tr/min			
	测试 1	测试 2	测试 3	测试 4	测试 1	测试 2	测试 3	测试 4
$\hat{R}_s/\Omega$	9.83	9.84	9.97	12.45	10.14	9.97	10.54	12.45
$\hat{R}_r/\Omega$	3.99	4.00	3.00	4.41	4.06	3.99	4.07	4.50
$\hat{L}_{ms}/H$	0.432	0.440	0.440	0.442	0.440	0.440	0.432	0.440
$\hat{L}_f/mH$	77.025	74.012	76.99	74.50	69.19	67.87	69.22	71.49
$\hat{n}_{cc_1}$	3.540	17.864	16.052	53.69	0.75	19.05	19.12	60.02
$\hat{n}_{cc_2}$	2.51	-1.11	53.31	26.87	-0.84	-0.25	59.57	30.01
$\hat{n}_{cc_3}$	-0.04	2.51	-2.54	-2.46	0.08	0.58	-0.41	0.03
$\hat{\eta}_0$	0.008	0.10	0.20	0.19	0.007	0.09	0.21	0.20

对于定子短路故障，估算参数与实际参数相差不大（速度激励下最大误差为 5 匝线圈，电压激励下最大误差为 2 匝线圈）。故障指示器 η_0 代表了转子故障率：断裂导条越多，这一参数值越大，反之亦然。因此，当处理定/转子故障时，包含先验知识的参数辨识算法鲁棒性较好。这也说明了故障四端口电路并不能很好解释电机不平衡故障。

此外，我们发现在最后一个实验中，只有 R_s 和 R_r 受温度影响，图 2.23 和

图 2.24 精确地表示出升高的温度不会影响差模模式。

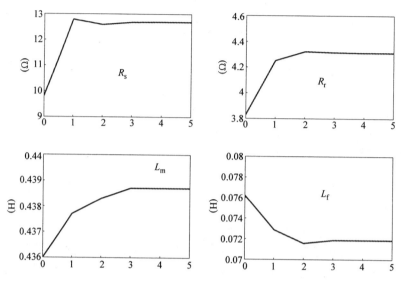

图 2.23 故障情况下高温实验（实验 4）中的参数变化曲线—电阻和电感

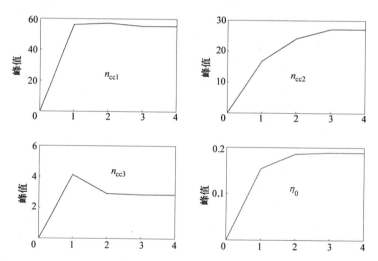

图 2.24 高温实验（实验 4）中的参数变化曲线—短路线圈匝数

图 2.25 和图 2.26 比较了 Park 模型 d 轴上的测量电流和估算电流。估算误差 ε_{s_d} 在两种激励模式下都很小，因此这里可以做出电机关于同时诊断定/转子故障的相关结论。

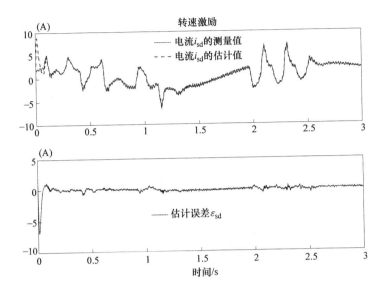

图 2.25　i_{s_d} 和 $\hat{i}_{s_d}$ 测量值的比较—估算电流值进行速度激励

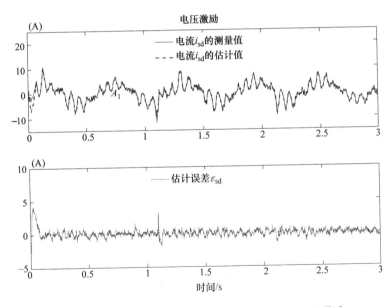

图 2.26　i_{s_d} 和 $\hat{i}_{s_d}$ 测量值的比较—估算电流值进行电压激励

2.6　本章小结

定子绝缘层的老化会导致绕组线圈接触，这种故障类型具有多种拓扑结构，形式多种多样。在一些情况下，由于连锁反应，这种接触可能导致绕组立即损坏。但在有些情况下，采用闭环电流控制速度的系统可以补偿故障影响，这是通过维持电机动态性能实现的。这是相内匝间直接接触或电阻接触短路的典型情况。采用监测手段或在故障时重新配置控制策略需要对短路电流幅值大小进行诊断，这是因为电流的焦耳效应会加速破坏。本章主要介绍了围绕故障的电机建模问题。

建模方法基于一个有两种运行模式的基本假设，分别为带有绕组产生旋转磁场的共模模式，无故障；带有静态磁场的差模模式，匝间短路故障。诊断模型的一大特点是与传统速度控制的模型十分相似，可用于不同参考系（定子、转子、旋转磁场）。

这一特点对于估计算法的收敛性十分重要。在本章中，我们通过全局综合参数辨识方法，提出并验证了诊断方法的正确性。参数监测方法不仅可以定位定子或转子绕组故障，并且可以确定其严重程度。

采用开环方法识别电机参数已有很长时间，从速度调节器一出现就有了这种方法。但是我们测量电机控制电压和线电流时，忽略了传动系统是通过输出反馈的这一事实。因此，调节环路中控制变量上的随机扰动导致了这一识别方法的问题，即估算值往往有非对称偏差。下一章中主要通过电机闭环辨识方法解决这一问题。

2.7 参考文献

[BAC 05] BACHIR S., TNANI S., CHANPENOIS G., GAUBERT J.P., "Stator faults diagnosis in induction machines under fixed speed", *European Conference on Power Electronics and Applications, EPE*, Dresden, Germany, September 2005.

[BAC 06] BACHIR S., TNANI S., TRIGEASSOU J.C., CHANPENOIS G., "Diagnosis by parameter estimation of stator and rotor faults occurring in induction machines", *IEEE Transactions on Industrial Electronics*, vol. 53, no. 3, p. 963-973, 2006.

[BAZ 08] BEN AMEUR BAZINE I., Identification en boucle fermée de la machine asynchrone: application à la détection de défaut, PhD Thesis, University of Poitiers, Ecole Supérieure d'Ingénieurs de Poitiers/Ecole Nationale d'Ingénieurs de Tunis, 2008.

[CAS 04] CASIMIR R. *et al.*, "Comparison of modeling methods and of diagnostic of asynchronous motor in case of defects", *9th IEEE International Power Electronics Congress, CIEP*, Celaya, GTO, October 2004.

[DAN 98] DANTZIG G.B., *Linear Programming and Extensions*, Princeton University Press, 1998.

[DOE 10] LE DOEUFF R. ZAÏM E.H., *Rotating Electrical Machines*, ISTE, London, John Wiley & Sons, New York, 2010.

[FIL 94] FILLIPPITTI F., FRANCESHINI G., TASSONI C., VAS P., "Broken bar detection in induction machine: comparaison between current spectrum approach and parameter estimation approach", *IAS'94*, New York, p. 94-102, 1994.

[GRE 97] GRELLET G., CLERC G., *Actionneurs Électriques. Principes, Modèles et Commande*, Eyrolles, Paris, 1997.

[INN 94] INNES A.G., LANGMAN R.A., "The detection of broken bars in variable speed induction motors drives", *ICEM'94*, December 1994.

[LJU 99] LJUNG L., *System Identification: Theory for the User*, Prentice Hall, Upper Saddle River, 1999.

[LOR 93] LORON L., "Application of the extended kalman filter to parameter estimation of induction motors", *EPE'93*, vol. 05, p. 85-90, Brighton, September 1993.

[MAK 97] MAKKI A., AH-JACO A., YAHOUI H., GRELLET G., "Modeling of capacitor single-phase asynchronous motor under stator and rotor winding faults", *IEEE International SDEMPED'97*, Carry-le-Rouet, p. 191-197, September 1997.

[MAR 63] MARQUARDT D.W., "An algorithm for least-squares estimation of nonlinear parameters", *Society of Industrial and Applied Mathematics*, vol. 11, no. 2, p. 431-441, 1963.

[MEN 99] MENSLER M., Analyse et étude comparative de méthodes d'identification des systèmes à représentation continue. Développement d'une boîte à outil logicielle, PhD Thesis, University of Nancy I, 1999.

[MOR 99] MOREAU S., Contribution à la modélisation et à l'estimation paramétrique des machines électriques à courant alternatif: Application au diagnostic, PhD Thesis, University of Poitiers, Ecole Supérieure d'Ingénieurs de Poitiers, 1999.

[RIC 98] RICHALET J., *Pratique de l'identification*, 2nd edition, Hermès, Paris, 1998.

[ROB 99] ROBERT P., *Traité de l'électricité vol. 2: Matériaux de l'électrotechnique*, Presses polytechniques et universitaires romandes, 1999.

[SCH 99] SCHAEFFER E., Diagnostic des machines asynchrones: modèles et outils paramétriques dédiés à la simulation et à la détection de défauts, PhD Thesis, University of Nantes, Ecole Centrale de Nantes, 1999.

[TOL 04] TOLIYAT H.A., KLIMAN G.B., *Handbook of Electrical Motors*, Marcel Dekker, New York, 2004.

[TRI 01] TRIGEASSOU J.C., POINOT T., "Identification des systèmes à représentation continue – Application à l'estimation de paramètres physiques", in LANDAU L.D., BESENÇON-VODA A., (eds), *Identification Des Systèmes*, Hermès, Paris, 2001.

[TRI 09] TRIGEASSOU J.C., POINOT T., BACHIR S., "Parametric estimation for knowledge and diagnosis of electrical machines", in HUSSON R. (ed.), *Control Methods for Electrical Machines*, ISTE Ltd., London and John Wiley & Sons, New York, 2009.

第 3 章

感应电机的闭环诊断

Imène Ben Ameur Bazine, Jean – Claude Trigeassou, Khaled Jelassi, Thierry Poinot

3.1 概述

在电气传动系统中，故障诊断（越早进行越好）不仅是解决系统故障复杂性与多样性的一种科学方法，同时也是进行预防性维修以提高系统经济性的工业问题。近20年来，很多研究机构参与到电机的故障诊断研究中，特别是面向感应电机的故障诊断。目前，已经有很多方法用于实现电机的故障检测，包含振动分析、观测器方法、参数估计等。

对于故障检测问题，已有研究成果成功利用参数估计方法进行故障辨识。[MOR 99]证明，先验信息是提高输出误差算法收敛性以及整合用户经验的重要因素。[BAC 02]应用参考模型及用户关于电机正常运行的专业知识，整合得到故障特征，提出一种基于参数估计的诊断方法。该方法成功地检测出矢量调速控制下感应电机的定子线圈短路及转子断条故障。

虽然实验室得到的实验结果令人鼓舞，但却引出了几个重要问题。为了在电机中变换相关运行模式，参数估计法要求电机被充分激励，但是连续不断地满载激励常常会导致电机不满足运行标准的要求，尤其是当用户需要高效调速器的时候。此外，尽管电气故障能够很好地被检测到，但仍然存在较大的不确定性，这种不确定性无法通过增大激励而减低，这个问题还进一步引出其他两个重要问题：

    - 不确定性是否大部分源于建模误差？

    - 尽管感应电机运行在闭环系统中，而所应用的辨识算法用在开环系统中，这是否是引起不确定性的原因或部分原因？

由于建模偏差涉及问题较多难以全部列出，本章将给出针对部分问题的研究结果。此外，为了特别强调辨识问题，本章用基本且独立于参数估计的方法进行诊断。

研究感应电机的闭环故障辨识非常重要。事实上，只有闭环辨识才能够满足由转矩控制和速度控制组成的闭环控制系统中关于速率偏差的工业要求。众所周知，在闭环系统故障辨识中，由于输出噪声与系统闭环控制的相关性，如果不考虑闭环系统将出现渐近误差。

[SÖD 87, HOF 95, LAN 97, DON 00, GRO 00a] 在考虑控制器作用的基础上，给出了基于闭环输出误差的故障辨识方法，提供了解决上述重要问题的基本途径。实现该方法的途径是要么得到控制器的先验知识，或者（更实际的解决方案是）进行参数估计。

我们尝试给出的第二个答案是关于激励模式的故障诊断问题。在变速系统中，为了满足充分激励的要求，采用伪随机二进制序列（a Pseudo - Random Binary Sequence，PRBS）扰动参考转速，实现辨识算法。但是这种激励模式将完全违背控制器被专门设计用来保持速度恒定的初衷。电机转速会受到负载转矩变化（由生产过程决定）的干扰，控制器则需要尽量减少转矩的变化。负载转矩的变化改变了电机的工作点：这些变化是否满足充分激励的要求？闭环控制的特性是否会引起渐近偏差？

本章的研究工作试图给出一种通用的方法来解答上述问题，进行闭环控制感应电机的辨识，通过参数估计法进行故障诊断。

本章分为 3 节，3.2 节描述什么是闭环辨识问题；3.3 节介绍感应电机闭环控制下辨识方法的基本原理；3.4 节应用所提出方法同时进行电机定/转子的故障诊断。

3.2　闭环辨识

3.2.1　闭环辨识中存在的问题

闭环辨识中的一个典型问题是输出噪声与闭环控制信号之间的相关性。另一个由闭环系统采集到的数据引起的问题是通常闭环系统采集的数据和开环系统采集到的数据相比，包含的信息量较少。事实上，闭环控制系统的一个重要控制目标是减少系统对干扰的敏感性，这使得辨识问题更难于处理 [FOR 99]。

图 3.1 为闭环数字控制结构框图。该系统的输入/输出数据关系为

$$y(s)^* = G_0(s)u(s) + H_0(s)e(s) \qquad [3.1]$$

$$u(q^{-1}) = C(q^{-1})[r(q^{-1}) - y(q^{-1})] \qquad [3.2]$$

其中　G_0 为被辨识的真实过程；$C(z)$ 为控制器；y^* 是输出向量；u 是输入向量。

扰动模型表达式为 $b(s) = H_0(s)e(s)$，其中 e 是独立随机变量序列，均值为零（白噪声），$H_0(s)$ 是一个标准化的稳定线性时不变滤波器（过程发生器），$b(s)$ 为作用于系统的电子噪声、干扰及建模误差的总和。此外，与开环系统相反，闭环系统的输入 $u(s)$ 和电子干扰 $e(s)$ 是相关的。信号 r_k 为可能的激励信号或外部信号。

本章研究工作做出如下基本假设：r 是独立于电子干扰 $e(s)$ 的准平稳信号

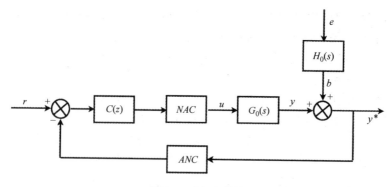

图 3.1 闭环系统

[LJU 87]；作用于系统的激励信号连续；进行辨识的目的是确定过程 $G_0(s)$ 的估计值；在某些情况下，其目的也是确定控制器 $C(z)$ 的估计值；在闭环系统直接辨识过程中，闭环系统采集到的数据 u_k 和 y_k 与开环系统相同（见图 3.2）。

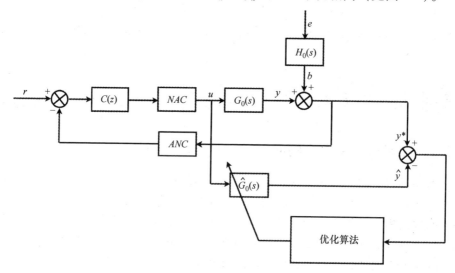

图 3.2 感应电机直接辨识基本原理

由此，不考虑闭环系统。基于先验知识的方法由于在实际应用中未发现存在问题而被广泛使用。然而，由于忽略了系统控制器，输出噪声 $b(s)$ 与输入 $u(s)$ 相关，因此其估计具有渐近误差 [BAZ 08b，BAZ 08a]。以上是直接方法的主要缺点，这也促使了闭环辨识算法的发展。

闭环系统运行时（如交流电机在矢量控制的情况下），由于控制器或控制算法影响，干扰信号 b_k 与控制信号 u_k 相关；这样，使用激励 u_k 计算的灵敏度函数 σ_k（对于优化算法有重要作用）与干扰 b_k 相关。这意味着估计值 $\underline{\theta}_{opt}$ 具有渐近误差。这种误差在信噪比很低时并不重要,在初始近似值中可以忽略。

然而,[SÖD 87,HOF 95,LAN 97,DON 00,GRO 00a,BAZ 07] 提出基于闭环输出误差的辨识算法,该方法避免了这种渐进误差,但是其代价是辨识过程变得更复杂。[GRO 00b] 分析认为,如果 b_k 为白噪声,由于数字闭环固有的延时,灵敏度函数与白噪声是不相关的,即 $E\{\sigma_k,\theta_i,b_k\}=0$;另外,如果 b_k 是相关噪声,则会出现误差,其大小决定于产生该噪声的过程。

3.2.2 电机故障诊断中的参数辨识问题

近 20 年来,电机参数辨识的相关研究成果给出了很多电力传动系统中感应电机离线或在线故障诊断策略,详见 [LOR 93,FIL 94,BAC 03b,BAZ 05]。

参数估计技术已经得到深入研究与实验室测试。由于方程误差类算法对随机干扰与建模误差较敏感且具有渐进误差,所以一般不予考虑。在实际情况中,卡尔曼滤波和输出误差技术使我们能够得到可靠的估计结果 [BAC 01,BAC 06]。

因此,研究用于物理参数估计的算法,考虑感应电机的先验知识可对参数估计故障诊断起到巨大的推动作用。

在感应电机直接供电开环运行时,其转速是一个准恒定值。而在级联闭环控制结构中电机采用矢量控制时,转速较易变化。在上述情况下,一个合理的问题是在直接辨识(不考虑闭环结构)过程中控制器对误差存在什么影响 [GRO 99,GRO 00a]?

此外,我们提出对没有明确激励的感应电机电气模型进行辨识。事实上,速度参考的激励会干扰电机的工作点,使其不能满足工业要求。由于这个原因,我们采用变负载转矩的间接激励方法。

我们特别关注采用基于闭环解耦的输出误差方法进行感应电机参数辨识 [TRI 03,BAC 08](算法详情请见第 2 章)。然而,该辨识技术受限于控制器相关知识的获取。

感应电机是目前许多工业应用的基础,应用领域涵盖面广。根据应用的不同,操作人员可以获取所有的控制细节,亦可忽略控制器内部的某些部分。在这种情况下,我们提出一种"等效"控制器的初步辨识方法,使用过参数化技术,以避免使用关于系统结构和控制器参数的先验知识 [BAZ 08c,BAZ 08b]。

3.3 感应电机闭环辨识的一般方法

3.3.1 考虑控制的作用

感应电机的闭环控制一般来说需要转矩控制(电流控制)、速度控制(连续控制器）及磁链控制。此外，由于转矩和磁链控制是耦合的，对解耦现象进行预测至关重要（一般是非线性的），这会使得控制器的结构更复杂（多变量非线性叠式控制器）。

图 3.3 给出了依据之前所讨论原理设计的控制器，采用跟随转子磁通运动的矢量控制；这是最为常用的方法，主要因为这种控制可以消除定/转子上漏抗的影响，较基于定子磁通或气隙磁通方向的方法具有更好的控制效果［FAI 95，JEL 91］。

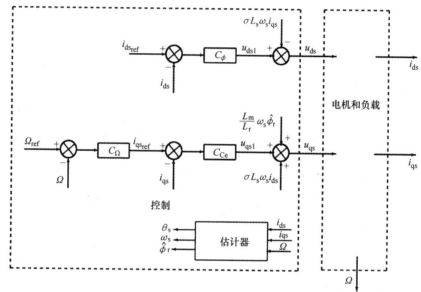

图 3.3 带补偿项解耦

由于只研究其控制过程，图中没有明确给出变流器及其控制。因此，我们只专注于控制器的输出 u_{ds}、u_{qs}，以及电流 i_{ds}、i_{qs}。这可以避免表达上不必要的混乱，其主要目的是设计出特定的控制机制。

由此，感应电机的控制被认为是一个多维系统（多输入，两输出）。此系统可以被分解为两个特定的多输入、单输出子系统，一个系统对应于输出 u_{ds}，另一个对应于输出 u_{qs}（见图 3.4）。

我们提出在旋转磁场参考系通过确定控制输出（u_{ds}，u_{qs}）与输入（Ω_{ref}，Ω^*，$i_{ds_{ref}}$）以及（i_{ds}^*，i_{qs}^*）之间的关系来描述该系统的行为。

图 3.4 中变量为

$$ed = C_d \cdot \omega_s \cdot i_{qs}^*$$
$$eq = -C_{1q} \cdot \omega_s \cdot i_{ds}^* - C_{2q} \cdot \omega_s \cdot \hat{\phi}_r$$

以及

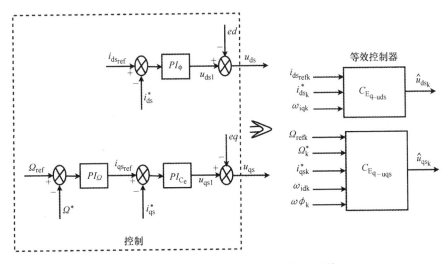

图 3.4 分解为多输入、单输出控制子系统

$$C_\phi(q^{-1}) = \frac{r_{0\phi} + r_{1\phi}q^{-1}}{1 - q^{-1}}$$

$$C_\Omega(q^{-1}) = \frac{r_{0\Omega} + r_{1\Omega}q^{-1}}{1 - q^{-1}}$$

$$C_{c_e}(q^{-1}) = \frac{r_{0c_e} + r_{1c_e}q^{-1}}{1 - q^{-1}}$$

在采用间接辨识时，我们提出了扩展该方法的应用领域，通过使用过参数化技术首先辨识一个"等效"控制器，以避免使用关于结构及控制器参数的先验知识。感应电机的等效结构往往不复杂并易于理解，但有时是非线性的。此"等效"控制器的估计采用过参数化的最小二乘法。关于"等效"控制器辨识原理的更多细节请详见［BAZ 08b］。

在后续的各节中，我们将只给出感应电机的闭环辨识结果，并且假设控制算法是先验已知的（用户知道控制算法，或者是算法被事先确定）。

3.3.2 基于闭环解耦的电机参数辨识

3.3.2.1 基本原理

当感应电机的控制算法已知时（通过先验知识或过参数化辨识［BAZ 08b］），我们可以考虑电机连续模型的参数辨识。

如图 3.5 所示，通过使用外部信号（Ω_{ref}，$i_{ds_{ref}}$）、测量值 Ω^*、角频率 ω_s、磁链 ϕ_r 和预测输出值 $\hat{i}_{ds}$ 和 $\hat{i}_{qs}$，对控制器 C_{Eq} 进行仿真，得到连续模型的激励 $\hat{\underline{u}} = \{\hat{u}_{ds}, \hat{u}_{qs}\}$。

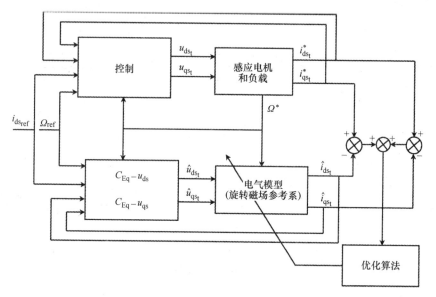

图 3.5　感应电机间接辨识原理

通常在以下三个参考坐标系中分析感应电机的运行：定/转子与旋转磁场参考系。

　　- 如果参考系固定在定子上 $\omega_a = 0$，电气系统的定子输出为纯交流信号且运行在电源频率下。在这个参考系中，感应电机的仿真（有必要对输出误差进行辨识）不需要转子位置信息，这是无位置传感器控制的优势；主要缺点在于对高频信号的处理。

　　- 如果参考系以同步转速旋转，$\omega_a = \omega_s = 2\pi f_s$，那么我们得到一个适合采用辨识技术的连续电气系统。然而，该方法在每个采样周期中都必须知道旋转磁场的位置。

　　- 如果参考坐标系固定在转子上，$\omega_a = \omega$，则电气信号是准连续的，从而电磁场的角频率等于 $g\omega$（其中：$g = (\omega_s - \omega)/\omega_s$，是电机的转差率），在实际运行中降低了 ω_s。当可以获得机械位置时，由于电气信号幅值的准连续性，这个参考坐标系得到学者的青睐。

　　感应电机的直接辨识一般在转子参考坐标系中进行，因为只需要更少的变换/估计。

　　如果希望进行间接辨识，则需要考虑控制器的作用，这样就需要采用旋转磁场参考坐标系。为了控制磁通和转矩，需要在旋转磁场参考坐标系中设计控制算法和控制器，此时这些控制器参数为常数，在任何其他的参考坐标系中这些参数都是和转速相关的。因此，我们必须提到旋转磁场。此外，必须要采用计算得到的位置信息在旋转磁场坐标系中进行间接辨识。

旋转磁场经过 Park 变换后得到的感应电机连续模型可表示为

$$\begin{cases} \dot{\hat{\underline{x}}} = A(\hat{\underline{\theta}})\,\hat{\underline{x}}(t) + B(\hat{\underline{\theta}})\,\hat{\underline{u}}(t) \\ \hat{\underline{y}}(t) = C(\hat{\underline{\theta}})\,\hat{\underline{x}}(t) \end{cases} \qquad [3.3]$$

其中，定子向量为

$$\underline{X} = \begin{bmatrix} i_{ds} & i_{qs} & \varphi_{dr} & \varphi_{qr} \end{bmatrix}^{T} \qquad [3.4]$$

电气模型的输入和输出为

$$\underline{u} = \begin{bmatrix} u_{ds} \\ u_{qs} \end{bmatrix}, \quad \underline{Y} = \begin{bmatrix} i_{ds} \\ i_{qs} \end{bmatrix} \qquad [3.5]$$

相关矩阵表达式为

$$A = \begin{bmatrix} -\dfrac{R_s + R_r}{L_f} & \omega_s & \dfrac{R_r}{L_f L_m} & \dfrac{\omega}{L_f} \\[2mm] -\omega_s & -\dfrac{R_s + R_r}{L_f} & -\dfrac{\omega}{L_f} & \dfrac{R_r}{L_f L_m} \\[2mm] R_r & 0 & -\dfrac{R_r}{L_m} & (\omega_s - \omega) \\[2mm] 0 & R_r & -(\omega_s - \omega) & -\dfrac{R_r}{L_m} \end{bmatrix} \qquad [3.6]$$

$$B = \begin{bmatrix} \dfrac{1}{L_f} & 0 & 0 & 0 \\[2mm] 0 & \dfrac{1}{L_f} & 0 & 0 \end{bmatrix}^{T} \qquad C = \begin{bmatrix} 1 & 0 & 0 & 0 \\ 0 & 1 & 0 & 0 \end{bmatrix}$$

电机的电气模型具有以下四个物理特征参数 R_s、R_r、L_m 和 L_f，它们也是无故障电机参数估计的目标。

3.3.2.2　灵敏度函数的计算

参考图 3.5，需要着重说明的是输出 $(\hat{i}_{ds}, \hat{i}_{qs})$ 和输入 $(\hat{u}_{ds}, \hat{u}_{qs})$ 实际上是通过使用激励 $(i_{ds_{ref}}, \Omega_{ref})$、测量值 Ω^*、2 个等效（或精确）控制器 C_{Eq-uds} 和 C_{Eq-uqs} 以及感应电机的连续模型仿真得到的。这样，$\{\hat{u}_{ds}, \hat{u}_{qs}\}$ 和 $\{\hat{i}_{ds}, \hat{i}_{qs}\}$ 与电流噪声完全不相关。下节将通过数值仿真进行说明。

[BAZ 08b] 给出了预测控制 $\hat{\underline{u}} = [\hat{u}_{ds}, \hat{u}_{qs}]^{T}$ 的基本原理。

与 $\underline{\sigma}_{\hat{y}} = [\sigma_{\hat{i}_{ds}}\,\sigma_{\hat{i}_{qs}}]^{T}$ 有关的灵敏度函数计算必须考虑 $\hat{\underline{u}} = [\hat{u}_{ds},\ \hat{u}_{qs}]^{T}$ 关于 $\hat{\underline{\theta}}$ 的灵敏度，即 $\underline{\sigma}_{\hat{u}} = [\sigma_{\hat{u}_{ds}}\ \sigma_{\hat{u}_{qs}}]^{T}$。

定义 $\sigma_{\hat{\underline{i}}_{\text{ds}},\theta_i} = \dfrac{\partial \hat{i}_{\text{ds}}}{\partial \theta_i}$ 以及 $\sigma_{\hat{\underline{i}}_{\text{qs}},\theta_i} = \dfrac{\partial \hat{i}_{\text{qs}}}{\partial \theta_i}$，由此，我们可得到灵敏度函数的微分方程：

$$
\begin{cases}
\dot{\sigma}_{\hat{\underline{x}},\theta_i} = A(\hat{\theta})\sigma_{\hat{\underline{x}},\theta_i} + \dfrac{\partial A(\hat{\theta})}{\partial \theta_i}\hat{\underline{x}} + \dfrac{\partial B(\hat{\theta})}{\partial \theta_i}\hat{\underline{u}}(t) + B(\hat{\theta})\sigma_{\hat{\underline{u}},\theta_i} \\[2mm]
\sigma_{\hat{\underline{y}},\theta_i} = C\,\sigma_{\hat{\underline{x}},\theta_i}
\end{cases}
\qquad [3.7]
$$

这里强调可以通过使用实际控制（假设控制是完全已知的），或使用等效结构（由于结构和控制参数未知，故使用早期辨识的控制器）来实现重构控制 $\hat{u}_{\text{ds}}$ 和 $\hat{u}_{\text{qs}}$。

通过使用精确的控制结构计算关于电机参数 $\hat{u}$ 的敏感度，可以得到：

$$
\sigma_{\hat{\underline{u}}_{\text{ds}k},\theta_i} = \frac{\partial \hat{u}_{\text{ds}}(k)}{\partial \theta_i} \ \text{和} \ \sigma_{\hat{\underline{u}}_{\text{qs}k},\theta_i} = \frac{\partial \hat{u}_{\text{qs}}(k)}{\partial \theta_i}
$$

从差分方程中得到

$$
\frac{\partial \hat{u}_{\text{ds}}(k)}{\partial \theta_i} = \frac{\partial \hat{u}_{\text{ds}1}(k)}{\partial \theta_i} - \frac{\partial \widehat{ed}(k)}{\partial \theta_i}
\qquad [3.8]
$$

$$
\frac{\partial \hat{u}_{\text{qs}}(k)}{\partial \theta_i} = \frac{\partial \hat{u}_{\text{qs}1}(k)}{\partial \theta_i} - \frac{\partial \widehat{eq}(k)}{\partial \theta_i}
\qquad [3.9]
$$

线性算子 $\hat{u}_{\text{ds}1}$ 和 $\hat{u}_{\text{qs}1}$ 对参数的灵敏度等于

$$
\frac{\partial \hat{u}_{\text{qs}1}(k)}{\partial \theta_i} = -\frac{\partial \hat{u}_{\text{ds}1}(k-1)}{\partial \theta_i} - r_{0\phi}\cdot\frac{\partial \hat{i}_{\text{ds}}(k)}{\partial \theta_i} - r_{1\phi}\frac{\partial \hat{i}_{\text{ds}}(k-1)}{\partial \theta_i}
\qquad [3.10]
$$

$$
\frac{\partial \hat{u}_{\text{qs}1}(k)}{\partial \theta_i} = -\frac{\partial \hat{u}_{\text{qs}1}(k-1)}{\partial \theta_i} - r_{0C_e}\cdot\frac{\partial \hat{i}_{\text{qs}}(k)}{\partial \theta_i} - r_{1C_e}\cdot\frac{\partial \hat{i}_{\text{qs}}(k-1)}{\partial \theta_i}
\qquad [3.11]
$$

假设在解耦中出现的 $\omega_s i_{\text{qs}}$、$\omega_s i_{\text{ds}}$ 和 $\omega_s \phi_r$ 是测量值，此时有

$$
\frac{\partial \widehat{ed}(k)}{\partial \theta_i} = 0 \ \text{和} \ \frac{\partial \widehat{eq}(k)}{\partial \theta_i} = 0
$$

如果假设解耦项是输出 $\hat{i}_{\text{ds}}$ 和 $\hat{i}_{\text{qs}}$ 估计值的函数，则关于参数解耦灵敏度可写为

$$
\frac{\partial \widehat{ed}(k)}{\partial \theta_i} = C_{\text{d}}\cdot\omega_s\cdot\frac{\partial \hat{i}_{\text{qs}}(k)}{\partial \theta_i}
\qquad [3.12]
$$

$$
\frac{\partial \widehat{eq}(k)}{\partial \theta_i} = -C_{1\text{q}}\cdot\omega_s\cdot\frac{\partial \hat{i}_{\text{ds}}(k)}{\partial \theta_i}
\qquad [3.13]
$$

3.3.3 辨识结果

我们将参数辨识技术应用于一台感应电机并进行了测试，电机参数见表3.1所示。

表 3.1 感应电机参数

R_s	9.8Ω
R_r	5.3Ω
L_m	$0.5H$
L_f	$0.04H$
f	$1.9 \times 10^{-03} N \cdot m \cdot s/rad$
J	$29.3 \times 10^{-03} N \cdot m \cdot s^2/rad$
极对数	2
转子导条数	28
每相线圈数	464

为了在各种随机情况下测试所提出的方法，为转速和电流产生两个随机噪声。

我们在 $S/B = 15$ 的情况下辨识旋转磁场坐标系下的电流 $\{i_{ds}, i_{qs}\}$，$S/B = 20$ 的情况下辨识转速。

输出噪声是由模型 $A.R$：$b_k + c_1 b_{k-1} = e_k$ 生成的，其中，e_k 为白噪声，$-1 < c_1 < 0$。我们研究了两种情况：

- $c_1 = 0$，b_k 对应于白噪声；
- $c_1 = -0.95$，b_k 对应于一个强相关噪声。

在负荷 $C_r = 4Nm$ 附近通过将负载转矩变为伪随机二进制序列 $\pm 1.5Nm$ 实现隐式激励。

进行 10 次蒙特卡洛仿真，每次包含 6000 对数据。这样，我们将得到每个辨识参数的平均值，其误差幅度等于标准偏差的 ± 3 倍（来自蒙特卡洛分布）。

缩写说明：

- DI：直接辨识；
- IIRC：间接辨识，实际控制；
- IIOC3：间接辨识，包含三阶过参数化控制器。

3.3.3.1 电流中存在白噪声的情况

图 3.6 给出了感应电机各参数的变化范围。通过仿真验证了电流包含白噪声时没有很大误差（此时速度测量值无误差）。由图 3.6 可以看出，这两种类型（DI 和 IIRC）的参数估计结果非常接近。

3.3.3.2 电流中存在相关噪声以及转速中存在白噪声的情况

从仿真结果（见图 3.7）可以看出，当电流中存在相关噪声以及转速中存在白噪声时，间接辨识给出的估计值接近实际值，而 R_r、L_m 与 L_f 的直接辨识估计

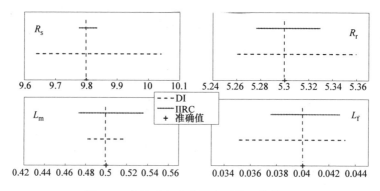

图 3.6   电流中包含白噪声时的参数辨识

值存在误差。

仿真结果表明，间接辨识比直接辨识具有更准确的估计结果，并在特定情况下可以避免循环引入的渐近误差。

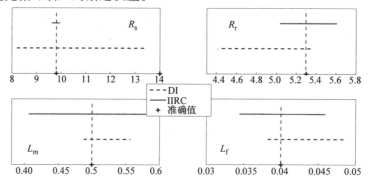

图 3.7   电流包含强相关噪声以及速度包含白噪声时的参数辨识

这种感应电机的闭环辨识方法，可应用在下节将要介绍的电机定/转子同时故障的诊断中。

3.4   定/转子同时故障时的闭环诊断

3.4.1   感应电机通用故障模型

第 2 章详细介绍了定/转子故障模型。利用该故障模型，我们得到了一个对应间接辨识的四阶状态空间表示的感应电机模型（速度是测量的伪输入量）。在旋转磁场坐标系中系统的状态向量、输入和输出（选择旋转参考坐标系是为了使用间接辨识方法）为

$$\begin{cases} \dot{\hat{\underline{X}}}(t) = A(\omega)\hat{\underline{X}}(t) + B\,\hat{\underline{u}}(t) \\ \hat{\underline{Y}}(t) = C\,\hat{\underline{X}}(t) + D\,\hat{\underline{u}}(t) \end{cases} \qquad [3.14]$$

其中状态向量为

$$\underline{X} = \begin{bmatrix} i'_{\mathrm{ds}} & i'_{\mathrm{qs}} & \varphi_{\mathrm{dr}} & \varphi_{\mathrm{qr}} \end{bmatrix}^{\mathrm{T}} \qquad [3.15]$$

电气模型的输入和输出为

$$\hat{\underline{u}} = \begin{bmatrix} \hat{u}_{\mathrm{ds}} \\ \hat{u}_{\mathrm{qs}} \end{bmatrix} \qquad \hat{\underline{Y}} = \begin{bmatrix} \hat{i}_{\mathrm{ds}} \\ \hat{i}_{\mathrm{qs}} \end{bmatrix} \qquad [3.16]$$

其中

$$A = \begin{bmatrix} \left(-L_{\mathrm{f}}^{-1}(R_{\mathrm{s}} \cdot I_2 + R_{\mathrm{eq}}) + \omega_{\mathrm{s}} P(\frac{\pi}{2}) \right) & L_{\mathrm{f}}^{-1}\left(R_{\mathrm{eq}} \cdot L_{\mathrm{m}}^{-1} - \omega P(\frac{\pi}{2}) \right) \\ R_{\mathrm{eq}} & -\left(R_{\mathrm{eq}} \cdot L_{\mathrm{m}}^{-1} + (\omega_{\mathrm{s}} - \omega)P(\frac{\pi}{2}) \right) \end{bmatrix}$$

$$B = \begin{bmatrix} \dfrac{1}{L_{\mathrm{f}}} & 0 & 0 & 0 \\ 0 & \dfrac{1}{L_{\mathrm{f}}} & 0 & 0 \end{bmatrix}^{\mathrm{T}} \qquad C = \begin{bmatrix} 1 & 0 & 0 & 0 \\ 0 & 1 & 0 & 0 \end{bmatrix}$$

$$D = \sum_{k=1}^{3} \frac{2\eta_{\mathrm{sc}_k}}{3R_{\mathrm{s}}} P(-\theta_{\mathrm{s}}) Q(\theta_{\mathrm{sc}_k}) P(\theta_{\mathrm{s}})$$

$$[R_{\mathrm{eq}}] = R_{\mathrm{r}}\left(I_2 + \frac{\alpha}{1-\alpha} Q(\theta_0) \right)$$

$$I_2 = \begin{bmatrix} 1 & 0 \\ 0 & 1 \end{bmatrix}$$

因此，带估计参数的矢量表达式为

$$\underline{\theta} = \begin{bmatrix} R_{\mathrm{s}} & R_{\mathrm{r}} & L_{\mathrm{m}} & L_{\mathrm{f}} & \eta_{\mathrm{sc}_1} & \eta_{\mathrm{sc}_2} & \eta_{\mathrm{sc}_3} & \eta_0 & \theta_0 \end{bmatrix}^{\mathrm{T}} \qquad [3.17]$$

3.4.2 具有先验知识的参数估计

[MOR 99, BAC 02] 的研究表明，通过使用一个复合准则给输出误差增加先验知识可以引入关于正常电机的初步知识，以加快和提高非线性规划算法的收敛性。

一个（或多个）经初步估计得到的关于电机正常运行的相关知识使我们能够获得向量θ的额定值、输出噪声方差σ_{b}及协方差矩阵的估计结果 $\mathrm{Var}\{\theta_{\mathrm{opt}}\}$。这些值对于设置复合标准（$\theta_0$，$\sigma_{\mathrm{b}}$，$M_0$）的各权重是必不可少的。这样做在没有先验知识的情况下，使我们能够得到感应电机正常情况下均值估计值的重要信息。

对于这一点，我们提出使用 10 个间接辨识估计的均值产生先验知识（对应电机正常运行情况），以确定复合标准不同的权重值：

$$J_C = (\hat{\underline{\theta}} - \underline{\theta}_0)^T M_0^{-1} (\hat{\underline{\theta}} - \underline{\theta}_0) + \frac{1}{\sigma_b^2} \sum_{k=1}^{K} (\varepsilon_{d_{s_k}}^2 + \varepsilon_{q_{s_k}}^2) \qquad [3.18]$$

其中，

$$\underline{\theta}_0 = \begin{bmatrix} R_{s_0} \\ R_{r_0} \\ L_{m_0} \\ L_{f_0} \end{bmatrix} = \begin{bmatrix} 9.7921 \\ 5.3079 \\ 5.0456 \times 10^{-01} \\ 4.0625 \times 10^{-02} \end{bmatrix} \qquad [3.19]$$

$$M_0 = \begin{bmatrix} \sigma_{R_s}^2 & 0 & 0 & 0 \\ 0 & \sigma_{R_r}^2 & 0 & 0 \\ 0 & 0 & \sigma_{L_m}^2 & 0 \\ 0 & 0 & 0 & \sigma_{L_f}^2 \end{bmatrix} = \begin{bmatrix} 4.587 \times 10^{-03} & 0 & 0 & 0 \\ 0 & 5.241 \times 10^{-04} & 0 & 0 \\ 0 & 0 & 1.451 \times 10^{-04} & 0 \\ 0 & 0 & 0 & 4.588 \times 10^{-07} \end{bmatrix}$$

$$[3.20]$$

$$\hat{\sigma}_b^2 = \frac{J_{opt}}{K - N} \qquad [3.21]$$

其中，K、N 和 J_{opt} 分别代表点数、参数和最优标准值。

为了得到参数 M_0 的协方差矩阵，我们只保留矩阵的对角线项。

式 [3.21] 的前提条件是假设 Park 变换后两轴的电子噪声相同。当两个轴具有不同的电子噪声时，必须分别计算 d 轴和 q 轴的偏差以及确定两个交轴项的权重。

3.4.3 故障的检测与定位

仿真是在只有负载转矩隐式激励的情况下进行。在存在噪声的情况下进行仿真，旋转磁场中电流 $\{i_{ds}, i_{qs}\}$ 的噪声为 $S/B = 20$ 的强相关噪声；转速的噪声为 $S/B = 30$ 的白噪声。

注释：为了表述清晰，我们定义：

— 短路比 η_{sc_k}，对应每相短路线圈匝数 n_{sc_k}。每相有 464 匝线圈，在第 k 匝短路时，短路线圈匝数为

$$n_{sc_k} = \eta_{sc_k} \cdot n_s = \eta_{sc_k} \cdot 464$$

— 参数 η_0，对应断条数 n_{bb}。转子条总数为 28，断条数满足

$$n_{bb} = \eta_0 \cdot \frac{n_b}{3} = \eta_0 \cdot \frac{28}{3}$$

我们首先对正常电机进行测试。图 3.8 给出了电机正常情况下，在间接辨识过程中的故障参数估计。

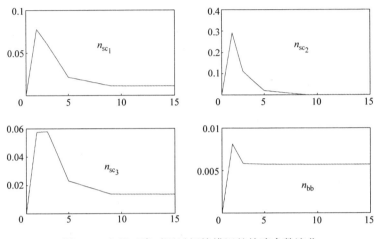

图 3.8 电机正常时通过间接辨识的故障参数演化

当使用全局故障模型作为辨识模型时，根据图 3.8，我们可以证明当故障参数呈现出微弱的故障表征时，表明没有故障发生。

为了分析定/转子同时发生故障时模型的特性，我们将在 a 相 29 匝线圈短路、c 相 18 匝线圈短路，同时还有 2 个相邻转子条断裂（$\Delta\theta = 2\pi/28$）的情况下进行实验。

上述实验分别给出在间接辨识过程和直接辨识过程中所估计参数的变化过程，以比较两种辨识方法的收敛速度以及参数估计的准确性。

如图 3.9 和图 3.10 所示，短路线圈匝数和断条数的估计值可以解释故障。事实上，在辨识过程中，感应电机的电气参数几乎一直保持在最优值处（由于先验知识 $\underline{\theta}_0$，权重 M_0），而短路匝数和断条数之间的比例随机变化，以接近实际故障的情况。

我们还注意到，直接辨识方法比间接方法需要较少的迭代次数即可收敛。然而，通过间接方法的参数估计值比通过直接方法的参数估计值似乎更为准确。

图 3.11 给出了 a 相 29 匝线圈短路、c 相 18 匝线圈短路、2 个相邻转子断条情况下，旋转磁场坐标系中电流（和电压）的仿真值与估计值（间接辨识）之间的对比。

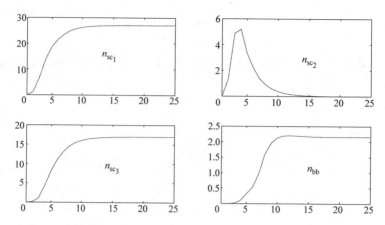

图 3.9   间接辨识实验中的待估计参数的变化（a 相 29 匝线圈短路、
c 相 18 匝线圈短路、2 个相邻转子条断条）

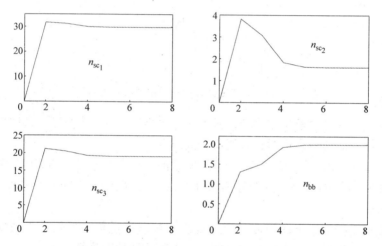

图 3.10   直接辨识实验中的待估计参数的变化（a 相 29 匝线圈短路、
c 相 18 匝线圈短路、2 个相邻转子条断条）

3.4.4   直接辨识和间接辨识的结果比较

如前文所述，感应电机的诊断策略包括全局故障模型的多个参数估计。三相
短路线圈匝数 η_{sc_k} 为参数估计的平均值，参数 η_0 使我们能够得到转子断条数，
它们满足：

- 第 k 相故障线圈匝数 $\hat{n}_{sc_k} = \eta_{sc_k} \cdot n_s$；
- 转子断条数 $\hat{n}_{bb} = \hat{\eta}_0 n_b / 3$。

使用直接和间接诊断的方法已被应用到上述 a 相 29 匝线圈短路、c 相 18 匝
线圈短路、2 个相邻转子条断条（$\Delta\theta = 2\pi/28$）的情况。

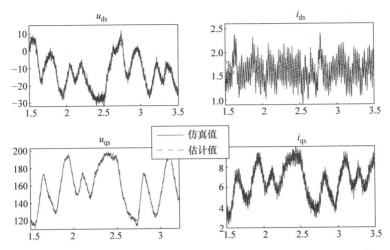

图 3.11　旋转磁场坐标系中电流（和电压）的仿真值与估计值（间接辨识）
之间的对比（a 相 29 匝线圈短路、c 相 18 匝线圈短路、2 个相邻转子条断条）

表 3.2 总结了参数估计的仿真结果。结果表明，针对故障的估计参数与实际
值相吻合（在故障相中，间接辨识最大诊断误差为 3 匝线圈，直接辨识超过 5 匝
线圈）。

表 3.2　同时故障时的参数估计结果

$\hat{\theta}$	DI	IIRC	IIOC3
$\hat{R}_s$	$9.8895 \times 10^{+00}$	$9.7927 \times 10^{+00}$	$9.7930 \times 10^{+00}$
	$\pm 6.4223 \times 10^{-02}$	$\pm 1.8141 \times 10^{-03}$	$\pm 2.5298 \times 10^{-03}$
$\hat{R}_r$	$5.3102 \times 10^{+00}$	$5.3079 \times 10^{+00}$	$5.3080 \times 10^{+00}$
	$\pm 1.9567 \times 10^{-03}$	$\pm 9.9975 \times 10^{-05}$	$\pm 1.6172 \times 10^{-04}$
$\hat{L}_m$	4.9116×10^{-01}	4.8377×10^{-01}	4.8377×10^{-01}
	$\pm 1.2460 \times 10^{-03}$	$\pm 6.0462 \times 10^{-05}$	$\pm 9.3287 \times 10^{-05}$
$\hat{L}_f$	3.8601×10^{-02}	4.0629×10^{-02}	4.0634×10^{-02}
	$\pm 1.7313 \times 10^{-04}$	$\pm 2.3874 \times 10^{-05}$	$\pm 1.5670 \times 10^{-05}$
$\hat{n}_{sc1}$	$2.9854 \times 10^{+01}$	$2.8626 \times 10^{+01}$	$2.8248 \times 10^{+01}$
	$\pm 2.9300 \times 10^{+00}$	$\pm 2.1003 \times 10^{+00}$	$\pm 2.2901 \times 10^{+00}$
$\hat{n}_{sc2}$	4.9395×10^{-01}	1.2838×10^{-01}	1.2619×10^{-01}
	$\pm 8.5083 \times 10^{-02}$	$\pm 2.3694 \times 10^{-01}$	$\pm 1.6647 \times 10^{-01}$
$\hat{n}_{sc3}$	$1.9054 \times 10^{+01}$	$1.8267 \times 10^{+01}$	$1.8001 \times 10^{+01}$
	$\pm 1.9662 \times 10^{+00}$	$\pm 5.7173 \times 10^{-01}$	$\pm 9.5223 \times 10^{-01}$
$\hat{n}_{bb}$	$2.1043 \times 10^{+00}$	$2.0459 \times 10^{+00}$	$2.0504 \times 10^{+00}$
	$\pm 1.9851 \times 10^{-01}$	$\pm 3.3049 \times 10^{-01}$	$\pm 2.3863 \times 10^{-01}$

我们还注意到，电机的电气参数没有受到不同电机故障的影响，只有不平衡

故障时故障参数才会出现变化。

总而言之，带先验知识的参数辨识算法可以很好地诊断定/转子同时发生的故障。还可以注意到，在仿真中使用间接辨识参数估计给出了较好的结果，并提供了检测电机不平衡的方法。

短路线圈匝数和断条数估计值如图 3.12 所示，该图可以直观地看出估计值和实际值之间的关系。此外，间接辨识的结果给出更好的估计值和较低的发散性。

我们可以注意到，采用间接辨识方法，相比直接辨识方法，故障参数估计值更为集中。当没有故障时，这种方差更低的方法优势明显，而直接方法对 n_{sc2} 的估计结果还存在疑义（见图 3.12）。

由于间接方法给出的估计值紧密的分布在零附近，我们可以断定，这种方法可以减少误报率。

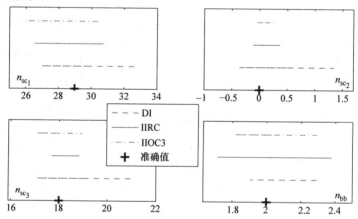

图 3.12   参数估计仿真结果

3.5   本章小结

参数估计的重要目标是改进感应电机的故障诊断方法。为此，我们进行了两项研究工作：（1）研究可被接受的激励模式，由负载转矩变化引起扰动；（2）研究包含闭环控制算法的感应电机参数辨识方法。因此，我们提出了一个基于间接法的感应电机闭环参数辨识方法。

我们常为了减少坐标变换和参数估计的次数而选择采用感应电机转子参考坐标系来进行直接参数辨识。当使用考虑控制器的间接辨识方法时，我们必须采用旋转磁场坐标系。事实上，为了控制磁通和转矩，一般在旋转磁场坐标系中设计控制算法与控制器。因此，考虑旋转磁场是极其重要的。不幸的是，我们不知道这个旋转磁场的位置，而必须进行估计。在数值仿真情况下的比较研究表明，应用间接方法对电气参数进行估计几乎不存在渐近误差；而直接方法则依赖于电流包含的噪声性质和方差。此外，通过间接方法验证了负载转矩激励结果是非常令人满意的，且能够保证更好的精度。

然而，间接辨识的主要约束是控制器的基本知识。在工业控制问题中，安装的控制器不可能完全对应于它的理论表达式。此外，我们提出采用过参数化技术以避免对先验知识的需求，再通过对一个"等效"控制器进行初步辨识来拓展这种方法的使用范围 [BAZ 08b]。

应用参数估计对感应电机进行故障诊断是针对本章开始所提出问题的基本解决方案。这种故障检测方法是基于故障模型的 [BAC 03a]。因此，在定/转子同时发生故障的情况下，我们使用了一个全局模型来解释定子相间短路故障。同时考虑了广泛应用的笼型感应电机转子断条不平衡故障。此外，数值仿真比较研究表明，间接方法可以改善故障检测效果，排除正常运行电机中假定的故障。这归因于负载转矩变动所带来的激励。然而，必须注意的是间接法中的收敛时间明显变长，该问题在实际中的解决方案是使用直接方法来初始化一个间接方法。

3.6　参考文献

[BAC 01]　Bachir S., Tnani S., Trigeassou J.-C., Champenois G., "Diagnosis by parameter estimation of stator and rotor faults occuring in induction machines", *EPE'01*, Graz, August 2001.

[BAC 02]　Bachir S., Contribution au diagnostic de la machine asynchrone par estimation paramétrique, PhD Thesis, University of Poitiers, 2002.

[BAC 03a]　Bachir S., Tnani S., Champenois G., Trigeassou J.-C., "Diagnostic de la machine asynchrone", in Husson R. (ed.), *Méthodes de commande des machines électriques*, p. 253-276, Hermès, Paris, 2003.

[BAC 03b]　Bachir S., Tnani S., Trigeassou J.-C., "online stator faults diagnosis by parameter estimation", *EPE'03, European Conference on Power Electronics and Applications*, p. 209-219, Toulouse, 2003.

[BAC 06]　Bachir S., Tnani S., Trigeassou J.-C., Champenois G., "Diagnosis by parameter estimation of stator and rotor faults occurring in induction machines", *IEEE Transactions on Industrial Electronics*, vol. 53, June 2006.

[BAC 08]　Bachir S., Bazine I.B.A., Poinot T., Jelassi K., Trigeassou J.-C., "Estimation paramétrique pour le diagnostic des processus : application à la bobine à noyau de fer", *Journal Européen des Systèmes Automatisés (JESA)*, vol. 42, 2008.

[BAZ 05]　Bazine I.B.A., Bazine S., Jelassi K., Trigeassou J.-C., Poinot T., "Identification of stator fault parameters in induction machine using the output-error technique", *The Second*

International Conference on Artificial and Computational Intelligence for Decision, Control and Automation (ACIDCA), Tunisia, 2005.

[BAZ 07] BAZINE I.B.A., TRIGEASSOU J.-C., JELASSI K., POINOT T., "Closed-loop identification of DC motor using the output-error technique", *Fourth International Multi-Conference on Systems, Signals and Devices SSD-07*, Tunisia, March 2007.

[BAZ 08a] BAZINE I.B.A., TRIGEASSOU J.-C., JELASSI K., POINOT T., "Identification de la machine asynchrone en boucle fermée par approche indirecte", *Conférence Internationale Francophone d'Automatique (CIFA)*, Bucharest, September 2008.

[BAZ 08b] BAZINE I.B.A., Identification en boucle fermée de la machine asynchrone: application à la détection de défaut, PhD Thesis, University of Poitiers and University of Tunis El Manar, 2008.

[BAZ 08c] BAZINE I.B.A., TRIGEASSOU J.-C., JELASSI K., POINOT T., "Identification de la machine asynchrone par une méthode OE basée sur une décomposition de la boucle fermée", *International Conference JTEA*, Tunisia, May 2008.

[DON 00] DONKELAAR E.V., HOF P.V.D., "Analysis of closed-loop identification with a tailor-made parametrization", *European Journal of Control*, no. 6, p. 54-62, 2000.

[FAI 95] FAIDALLAH A., Contribution à l'identification et à la commande vectorielle des machines asynchrones, PhD Thesis, University of Lorraine, 1995.

[FIL 94] FILLIPPITTI F., FRANCESHINI G., TASSONI C., VAS P., "Broken bar detection in induction machine: comparison between current spectrum approach and parameter estimation approach", *IEEE-IAS Annual Meeting*, p. 94-102, New York, 1994.

[FOR 99] FORSSEL U., LJUNG L., "Closed loop identification revisited", *Automatica*, vol. 10, p. 149-155, 1999.

[GRO 99] GROSPEAUD O., POINOT T., TRIGEASSOU J.-C., "Unbiased identification in closed-loop by an output error technique", *European Control Conference*, Germany, 1999.

[GRO 00a] GROSPEAUD O., Contribution à l'identification en boucle fermée par erreur de sortie, PhD Thesis, University of Poitiers, 2000.

[GRO 00b] GROSPEAUD O., TRIGEASSOU J.-C., MAAMRI N., "Unbiased identification of a nonlinear continuous system in closed-loop", *International Conference on Methods and Models in Automation and Robotics*, 2000.

[HOF 95] HOF P.V.D., SCHRAMA R., "Identification and control-closed loop issues", *Automatica*, vol. 31, p. 1751-1770, 1995.

[JEL 91] JELASSI K., Positionnement d'une machine asynchrone par la méthode de flux orienté, PhD Thesis, University of Toulouse, 1991.

[LAN 97] LANDAU I.-D., KARIMI A., "Recursive algorithms for identification in closed loop: a unified approach and evaluation", *Automatica*, vol. 33, p. 1499-1523, 1997.

[LJU 87] LJUNG L., *System Identification: Theory for the User*, Prentice Hall, USA, 1987.

[LOR 93] LORON L., "Application of the extended Kalman filter to parameter estimation of induction motors", *EPE'93*, vol. 5, p. 85-90, Brighton, 1993.

[MOR 99] MOREAU S., Contribution à la modélisation et à l'estimation paramétrique des machines électriques à courant alternatif: application au diagnostic, PhD Thesis, University of Poitiers, 1999.

[SÖD 87] SÖDERSTRÖM T., STOICA P., TRULSSON E., "Instrumental variable methods for closed-loop systems", *10th IFAC World Congress*, Germany, p. 363-368, 1987.

[TRI 03] TRIGEASSOU J.-C., POINOT T., BACHIR S., "Estimation paramétrique pour la connaissance et le diagnostic des machines électriques", in HUSSON R. (ed.), *Méthodes de commande des machines électriques*, p. 215-251, Hermès, Paris, 2003.

第4章

基于观测器的感应电机故障诊断

Guy Clerc, Jean – Claude Marques

4.1 概述

电机故障诊断可以采用不包含先验知识的方法，例如频率分析或统计分析，也可以使用基于系统建模的方法（从内部机理入手的方法）。这些方法的目标是能够根据不同运行模式区分一个或多个故障特征（特征模式向量）。

本章给出一个基于模型诊断方法的例子，基于模型的方法要么使用实际系统与模型间的残差进行分析（见图4.1a），要么通过获取该模型的参数估计值从而进行在线识别（见图4.1b）。

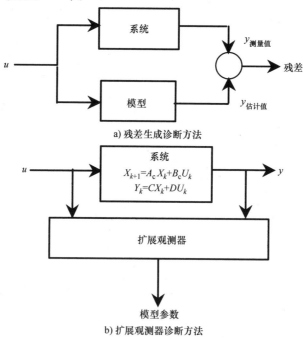

a) 残差生成诊断方法

b) 扩展观测器诊断方法

图4.1 诊断方法

假设通过监测感应电机模型参数来进行故障诊断，可能出现以下两种情况：

情况1：诊断方法使用的参数来自正常电机模型，出现参数漂移表示发生了故障。此时，该模型不再用于表示实际电机正常运行，而被用作故障特征。

情况 2：电机模型用于描述电机故障，可以表示物理电机系统的不同工作状态。该模型能够更好地定位与描述可能的故障，但是其建模较为复杂。

参数监测可以在线进行，可以采用的方法包括参数辨识算法（如递归最小二乘法）或者扩展观测器。

电机的线性模型状态空间方程表示为

$$\frac{\mathrm{d}X}{\mathrm{d}t} = AX + BU$$

$$Y = CX$$

[4.1]

式中，X 为状态向量；代表电机中与所储存能量相关的成分（电流，磁通）；A 为状态矩阵；B 为输入矩阵。

在后续分析中，认为系统（带有可观测参数）都具有可观测性。

在状态向量中引入参数 θ 创建新的增广系统，以在状态变化过程中提取故障特征

$$X_{extended} = \begin{pmatrix} X \\ \theta \end{pmatrix}$$

观测器能够使用系统的输入和输出数据重构这个状态空间向量，这种观测器称为"扩展观测器"。

与传统的信号处理方法相比，该方法的优点是可以在包含可调功率源（逆变器）的暂态过程中使用。表 4.1 总结了该方法的优缺点。

表 4.1　基于观测器和参数辨识方法的比较

	优点	缺点
参数辨识	– 可结合更复杂的方法，以得到故障行为 – 可用于包含变流器的变速传动系统 – 有许多适用的算法	– 离线诊断中使用
参数观测	– 可以在线诊断 – 可以整合在控制算法中，需重构状态空间 – 可用于包含变流器的变速传动系统	– 采用简化的模型 – 要求参数缓变

从表中可见，参数辨识方法采用代表真实过程的复杂模型，两种方法的主要目的都是监测参数。扩展观测器对状态向量和有限的参数进行估计，该限制仍然存在于下文讨论的模型中。

本章将介绍基于观测器的电机故障诊断方法，该方法依赖于电机的正常模型或故障模型。

4.2 节简要介绍以观测器技术为核心的故障诊断模型。

4.3 节探讨不同类型观测器的使用，包括龙贝格观测器，卡尔曼观测器，以及高增益观测器。

本章将继续给出如何通过模型线性化技术和构建扩展模型来使用这些观测器以实现参数监测。最后，4.4 节给出一些应用实例。

所有这些技术都适用于感应电机，同时也可用于同步电机 ［KEY 86］ 以及直流电机。

4.2　建立数学模型

基于观测器的感应电机故障诊断方法，其模型包含电机正常及故障情况。本章将建立两相或三相感应电机模型，选取的故障特征可在每种情况下区分故障。

4.2.1　三相感应电机无故障时的模型

4.2.1.1　模型描述

电机建模时满足下列假设：

– 忽略磁饱和，由此，不同绕组的自感及互感是独立的；

– 电机气隙磁动势（Magnetomotive Forces，MMF）按正弦规律分布，由此，绕组的磁轴对称；

– 不计定/转子的齿槽效应；

– 忽略磁滞和涡流影响。

根据广义欧姆定律，可得到如下电气方程：

定子电压方程

$$\begin{bmatrix} v_{as} \\ v_{bs} \\ v_{cs} \end{bmatrix} = R_s \begin{bmatrix} i_{as} \\ i_{bs} \\ i_{cs} \end{bmatrix} + \frac{d}{dt} \begin{bmatrix} \psi_{as} \\ \psi_{bs} \\ \psi_{cs} \end{bmatrix} \qquad [4.2]$$

转子电压方程

$$\begin{bmatrix} v_{ar} \\ v_{br} \\ v_{cr} \end{bmatrix} = R_s \begin{bmatrix} i_{ar} \\ i_{br} \\ i_{cr} \end{bmatrix} + \frac{d}{dt} \begin{bmatrix} \psi_{ar} \\ \psi_{br} \\ \psi_{cr} \end{bmatrix} \qquad [4.3]$$

磁链方程

$$\begin{bmatrix} \psi_{as} \\ \psi_{bs} \\ \psi_{cs} \end{bmatrix} = L_{ss} \begin{bmatrix} i_{as} \\ i_{bs} \\ i_{cs} \end{bmatrix} + L_{sr} \begin{bmatrix} i_{ar} \\ i_{br} \\ i_{cr} \end{bmatrix} \qquad [4.4]$$

$$\begin{bmatrix} \psi_{ar} \\ \psi_{br} \\ \psi_{cr} \end{bmatrix} = L_{rr} \begin{bmatrix} i_{ar} \\ i_{br} \\ i_{cr} \end{bmatrix} + L_{rs} \begin{bmatrix} i_{as} \\ i_{bs} \\ i_{cs} \end{bmatrix} \qquad [4.5]$$

其中

$$L_{ss} = \begin{bmatrix} L_{as} & M_{as} & M_{as} \\ M_{as} & L_{as} & M_{as} \\ M_{as} & M_{as} & L_{as} \end{bmatrix}$$

$$L_{rr} = \begin{bmatrix} L_{ar} & M_{ar} & M_{ar} \\ M_{ar} & L_{ar} & M_{ar} \\ M_{ar} & M_{ar} & L_{ar} \end{bmatrix}$$

$$L_{sr} = \begin{bmatrix} M_{rs}\cos(\theta_r) & M_{rs}\cos\left(\theta_r + \dfrac{2\pi}{3}\right) & M_{rs}\cos\left(\theta_r - \dfrac{2\pi}{3}\right) \\ M_{rs}\cos\left(\theta_r - \dfrac{2\pi}{3}\right) & M_{rs}\cos(\theta_r) & M_{rs}\cos\left(\theta_r + \dfrac{2\pi}{3}\right) \\ M_{rs}\cos\left(\theta_r + \dfrac{2\pi}{3}\right) & M_{rs}\cos\left(\theta_r - \dfrac{2\pi}{3}\right) & M_{rs}\cos(\theta_r) \end{bmatrix}$$

以上方程可表示为

$$[V] = ([R] + [G]\omega_r)[I] + [L]\frac{d[I]}{dt} \qquad [4.6]$$

其中

$$[V]^T = [v_{as}\ v_{bs}\ v_{cs}\ 0\ 0\ 0]\ 为输入向量$$

$$[I]^T = [i_{as}\ i_{bs}\ i_{cs}\ i_{ar}\ i_{br}\ i_{cr}]\ 为状态向量$$

$$[R] = \begin{bmatrix} R_{s_a} & 0 & 0 & 0 & 0 & 0 \\ 0 & R_{s_b} & 0 & 0 & 0 & 0 \\ 0 & 0 & R_{s_c} & 0 & 0 & 0 \\ 0 & 0 & 0 & R_{r_a} & 0 & 0 \\ 0 & 0 & 0 & 0 & R_{r_b} & 0 \\ 0 & 0 & 0 & 0 & 0 & R_{r_c} \end{bmatrix}$$

$$[L] = \begin{bmatrix} L_{as}+L_{fas} & M'_{asbs} & M''_{ascs} & M_{asar} & M'_{asbr} & M''_{ascr} \\ M''_{bsas} & L_{bs}+L_{fbs} & M'_{bscs} & M''_{bsar} & M_{bsbr} & M'_{bscr} \\ M'_{ascs} & M''_{csbs} & L_{cs}+L_{fcs} & M'_{csar} & M''_{csbr} & M_{cscr} \\ M_{aras} & M'_{arbs} & M''_{arcs} & L_{ar}+L_{far} & M'_{arbr} & M''_{arbr} \\ M''_{bras} & M_{brbs} & M'_{brcs} & M''_{brar} & L_{br}+L_{fbr} & M'_{brcr} \\ M'_{cras} & M''_{crbs} & M_{crcs} & M'_{brar} & M''_{crbr} & L_{cr}+L_{fcr} \end{bmatrix}$$

$$[G] = -L_m p \begin{bmatrix} 0 & 0 & 0 & \sin(p\theta) & \sin\left(p\theta+\dfrac{2\pi}{3}\right) & \sin\left(p\theta+\dfrac{4\pi}{3}\right) \\ 0 & 0 & 0 & \sin\left(p\theta+\dfrac{4\pi}{3}\right) & \sin(p\theta) & \sin\left(p\theta+\dfrac{2\pi}{3}\right) \\ 0 & 0 & 0 & \sin\left(p\theta+\dfrac{2\pi}{3}\right) & \sin\left(p\theta+\dfrac{4\pi}{3}\right) & \sin(p\theta) \\ \sin(p\theta) & \sin\left(p\theta+\dfrac{4\pi}{3}\right) & \sin\left(p\theta+\dfrac{2\pi}{3}\right) & 0 & 0 & 0 \\ \sin\left(p\theta+\dfrac{2\pi}{3}\right) & \sin p\theta & \sin\left(p\theta+\dfrac{4\pi}{3}\right) & 0 & 0 & 0 \\ \sin\left(p\theta+\dfrac{4\pi}{3}\right) & \sin\left(p\theta+\dfrac{2\pi}{3}\right) & \sin p\theta & 0 & 0 & 0 \end{bmatrix}$$

电机结构完全对称时，有 $R_s = R_{s_a} = R_{s_b} = R_{s_c}$ 及 $R_r = R_{r_a} = R_{r_b} = R_{r_c}$，此时电感矩阵 $[L]$ 变为

$[L] =$

$$\begin{bmatrix} L_s+L_{fs} & -\dfrac{L_s}{2} & -\dfrac{L_s}{2} & L_m\cos(p\theta) & L_m\cos\left(p\theta+\dfrac{2\pi}{3}\right) & L_m\cos\left(p\theta+\dfrac{4\pi}{3}\right) \\ -\dfrac{L_s}{2} & L_s+L_{fs} & -\dfrac{L_s}{2} & L_m\cos\left(p\theta+\dfrac{4\pi}{3}\right) & L_m\cos(p\theta) & L_m\cos\left(p\theta+\dfrac{2\pi}{3}\right) \\ -\dfrac{L_s}{2} & -\dfrac{L_s}{2} & L_s+L_{fs} & L_m\cos\left(p\theta+\dfrac{2\pi}{3}\right) & L_m\cos\left(p\theta+\dfrac{4\pi}{3}\right) & L_m\cos(p\theta) \\ L_m\cos(p\theta) & L_m\cos\left(p\theta+\dfrac{4\pi}{3}\right) & L_m\cos\left(p\theta+\dfrac{2\pi}{3}\right) & L_r+L_{fr} & -\dfrac{L_r}{2} & -\dfrac{L_r}{2} \\ L_m\cos\left(p\theta+\dfrac{2\pi}{3}\right) & L_m\cos(p\theta) & L_m\cos\left(p\theta+\dfrac{4\pi}{3}\right) & -\dfrac{L_r}{2} & L_r+L_{fr} & -\dfrac{L_r}{2} \\ L_m\cos\left(p\theta+\dfrac{4\pi}{3}\right) & L_m\cos\left(p\theta+\dfrac{2\pi}{3}\right) & L_m\cos(p\theta) & -\dfrac{L_r}{2} & -\dfrac{L_r}{2} & L_r+L_{fr} \end{bmatrix}$$

θ 为定/转子间的机械角度，p 为极对数。这些方程可以简化为一个非线性状态方程 [BOU 01]

$$[\dot{I}] = [L]^{-1}([V] - ([R] + [G]\omega)[I]) \qquad [4.7]$$

矩阵 L 是非奇异的且其行列式与 θ 无关。

4.2.1.2　故障识别

监测三相定/转子电阻可使我们能够区分正常运行下短路或断路故障。例如，因过热导致的自然老化，三个定/转子的电阻值会同步增大。

因此，转子断条故障将导致三相电阻产生不相同的变化轨迹〔BOU 01〕（见图 4.2）。

〔MOR 99〕针对定子故障，提出的故障识别策略见表 4.2。

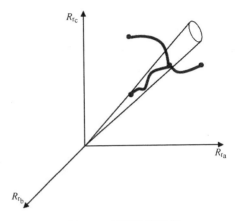

图 4.2　转子故障识别

表 4.2　定子故障判别策略

A 相故障		B 相故障		C 相故障	
R_{sa}, L_{fsa}	↓	R_{sb}, L_{fsb}	↓	R_{sc}, L_{fsc}	↓
R_{sb}, R_{sc}	↑	R_{sa}, R_{sc}	↑	R_{sb}, R_{sa}	↑
L_{fsb}, L_{fsc}	↑	L_{fsa}, L_{fsc}	↑	L_{fsb}, L_{fsa}	↑

4.2.2　感应电机无故障时的 Park 模型

4.2.2.1　模型描述

上节中的方程可以投射到正交参考坐标系 dq0 中（见图 4.3，0 表示电机的转轴）〔VAS92，GRE00〕。

dq 参考坐标系可能的情况包括：

- 与定子关联，此时：$\mathrm{d}\theta_s/\mathrm{d}t = 0$ 且 $\mathrm{d}\theta_{sl}/\mathrm{d}t = -\omega_m$；

- 与转子关联，此时：$\mathrm{d}\theta_s/\mathrm{d}t = \omega_m$ 且 $\mathrm{d}\theta_{sl}/\mathrm{d}t = 0$；

- 与旋转磁场关联，此时：$\mathrm{d}\theta_s/\mathrm{d}t = \omega_e$ 且 $\mathrm{d}\theta_{sl}/\mathrm{d}t = \omega_e - \omega_m$。

第一种情况优先选用合成观测器，因为此时 dq 参考坐标系自动关联于电机可测量参数投影所在的参考系。最后一种情况通常用于感应电机磁场定向控制。

参考坐标系转换矩阵为

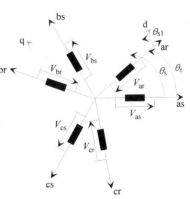

图 4.3　dq 参考坐标系

$$T_{\mathrm{dq0/abc}} = \sqrt{\frac{2}{3}} \begin{bmatrix} \cos\theta_x & \cos\left(\theta_x - \frac{2\pi}{3}\right) & \cos\left(\theta_x + \frac{2\pi}{3}\right) \\ -\sin\theta_x & -\sin\left(\theta_x - \frac{2\pi}{3}\right) & -\sin\left(\theta_x + \frac{2\pi}{3}\right) \\ \frac{1}{\sqrt{2}} & \frac{1}{\sqrt{2}} & \frac{1}{\sqrt{2}} \end{bmatrix} \qquad [4.8]$$

根据不同情况，θ_x 可为 dq 参考坐标系与定子（$x = s$）或转子（$x = sl$）的夹角。

由此，我们可以得到和转角无关的磁链方程

$$\begin{bmatrix} \psi_{\mathrm{ds}} \\ \psi_{\mathrm{dr}} \end{bmatrix} = \begin{bmatrix} L_{\mathrm{s}} & L_{\mathrm{m}} \\ L_{\mathrm{m}} & L_{\mathrm{r}} \end{bmatrix} \begin{bmatrix} i_{\mathrm{ds}} \\ i_{\mathrm{dr}} \end{bmatrix} \qquad [4.9]$$

$$\begin{bmatrix} \psi_{\mathrm{qs}} \\ \psi_{\mathrm{qr}} \end{bmatrix} = \begin{bmatrix} L_{\mathrm{s}} & L_{\mathrm{m}} \\ L_{\mathrm{m}} & L_{\mathrm{r}} \end{bmatrix} \begin{bmatrix} i_{\mathrm{qs}} \\ i_{\mathrm{qr}} \end{bmatrix} \qquad [4.10]$$

$$\begin{bmatrix} \psi_{0\mathrm{s}} \\ \psi_{0\mathrm{r}} \end{bmatrix} = \begin{bmatrix} L_{0\mathrm{s}} & 0 \\ 0 & L_{0\mathrm{r}} \end{bmatrix} \begin{bmatrix} i_{0\mathrm{s}} \\ i_{0\mathrm{r}} \end{bmatrix} \qquad [4.11]$$

以及电压方程

$$\begin{bmatrix} v_{\mathrm{ds}} \\ v_{\mathrm{qs}} \end{bmatrix} = \begin{bmatrix} R_{\mathrm{s}} & 0 \\ 0 & R_{\mathrm{s}} \end{bmatrix} \begin{bmatrix} i_{\mathrm{ds}} \\ i_{\mathrm{qs}} \end{bmatrix} + \frac{\mathrm{d}}{\mathrm{d}t} \begin{bmatrix} \psi_{\mathrm{ds}} \\ \psi_{\mathrm{qs}} \end{bmatrix} + \begin{bmatrix} 0 & -\omega_{\mathrm{s}} \\ \omega_{\mathrm{s}} & 0 \end{bmatrix} \begin{bmatrix} \psi_{\mathrm{ds}} \\ \psi_{\mathrm{qs}} \end{bmatrix} \qquad [4.12]$$

$$\begin{bmatrix} v_{\mathrm{dr}} \\ v_{\mathrm{qr}} \end{bmatrix} = \begin{bmatrix} R_{\mathrm{r}} & 0 \\ 0 & R_{\mathrm{r}} \end{bmatrix} \begin{bmatrix} i_{\mathrm{dr}} \\ i_{\mathrm{qr}} \end{bmatrix} + \frac{\mathrm{d}}{\mathrm{d}t} \begin{bmatrix} \psi_{\mathrm{dr}} \\ \psi_{\mathrm{qr}} \end{bmatrix} + \begin{bmatrix} 0 & -\omega_{\mathrm{sl}} \\ \omega_{\mathrm{sl}} & 0 \end{bmatrix} \begin{bmatrix} \psi_{\mathrm{dr}} \\ \psi_{\mathrm{qr}} \end{bmatrix} \qquad [4.13]$$

$$\begin{bmatrix} v_{0\mathrm{s}} \\ v_{0\mathrm{r}} \end{bmatrix} = \begin{bmatrix} R_{\mathrm{s}} & 0 \\ 0 & R_{\mathrm{r}} \end{bmatrix} \begin{bmatrix} i_{0\mathrm{s}} \\ i_{0\mathrm{r}} \end{bmatrix} + \frac{\mathrm{d}}{\mathrm{d}t} \begin{bmatrix} \psi_{0\mathrm{s}} \\ \psi_{0\mathrm{r}} \end{bmatrix} \qquad [4.14]$$

电磁转矩由此可以表示为

$$Ce = \psi_{\mathrm{ds}} i_{\mathrm{qs}} - \psi_{\mathrm{qs}} i_{\mathrm{ds}} \qquad [4.15]$$

前文的方程可以重新写成系统状态空间模型的形式。例如，采用与旋转磁场相关联的参考坐标系重写上述方程

$$X = \begin{bmatrix} i_{\mathrm{ds}} \\ i_{\mathrm{qs}} \\ \psi_{\mathrm{dr}} \\ \psi_{\mathrm{qr}} \end{bmatrix} \qquad U = \begin{bmatrix} v_{\mathrm{ds}} \\ v_{\mathrm{qs}} \end{bmatrix} \qquad \frac{\mathrm{d}X}{\mathrm{d}t} = AX + BU \qquad [4.16]$$

其中

$$A = \begin{bmatrix} -\left(\dfrac{1}{T_s\sigma} + \dfrac{1}{T_r}\dfrac{1-\sigma}{\sigma}\right) & \omega_e & \dfrac{1-\sigma}{\sigma}\dfrac{1}{L_m T_r} & \dfrac{1-\sigma}{\sigma}\dfrac{1}{L_m}\omega_m \\[2mm] -\omega_e & -\left(\dfrac{1}{T_s\sigma} + \dfrac{1}{T_r}\dfrac{1-\sigma}{\sigma}\right) & -\dfrac{1-\sigma}{\sigma}\dfrac{1}{L_m}\omega_m & \dfrac{1-\sigma}{\sigma}\dfrac{1}{L_m T_r} \\[2mm] \dfrac{L_m}{T_r} & 0 & -\dfrac{1}{T_r} & \omega_{sl} \\[2mm] 0 & \dfrac{L_m}{T_r} & -\omega_{sl} & \dfrac{-1}{T_r} \end{bmatrix}$$

$$B = \begin{bmatrix} \dfrac{1}{\sigma L_s} & 0 \\[2mm] 0 & \dfrac{1}{\sigma L_s} \\[2mm] 0 & 0 \\[2mm] 0 & 0 \end{bmatrix} \qquad C_e = \dfrac{pL_m}{L_r}\left(\psi_{dr}i_{qs} - \psi_{qr}i_{ds}\right)$$

状态空间模型也可以根据定子电阻 R_s、转子电阻 R_r、定子电感 L_s 和漏感 N 来构建，得到"四参数模型"

$$\dfrac{\mathrm{d}X}{\mathrm{d}t} = AX + BU$$

$$A = \begin{bmatrix} -\dfrac{1}{L_f}\left(\dfrac{L_f+L_s}{L_s}R_s + \dfrac{L_s}{L_f+L_s}R\right) & \omega_s & +\dfrac{1}{L_f}\dfrac{R}{L_s+L_f} & \dfrac{1}{L_f}\left(\omega_s-\omega_{sl}\right) \\[2mm] -\omega_s & -\dfrac{1}{L_f}\left(\dfrac{L_f+L_s}{L_s}R_s + \dfrac{L_s}{L_f+L_s}R\right) & -\dfrac{1}{L_f}\left(\omega_s-\omega_{sl}\right) & +\dfrac{1}{L_f}\dfrac{R}{L_s+L_f} \\[2mm] R\dfrac{L_s}{L_s+L_f} & 0 & -\dfrac{R}{L_s+L_f} & \omega_{sl} \\[2mm] 0 & R\dfrac{L_s}{L_s+L_f} & -\omega_{sl} & -\dfrac{R}{L_s+L_f} \end{bmatrix}$$

$$[4.17]$$

$$B = \begin{bmatrix} \dfrac{L_f+L_s}{L_f L_s} & 0 \\[2mm] 0 & \dfrac{L_f+L_s}{L_f L_s} \\[2mm] 0 & 0 \\[2mm] 0 & 0 \end{bmatrix}$$

其中，输入向量为 $U = \begin{bmatrix} u_{ds} & u_{qs} \end{bmatrix}^T$；状态空间向量为 $X = \begin{bmatrix} i_{ds} & i_{qs} & \psi_{dr} & \psi_{qr} \end{bmatrix}^T$。

这些状态空间方程将用于合成 dq0 参考坐标系下的观测器。

4.2.2.2 故障辨别

根据［MOR99, BOU01］，感应电机模型参数的变化可让我们区分定/转子故障（见表 4.3）：

- 发生转子断条故障时，转子电阻估计值增加，而实际上定子电阻、定子和转子漏感值会减小；
- 发生定子绕组线圈短路时，定子电阻估计值增加，其他参数值减小。

表 4.3 故障引起的参数变化

	R_s	R_r	L_r	L_f
转子断条	↘	↗	↘	↘
定子短路	↗	↘	↘	↘

然而，需要注意的是观测器方法通过最小化误差的方式校正参数估计值，不能给出系统的物理变化过程。但是，这些参数的观测足以用来辨别不同的故障。

一方面要区分正常状态与故障状态，另一方面要区分不同的故障状态，这就要求我们至少需要监测一对参数。

实际中，过热可能会导致阻值的增加，但一般不被认为是出现故障。

4.2.3 感应电机出现故障时的模型

故障模型能够描述电机的故障，并将其量化。但是，这些模型一般只针对某些特定故障且相较于正常模型更为复杂。已有文献针对故障模型展开了很多研究，例如 Schaeffer 的［SCH 99A, SCH 99B］或 Bachir 的［BAC 02, BAC BAC 05, 06］等，这些在本书第 2 章中介绍过的模型能够用于表示匝间短路故障；同时在第 2 章中主要采用的是参数辨识方法进行故障诊断，同样也可以使用观测器方法。

4.3 故障观测器

4.3.1 基本原理

观测器作为一个数学工具，可以利用原系统的输入和测量的输出值观测系统的内部状态［BOR90］，被称为"虚拟传感器"或"软件传感器"。利用该方法进行故障诊断，观测器被用来观测电机中对故障敏感的电磁信号（例如电磁转矩［THO 93, CAS 03］，或随故障发生而改变的模型参数）。

系统具有可被观测的能力称为具有可观性。根据定义，当且仅当在有限采样周期内，如可以用系统的输入和输出观测值重新配置状态空间向量 $X(k_0 T_e)$ 的初始状态，则离散线性时不变（Linear Time Invariant, LTI）系统是可观的。

连续线性时不变系统的状态空间方程如［4.1］所示。系统可观性的概念和系统输出对系统状态空间的敏感性相关。实际中，在一定的时间间隔 T_{Obs} 中，要能够使用系统提供的信息反映系统状态、重构整个系统的状态空间模型，这些信息首先是传感器给出的模型输出，其次是系统输入的相关知识。如果系统是可观的，那么系统输出对于状态量变化敏感。例如，给定一个输入向量 $u(t)$ 和两个非特定的且不相等的初始值 $x(0) \neq \bar{x}(0)$，和这些初始条件相关的输出在时间间隔 T_{Obs} 上不相同。

更确切地说，微分方程式［4.1］在区间 $T_{Obs} = [0, t]$ 解的形式如下：

$$x(t) = e^{tA}x(0) + \int_0^t e^{(t-s)}Bu(s)\,ds \qquad [4.18]$$

输出表达式为

$$y(t) = Ce^{tA}x(0) + C\int_0^t e^{(t-s)A}Bu(s)\,ds \qquad [4.19]$$

由此，可观性等效于：在初始条件 $x(0) \neq \bar{x}(0)$ 时，存在 $t > 0$，使得 $Ce^{tA}[x(0) - \bar{x}(0)] \neq 0$，表明可观线性时不变系统模型独立于系统输入。从上述结论可引出卡尔曼准则：

定理（卡尔曼准则）：式［4.1］给出的系统是可观的，当且仅当矩阵［C, CA, $\cdots$, CA^{n-1}］^{T} 是最高阶的（指的是状态空间表达式的空间维度）。

由该定理推导的结论可得，模型 $x(t)$ 的状态空间可以通过对输出 $y(t)$ 和输入 $u(t)$ 函数的线性组合进行一定次数的微分而推导得出。但这只是一个理论上的解决方案，实际中所有的测量值都因为噪声而存在偏差，使得该方法无法使用。另一种方法是使用观测器，在对状态空间进行估计的同时用作输出滤波器。

在离散的情况下，如输入和输出的采样频率 $f_e = 1/T_e$（T_e 是采样周期），该模型可表示为

$$\begin{cases} x_{k+1} = Ad_k x_k + Bd_k u_k \\ y_k = Cx_k + Du_k \end{cases} \qquad [4.20]$$

其中，$x_k \in R^n$；$u_k \in R^m$；$y_k \in R^p$。

各种采样方法中，最常用的是对输入 u_k 的零阶保持法：在区间［kT_e, $(k+1)T_e$］中系统的控制恒定为 $u_k = u(kT_e)$。在 kT_e 和 $(k+1)T_e$ 之间，对连续线性模型［4.1］积分可得

$$x((k+1)T_e) = e^{AT_e}x(kT_e) + \int_{kT_e}^{(k+1)T_e} e^{A(t-kT_e)}Bu(kT_e)\,dt$$

$$= e^{AT_e} x(kT_e) + \left[\left(\int_0^{T_e} e^{At} dt \right) B \right] u(kT_e)$$

上述方程为离散模型矩阵给出

$$Ad_k = Ad = e^{AT_e} \text{ 和 } Bd_k = Bd = \left(\int_0^{T_e} e^{At} dt \right) B \qquad [4.21]$$

显而易见，离散输出方程与连续输出方程相同，这主要是因为输出没有动态变化。

采样时不变线性系统的可观性定义与连续系统相同。将卡尔曼准则应用到矩阵 Ad 和 C 是一种简单的测试可观性的方法。

系统可观性可能会改变，但是由于是采样系统，下述定理可以帮助我们避免这一问题。

定理：如果一个线性时不变系统（Time – Invariant Linear System，TILS）是可观的，那么采样系统可观的充分条件是对于任意特征值对 (λ_i, λ_j)，如果 Re $(\lambda_i - \lambda_j) = 0$，则 Im $(\lambda_i - \lambda_j)$ 将不是 $2\pi/T_e$ 的整数倍。

如果连续 TILS 是可观的，则会有很大的机会其对应的离散 TILS 仍旧是可观的。

这一线性模型系统的可观性概念可以推广到非线性模型系统中。然而，如果这是线性模型系统的全局概念，则不能扩展到非线性模型系统。

两种系统中的任意一种可表示为

$$\begin{cases} \dot{x}(t) = \dfrac{dx}{dt}(t) = f(x(t), u(t)) \\ y(t) = h(x(t)) \end{cases}$$

或者简化表示为

$$\begin{cases} \dot{x} = f(x, u) \\ y = h(x) \end{cases} \qquad [4.22]$$

为简便起见，假设 $x(t) \in R^n$，$y(t) \in R^p$，$u(t) \in R^m$；输入集 $u(.)$ 对于任意初始条件 x，微分方程得到唯一解 $x_u(t)$，$x_u(t)$ 定义在最大区间 $[0, T_{(u,x)}]$（可接受的输入）上。由此，我们提出非线性模型的可观性定义如下：

定义（可观测性）

（1）如果两个初始条件 $x \neq x'$ 无法区分，则对于任意可接受的输入 $u(.)$，有 $h(x_u(t)) = h(x'_u(t))$，$t \in [0, T]$，$T = \inf (T_{(u,x)}, T_{(u,x')})$；

（2）如果两个初始条件 x 和 x' 满足 $\exists u(.)$ 及 $\exists t \in [0, T]$，有 $h(x_u(t)) \neq h(x'_u(t))$，那么 $u(.)$ 在 $[0, T]$ 上区分 x 和 x'；

（3）如果系统可观，对于任意可接受的输入，任何不同的初始条件都是可

区分的;

(4) 对于在区间 $[0, T]$ 上可区分初始条件的任意输入,我们称之为系统在区间 $[0, T]$ 上的通用输入,或在区间 $[0, T]$ 上使该系统可观测的输入。

应该注意到系统可观性的概念首先与系统输入相关,但是下面情况除外:

定义:如果系统对任意输入可观,那么任意输入都使得该系统可观测。

因此,这些系统类型称之为对任意输入是可观的。

4.3.2 不同种类的故障观测器

4.3.2.1 概述

系统只要具有可观性,就能建立一个观测器(见图 4.4),其性质取决于所选定的模型类型(线性、线性时变、仿射状态空间、仿射控制)、结构(例如一致可观性)、得到的观测器类型(秩条件意义上高可观性、局部可观性、任意输入下的一致可观性)和有用的输入(非奇异持续的输入)。

现在给出笼型异步电机故障检测中使用的几种观测器类型。

在给出的例子中,观测器算法可以分为两个阶段:

- 求解通过电机暂态过程建立的代表系统模型的状态空间方程,使用一个估计器重构系统状态 X_{est}

$$\begin{cases} X_{k+1} = Ad_k X_k + Bd_k U_k \\ Y_k = CX_k + DU_k \end{cases} \qquad [4.23]$$

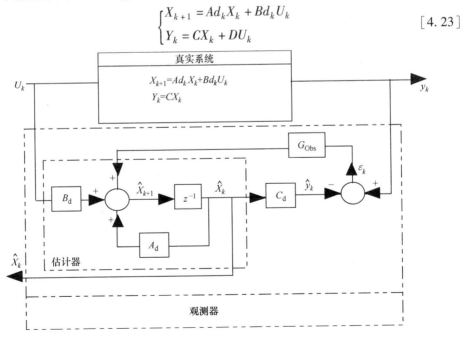

图 4.4 观测器系统结构

－校正阶段。根据可测参数产生的误差项进行校正。根据系统希望的动态性能和鲁棒性确定固定的系统增益，该增益必须满足被观测系统的特性

$$X_{obs} = X_{est} + G(y_{meas} - y_{est}) \qquad [4.24]$$

不同类型的观测器可以通过增益合成方法（式 [4.24] 的 G 项）和下面给出的假设进行区分。下面将描述故障诊断过程中最常用的观测器。

4.3.2.2 龙贝格观测器

龙贝格观测器 [LUE 71] 是历史上首个观测器。它可以用于连续和离散的时变线性系统。它可以给出系统线性模型不可测量状态的估计值。模型式 [4.1] 的龙贝格观测器为

$$\dot{\hat{x}} = A\hat{x} + Bu + K(C\hat{x} - y) \qquad [4.25]$$

其中，$\hat{x}$ 为观测器的观测值$^{\ominus}$；K 是增益矩阵，选取条件：特征值 $A + KC$ 具有严格负实部；因此，这是一个指数观测器。事实上，一个简单的计算表明估计误差 $e(t) = \hat{x}(t) - x(t)$ 受如下微分方程控制

$$\dot{e}(t) = (A + KC)e(t) \qquad [4.26]$$

如果特征值 $A + KC$ 有严格负实部，则误差向量指数趋于 0，因此

$$\lim_{t \to \infty} \hat{x}(t) = x(t) \qquad [4.27]$$

龙贝格观测器使我们能够了解系统观测的原理，但由于该观测器对建模误差及测量噪声非常敏感，在实际中很少使用。

4.3.2.3 卡尔曼观测器

对于线性时变系统（如果矩阵 A 是时间的函数 $A(t)$），则模型为

$$\begin{cases} \dot{x} = A(t) + B(t)u \\ y = C(t)x \end{cases} \qquad [4.28]$$

根据 [KAL 60, BOR 93, DUV 02]，卡尔曼观测器为

$$\begin{cases} \dot{\hat{x}} = A(t)\hat{x} + S^{-1}C^T(t)Q(y - C(t)\hat{x}) \\ \dot{S} = -\theta S - SA(t) - A^T(t)S - SRS + C^T(t)QC(t) \end{cases} \qquad [4.29]$$

第一个方程给出了状态的估计值，第二个方程是 Riccatti 方程，用于计算观测器校正增益。$\theta > 0$，矩阵 $S(0)$、Q 和 R 均为对称正定矩阵，以保证方程解的存在及保证解的稳定性。

离散模型为

$$\begin{cases} x_{k+1} = Ad_k x_k + Bd_k u_k + G_k w_k \\ y_k = C x_k + D_k v_k \end{cases} \qquad [4.30]$$

$\ominus$　这里可以发现观测器实际上就是在系统模型的基础上添加了校正项，校正项取决于实际输出和观测输出之间的误差，不同观测器的校正项不同。

其中，$G_k w_k$ 和 $D_k v_k$ 分别为模型的输入噪声和输出噪声。

卡尔曼观测器可写为

$$
\begin{cases}
\hat{x}_{k+1} = \hat{x}_{k+1/k} + K_{k+1}\ (y_{k+1} - C_{k+1}\hat{x}_{k+1/k}) \\
P_{k+1} = (P_{k+1/k}^{-1} + C_{k+1}^{\mathrm{T}} R_{k+1}^{-1} C_{k+1})^{-1} \\
\hat{x}_{k+1/k} = A d_k \hat{x}_k + B d_k u_k \\
P_{k+1/k} = A d_k P_k A d_k^{\mathrm{T}} + Q_k \\
K_{k+1} = P_{k+1/k} C_{k+1}^{\mathrm{T}} (C_{k+1} P_{k+1/k} C_{k+1}^{\mathrm{T}} + R_{k+1})^{-1}
\end{cases}
\qquad [4.31]
$$

在上述方程中，符号 $\amalg_{k+1/k}$ 表示变量 $\amalg$ 在 k 时刻的值是已知的，用来预测 $k+1$ 时刻的值。

$P_0 = \alpha Id_n$，$\alpha > 0$。Q_k 和 R_{k+1} 为加权矩阵，均为对称正定矩阵，用来优化卡尔曼滤波器（稳定性、观测收敛速度），同时常被选为测量噪声的协方差矩阵：$Q_k = G_k G_k^{\mathrm{T}}$，$R_{k+1} = D_{k+1} D_{k+1}^{\mathrm{T}}$（图 4.5 中 $Q_k = R_{k+1} = Id_n$）。因此，状态空间 x_{k+1} 估计值是 $\hat{x}_{k+1}$，预测值是 $\hat{x}_{k+1/k}$。

对于非线性可观系统，则采用来自卡尔曼滤波器的扩展卡尔曼观测器（Extended Kalman Observer，EKO）。有三种不同的 EKO：连续 EKO，离散 EKO 和连续/离散 EKO。[LOH 98，LOH 00]给出了 EKO 收敛性的证明。

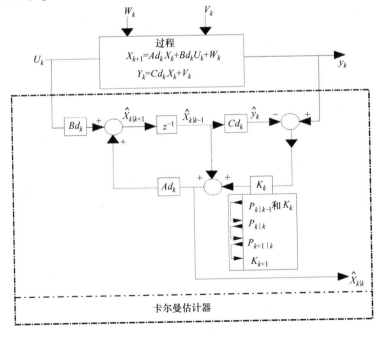

图 4.5　卡尔曼观测器

在连续的情况下，观测器为

$$\begin{cases} \dot{\hat{x}} = f(\hat{x}, u) + P \dfrac{\partial h}{\partial x}(\hat{x}) R^{-1}(y - h(\hat{x})) \\ \dot{P} = \dfrac{\partial f}{\partial x}(\hat{x}, u) P + P \dfrac{\partial f^{\mathrm{T}}}{\partial x}(\hat{x}, u) + Q - P \dfrac{\partial h^{\mathrm{T}}}{\partial x}(\hat{x}) R^{-1} \dfrac{\partial h}{\partial x}(\hat{x}) P \end{cases} \qquad [4.32]$$

其中，$\partial f / \partial x(\hat{x}, u)$ 和 $\partial h / \partial x(\hat{x}, u)$ 分别为 f 及 h 在 $(\hat{x}, u)$ 和 $\hat{x}$ 上的雅可比矩阵；$\partial f^{\mathrm{T}} / \partial x$ 为 f 雅可比矩阵的转置；$P(0)$、Q 以及 R 为对称正定矩阵。

线性离散模型也可以构建扩展卡尔曼观测器。线性离散模型与非线性离散模型具有相同的形式，可以用线性模型矩阵来代替非线性模型向量场的雅可比矩阵。

对于连续/离散的情况，预测由相应的微分方程控制，校正在采样时进行。

4.3.2.4 高增益观测器

可采用高增益观测器[⊖]观测的模型必须具有对任意输入可观的性质，且具有一种特殊结构。通过参数[⊖]的变化（至少是局部变化而不一定要求是单一的变量变化），它们必须表示为下面的形式

$$\begin{cases} \dot{z} = Az + \phi(u, z) \\ y = Cz \end{cases} \qquad [4.33]$$

其中，$z = \begin{bmatrix} z_1 \\ z_2 \\ \vdots \\ z_p \end{bmatrix} \in R^n$，$z_k = \begin{pmatrix} z_{k1} \\ z_{k2} \\ \vdots \\ z_{kn_k} \end{pmatrix} \in R^{n_k}$，由此，$\displaystyle\sum_{i=1}^{p} n_i = n$，$u \in R^m$，$y = \begin{pmatrix} y_1 \\ y_2 \\ \vdots \\ y_p \end{pmatrix} \in R^p$。

$$A = \begin{bmatrix} A_1 & 0 & \cdots & 0 \\ 0 & \ddots & \ddots & \vdots \\ \vdots & \ddots & \ddots & 0 \\ 0 & \cdots & 0 & A_p \end{bmatrix}, \quad \text{每个分块为 } A_k = \begin{bmatrix} 0 & 1 & 0 & & 0 \\ & 0 & \ddots & \ddots & \\ \vdots & & \ddots & \ddots & 0 \\ & & & & 0 & 1 \\ 0 & \cdots & \cdots & \cdots & 0 \end{bmatrix}$$

⊖ 详见 [HAM 02]。

⊖ 此参数的变化由一个李导数序列给出 $L_f^i h_k$，$k = 1, \cdots, p$；$i = 0, \cdots, n_k - 1$，并需要对一些特定条件进行验证。

$$C = \begin{bmatrix} C_1 & 0 & \cdots & 0 \\ 0 & \ddots & \ddots & \vdots \\ \vdots & \ddots & \ddots & 0 \\ 0 & \cdots & 0 & C_p \end{bmatrix}, \quad 每个分块为 C_k = (1 \quad 0 \quad \cdots \quad 0), \quad \phi = \begin{pmatrix} \phi_1 \\ \phi_2 \\ \vdots \\ \phi_p \end{pmatrix},$$

$$\phi_k = \begin{pmatrix} \phi_{k1} \\ \phi_{k2} \\ \vdots \\ \phi_{kn_k} \end{pmatrix}。$$

在这种形式下，为构造一个高增益观察器，ϕ_k 应满足如下假设。

假设：有 $2p$ 个整数 $\{\sigma_1, \sigma_2, \cdots, \sigma_p\}$，$\{\delta_1, \delta_2, \cdots, \delta_p\}$，其中，$\delta_k > 0$，$k = 1, \cdots, p$；满足：对于 $k, l = 1, \cdots, p$；$i = 1, \cdots, n_k$；当 $j = 2, \cdots, n_l$ 时，对于某个特定的 $j \geq 2$，有 $\partial \phi_{ki} / \partial z_{lj}(u, z) \neq 0$，因此

$$\sigma_k + (i-1)\delta_k + \frac{\delta_k}{2} > \sigma_l + (j-1)\delta_l$$

则观测器可写为

$$\dot{\hat{z}} = A\hat{z} + \phi(u, \hat{z}) - S_\Theta^{-1} C^{\mathrm{T}} (C\hat{z} - y) \qquad [4.34]$$

其中，$\hat{z}_{-kl} = y_k$，$k = 1, \cdots, p$（输入到观测器的输出）和 $\hat{z}_{-kl} = \hat{z}_k$，其中，$k = 1, \cdots, p$；$i \neq 1$，且

$$S_\Theta = \begin{bmatrix} S_{\theta^{\delta_1}} & 0 & \cdots & 0 \\ 0 & \ddots & \ddots & \vdots \\ \vdots & \ddots & \ddots & 0 \\ 0 & \cdots & 0 & S_{\theta^{\delta_p}} \end{bmatrix}, \quad S_{\theta^{\delta_k}}, \quad k = 1, \cdots, p$$

为下列方程的唯一解：

$$\theta^{\delta_k} S_{\theta^{\delta_k}} + A^{\mathrm{T}} S_{\theta^{\delta_k}} + S_{\theta^{\delta_k}} A = C_k^{\mathrm{T}} C_k \qquad [4.35]$$

因此，可得到如下定理。

定理 [BOR 91，BOR 01]：如果上述假设得到了证明，并且非线性项 ϕ_i 全局利普希茨（Lipschitzian）连续，则对每个有限的输入 $\exists \theta_0$，$\forall \theta > \theta_0$，式 [4.34] 和式 [4.35] 作为系统式 [4.33] 的指数观测器，其收敛速度取决于参数 θ。

考虑到矩阵 A 的形式，此方程的解给出如下值作为分块矩阵 S_Θ 子矩阵 $S_{\theta^{\delta_k}}$ 的系数

$$S_{\theta^{\delta_k}}(i, j) = \frac{(-1)^{i+j} C_{i+j-2}^{j-1}}{\theta^{\delta_k(i+j-1)}}$$

其中 $1 \leqslant i$，$j \leqslant n_k$，$C_n^p = \dfrac{n!}{p!\,(n-p)!}$

这种观测器的优点是计算简单（适用于在线使用），并且仅有一个控制系数（所以变得简单）。缺点是对测量噪声比较敏感。

4.3.3　扩展观测器

4.3.3.1　非线性系统的线性化

电机的暂态过程通过非线性状态空间方程描述。事实上，状态空间矩阵中包含角频率参数（dq 参考坐标系对于转子或定子的相对速度）。

其形式如下：

$$\frac{\mathrm{d}X}{\mathrm{d}t} = A(X,\theta,t)X + B(\theta)U + W(t) \qquad [4.36]$$

$$Y = C(X,\theta,t)X + V(t)$$

其中，θ 是一个参数向量；W 是状态空间噪声；V 是输出噪声。

一般情况下有

$$\begin{cases} \dfrac{\mathrm{d}X}{\mathrm{d}t} = f(X(t),U(t),t) + W(t) \\ Y(t) = h(X(t),t) + V(t) \end{cases} \qquad [4.37]$$

系统通过计算函数 F 和 H 的雅可比矩阵，在工作点附近线性化

$$F(X(t),u(t),t) = \left(\frac{\partial f}{\partial X}\right)_{X=\hat{X}(t)}, \quad H(X(t),t) = \left(\frac{\partial h}{\partial X}\right)_{X=\hat{X}(t)}, \quad \phi(k+1,k) =$$

$e^{\left(\left(\frac{\partial f}{\partial X}\right)_{X=\hat{x}_{k/k}}\right)T_{\mathrm{ech}}}$ 作为状态 $X_k \sim X_{k+1}$ 的转换矩阵。

得到的离散状态空间模型是 0 阶的（恒定控制，采样周期为 T_e），表示为

$$X_{k+1} = A\,d_k X_k + Bd_k U_k$$

$$Y_k = CX_k \qquad [4.38]$$

其中

$$Ad_k = \mathrm{e}^{AT_\mathrm{e}} \approx I + AT_\mathrm{e} + \frac{1}{2}(AT_\mathrm{e})^2$$

$$Bd_k = \int_0^{T_\mathrm{e}} \mathrm{e}^{A\tau} B\mathrm{d}\tau \approx T_\mathrm{e}\left(I + \frac{1}{2}T_\mathrm{e}A\right)B$$

4.3.3.2　扩展系统

离散系统用如下公式进行表达

$$X_{k+1} = A\,d_k(\theta_k)X_k + B\,d_k(\theta_k)U_k + W_{X_k}$$

$$Y_k = C(\theta_k)X_k + V_k \qquad [4.39]$$

其中，W_{X_k} 为状态空间噪声；V_k 为输出噪声。

状态空间向量可以扩展，加入希望跟踪的参数 θ_k。

假定参数随系统动态变化而缓慢变化，得到新的状态空间向量

$$\widetilde{X}_k = \begin{bmatrix} X_k \\ \theta_k \end{bmatrix} \qquad [4.40]$$

然后，由状态空间方程对扩展系统进行建模。

通过噪声 W_{θ_k} 表示参数变化，扩展的系统模型为

$$\begin{bmatrix} X_{k+1} \\ \theta_{k+1} \end{bmatrix} = \begin{bmatrix} Ad(\theta_k) & 0 \\ 0 & I \end{bmatrix} \begin{bmatrix} X_k \\ \theta_k \end{bmatrix} + \begin{bmatrix} Bd_k(\theta_k) \\ 0 \end{bmatrix} U_k + \begin{bmatrix} W_{X_k} \\ W_{\theta_k} \end{bmatrix}$$

$$Y_{k+1} = \begin{bmatrix} C(\theta_k) & 0 \end{bmatrix} \begin{bmatrix} X_k \\ \theta \end{bmatrix} + V_k \qquad [4.41]$$

将此非线性系统在如下稳态工作点附近进行线性化：

$$F(X, u, kT_{\text{ech}}) = \begin{bmatrix} Ad(\theta_k) & \left(\dfrac{\partial(Ad(\theta_k)X_k + Bd(\theta_k)U_k)}{\partial\theta} \right)_{X_k} \\ 0 & I \end{bmatrix} \qquad [4.42]$$

$$H(X, kT_{\text{ech}}) = \begin{bmatrix} C(\theta_k) & \left(\dfrac{\partial(C(\theta_k)X_k)}{\partial\theta} \right)_{X_k} \end{bmatrix} \qquad [4.43]$$

4.3.3.3　将观测器应用到扩展系统

观测器可以应用于线性化后的扩展系统，从而使它能够跟踪参数变化。

应用观测器的过程可以划分成预测阶段（估计）和校正阶段，估计值采用辅助变量 z_{k+1} 的测量值（记为 z_{k+1}^m）及其估计量（记为 z_{k+1}^c）之间的残差进行校正，其形式为

$$z_{k+1}^c = H\hat{X}_{k+1} + J\hat{X}_k \qquad [4.44]$$

通常，将辅助变量简化为可测量的量 y_k^m

$$z_{k+1}^c = C\hat{X}_k \qquad [4.45]$$

则观测器算法按时间分解为如下步骤：

– 重新校准矩阵 Ad、Bd、C 和矩阵 F 及 H；

– 预测阶段，由状态空间方程和 k 时刻状态空间向量估计值 $\hat{X}_k$ 预测 $k+1$ 时刻状态空间向量 $\widetilde{X}_{k+1}$：

$$\begin{cases} \widetilde{X}_{k+1} = Ad_k\widetilde{X}_k + Bd_kU_k \\ Y_k = C\widetilde{X}_k \end{cases} \qquad [4.46]$$

– 根据矩阵 F 和 H 的雅可比矩阵及噪声特征值等计算增益 G_{k+1}；

– 校正阶段，利用测量向量 y_{k+1}^m 和观测器增益 G_{k+1} 对预测矢量 $\widetilde{X}_{k+1}$ 进行校正，获得 $k+1$ 时刻状态估计值 $\hat{X}_{k+1}$

$$\hat{X}_{k+1} = \widetilde{X}_{k+1} + G_{k+1}\left[z_{k+1}^{m} - z_{k+1}^{c}\right] \qquad [4.47]$$

4.4 基于观测器的故障诊断

4.4.1 使用 Park 模型

4.4.1.1 转子电阻监测

[BOU 00, BOU 01] 提出了一种初始扩展的高增益观测器,可以跟踪基于 Park 两相模型(详见 4.2.1 节)的 d、q 轴转子电阻和磁链。

该算法采用©Dspace 写入 DSP TMS320C31 数据板中,采样率为 3×10^{-4} s。实验采用一台 5kW 笼型电机,可以设置转子绕组、定子绕组及轴承故障,感应电机连接制动器负载,如图 4.6 所示。

图 4.6 电机试验台

首先基于扩展参数模型构造观测器,然后进行化简。

电机模型为

$$\begin{cases} \dot{x}_1 = \dfrac{L_m x_3}{L_r}\dot{i}_{ds} - \dfrac{x_3}{L_r}x_1 + (\omega_s - \omega_r)\,x_2 \\[2mm] \dot{x}_2 = \dfrac{L_m x_3}{L_r}\dot{i}_{qs} - (\omega_r - \omega_s)\,x_1 - \dfrac{x_3}{L_r}x_2 \\[2mm] \dot{x}_3 = 0 \end{cases} \qquad [4.48]$$

其中, $\begin{bmatrix} x_1 & x_2 & x_3 \end{bmatrix}^T = \begin{bmatrix} \varphi_{dr} & \varphi_{qr} & R_r \end{bmatrix}^T$。

扩展到转速和转子阻抗的观测器为

$$\dot{\hat{x}} = f(\hat{x}) + g(\hat{x})u - \left(\frac{\partial \boldsymbol{\varGamma}}{\partial \hat{x}}(\hat{x}(t))\right)^{-1} s_\theta^{-1}(h(\hat{x}) - y) \qquad [4.49]$$

其中，$\hat{x} = \begin{bmatrix} \overset{\wedge}{\varphi}_{dr} \\ \overset{\wedge}{\varphi}_{qr} \\ \hat{R}_r \end{bmatrix}$；$h(\hat{x}) = \begin{bmatrix} \overset{\wedge}{\varphi}_{dr} \\ \overset{\wedge}{\varphi}_{qr} \end{bmatrix}$；$y = \begin{bmatrix} \varphi_{dr_e} \\ \varphi_{qr_e} \end{bmatrix}$；$s_\theta^{-1} \equiv \begin{bmatrix} 2\theta_1 & \theta_1^2 & 0 \\ \theta_1^2 & \theta_1^3 & 0 \\ 0 & 0 & 2\theta_2 \end{bmatrix}$。

记 $\Gamma(x) = [h_1(x), \ L_f h_1(x), \ h_2(x), \ L_f h_2(x)]^T$，其中，$L_f h_i$ 为 h_i 在 f 方向的导数。

从而得到：

$$\left[\frac{\partial \Gamma}{\partial \hat{x}}(\hat{x}(t)) \right]^{-1} \equiv \begin{bmatrix} 1 & 0 & 0 \\ 0 & 0 & 1 \\ -\dfrac{\hat{R}_r}{\hat{\varphi}_{dr}} & -\dfrac{L_r}{\hat{\varphi}_{dr}} & \dfrac{(\omega_r - \omega_s)L_r}{\hat{\varphi}_{dr}} \end{bmatrix} \qquad [4.50]$$

校正项 $\left[\dfrac{\partial \Gamma}{\partial \hat{x}}(\hat{x}(t)) \right]^{-1} s_\theta^{-1}(h(\hat{x}) - y)$ 根据从测量值中估计的磁通量和观测得到的磁通量之间的偏差获得，由此可以得到简化的观测器。

磁通 φ_{dr_e} 和 φ_{qr_e} 的估计值使用电流测量值获取，表达式为

$$\begin{cases} \dfrac{d\varphi_{dr_e}}{dt} = \dfrac{L_r}{L_m}(V_{ds} - R_s i_{ds}) - \dfrac{\sigma L_r L_s}{L_m}\left(\dfrac{i_{ds}}{dt} - \omega_s i_{qs} \right) + \omega_s \varphi_{qr_e} \\ \dfrac{d\varphi_{qr_e}}{dt} = \dfrac{L_r}{L_m}(V_{qs} - R_s i_{qs}) - \dfrac{\sigma L_r L_s}{L_m}\left(\dfrac{i_{qs}}{dt} - \omega_s i_{ds} \right) + \omega_s \varphi_{dr_e} \end{cases} \qquad [4.51]$$

使用过程仿真对参数 θ_i 进行经验校准。

初始化转子电阻值为其标称值的 150%。为了验证观测器的性能，仿真中设置电阻参数的变化如图 4.7 所示。

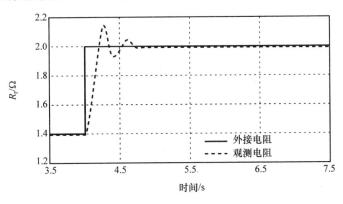

图 4.7　转子电阻值变化曲线（测量值和观测值）

图 4.8 验证了观测器在实际测试中的性能。

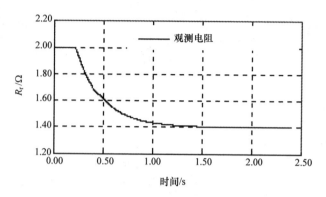

图 4.8 电机实验台上对转子电阻的观测结果—识别 R_r 值为 1.4Ω

这种易于调节的观测器（两个系数 θ_i 和 i）在实际测试中取得了很好的结果。

根据 [SAI 00]，卡尔曼滤波器也可以用来代替高增益观测器。

然而，在不同情况下，跟踪模型的单个参数（R_r）还不足以区分参数变动是由于鼠笼故障引起的还是由于正常过程中转子电阻过热引起的。因此，有必要引入第二个参数，以免出现误报的情况。

4.4.1.2 跟踪转子电阻与磁化电感

[BOU 01] 在旋转磁场参考坐标系两相电机模型上构建扩展卡尔曼观测器，用于跟踪转子电阻和磁化电感。假设参数缓慢变化，根据扩展状态空间模型可以给出估计值为

$$
\begin{cases}
i_{ds} = -\left(\dfrac{R_r + R_s}{L_f}\right)i_{ds} + \omega_s i_{qs} + \left(\dfrac{R_r}{L_m L_f}\right)\varphi_{dr} + \left(\dfrac{1}{L_f}\right)\omega_r\varphi_{qr} + \dfrac{1}{\sigma L_s}V_{ds} \\[3mm]
i_{qs} = -\omega_s i_{ds} - \left(\dfrac{R_r + R_s}{L_f}\right)i_{qs} + \left(\dfrac{1}{L_f}\right)\omega_r\varphi_{dr} + \left(\dfrac{R_r}{L_m L_f}\right)\varphi_{qr} + \dfrac{1}{\sigma L_s}V_{qs} \\[3mm]
\dot{\varphi}_{dr} = R_r i_{ds} - \dfrac{R_r}{L_m}\varphi_{dr} + \omega_{sl}\varphi_{qr} \\[3mm]
\dot{\varphi}_{qr} = R_r i_{qs} + \omega_{sl}\varphi_{dr} - \dfrac{R_r}{L_m}\varphi_{qr} \\[3mm]
\dot{R}_r = 0 \\[3mm]
\dot{L}_m = 0
\end{cases}
\qquad [4.52]
$$

因此，针对如下形式的模型

$$
\frac{\mathrm{d}\hat{x}}{\mathrm{d}t} = f(\hat{x},\ u) \qquad [4.53]
$$

根据 4.3.2.3 节所述的方法构建卡尔曼观测器。

在存在噪声的情况下，对这两个参数的同步变化进行仿真，结果如图 4.9 和图 4.10 所示。

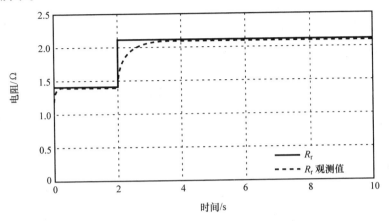

图 4.9　转子电阻参数变化（观测值与仿真值）

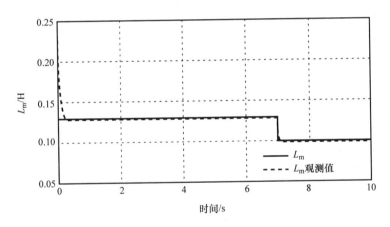

图 4.10　磁化电感参数变化（观测值与仿真值）

由图可见，观测值完全跟随参数的变化而变化，这使得我们能够辨别出转子是存在故障还是正常运行。这种算法还可以用于电网供电电源或逆变器电源系统的参数跟踪。

4.4.2　使用三相电机模型

［BOU 01］设计了一个扩展卡尔曼观测器，能够在线检测两相模型中三相转子电阻的不对称变化，该两相模型是建立在关联到定子的参考坐标系中。

在上述模型中，系统不是完全可观的，只能观测出电阻的非对称变化过程，而无法对每个电阻的变化进行单独的观测。

4.2.1 节介绍了基于此模型的估计器设计。

状态空间向量由三个定子相电流、三个转子相电流和三个转子电阻组成。

4.3.3 节介绍了扩展观测器的设计方法。

4.4.1.1 节介绍的观测器方法在电机实验台上进行了实验验证。在三相转子电阻上观测到的不对称使我们能够完全区分正常运行工况和转子存在故障的情况（通过在笼型导条上钻孔，获得 4 个断条故障，见图 4.11）。

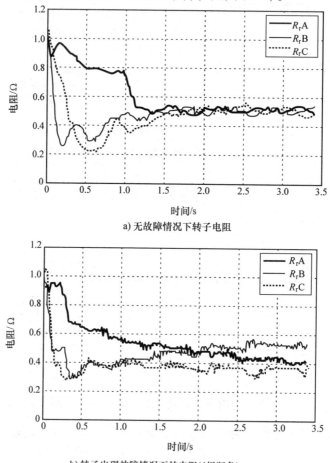

a) 无故障情况下转子电阻

b) 转子出现故障情况下的电阻(4根断条)

图 4.11　三相转子电阻变化曲线（观测值）

该方法可以通过跟踪三相定子电阻值方便地扩展到电机定子故障检测上。

然而，该观测器方法的复杂度使其无法实现在线信号处理，只能先采集记录数据，然后进行离线处理。

4.4.3　观测器重构转矩的频谱分析

[YAH 95] 提出一种通过对电磁转矩进行频谱分析从而进行感应电机故障诊断的方法。[SAL 97] 提出一种类似的方法进行负载分析。如下文所讨论的，这些方法需要使用磁链观测器。

转矩可以在 Park 两相模型中进行估计，4.2.1.2 节中给出了下列公式

$$T_e = p(\psi_{ds} i_{qs} - \psi_{qs} i_{ds}) \qquad [4.54]$$

或

$$T_e = \frac{pL_m}{L_r}(\psi_{dr} i_{qs} - \psi_{qr} i_{ds}) \qquad [4.55]$$

如果使用定子磁链 ψ_{ds} 和 ψ_{qs}，则其值可通过下式进行估计

$$\psi_{ds} = \int (V_{ds} - R_s I_{ds}) \, dt$$
$$\psi_{qs} = \int (V_{qs} - R_s I_{qs}) \, dt \qquad [4.56]$$

由于耦合的原因，如果电流传感器包含误差，该方法可能会导致算法发散。观测器方法可确保定子磁链能够被更好地重构。

如果转子磁链 ψ_{dr} 和 ψ_{qr} 用于磁链定向矢量控制，那么它们也需通过观测器进行重构。

我们可以使用如下状态空间模型

$$\frac{dX}{dt} = AX + BU \qquad [4.57]$$

其中

$$U = \begin{bmatrix} v_{ds} \\ v_{qs} \end{bmatrix} \qquad X = \begin{bmatrix} i_{ds} \\ i_{qs} \\ \psi_{dr} \\ \psi_{qr} \end{bmatrix}$$

$$A = \begin{bmatrix} -\left(\dfrac{1}{T_s\sigma} + \dfrac{1}{T_r}\dfrac{1-\sigma}{\sigma}\right) & \omega_e & \dfrac{1-\sigma}{\sigma}\dfrac{1}{L_m T_r} & \dfrac{1-\sigma}{\sigma}\dfrac{1}{L_m}\omega_m \\[3mm] -\omega_e & -\left(\dfrac{1}{T_s\sigma} + \dfrac{1}{T_r}\dfrac{1-\sigma}{\sigma}\right) & -\dfrac{1-\sigma}{\sigma}\dfrac{1}{L_m}\omega_m & \dfrac{1-\sigma}{\sigma}\dfrac{1}{L_m T_r} \\[3mm] \dfrac{L_m}{T_r} & 0 & \dfrac{-1}{T_r} & \omega_{sl} \\[3mm] 0 & \dfrac{L_m}{T_r} & -\omega_{sl} & \dfrac{-1}{T_r} \end{bmatrix}$$

$$B = \begin{bmatrix} \dfrac{1}{\sigma L_s} & 0 \\ 0 & \dfrac{1}{\sigma L_s} \\ 0 & 0 \\ 0 & 0 \end{bmatrix}$$

这是结合了卡尔曼观测器的经典模型。如 4.3.2.3 节所介绍，该模型能重构电机的状态空间，因此，计算式［4.55］中的转矩必须获得磁通量。

在稳态过程中，所得转矩可进行频域分析（采用 FFT）；在缓变过程中，可用时频分析方法（如使用谱分析、Wigner – Ville 分布等）。

图 4.12 清楚地表明，用该方法估计出的电磁转矩 4Hz 分量（电机电源为 50Hz），可以给出转子的故障特征。

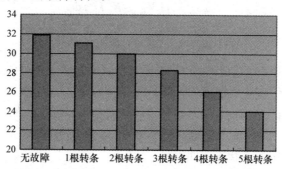

图 4.12 转子故障时转矩信号中的 4Hz 分量

电磁转矩由于与电磁转换和能量转换密切相关，是故障检测的重要参数。但是，转子故障的检测需要电机带有负载，空载时的故障检测是难以实现的。

4.5 本章小结

通过在电机正常或故障情况下进行参数观测，我们提出了不同的感应电机故障诊断方法。

无论电机是由配电网供电还是由变流器供电，这些方法适用于电机的实时故障诊断。然而，在稳态过程中，这些方法比不基于模型的方法（如对定子电流进行频率分析）对故障敏感度低（特别是对转子故障）［FIL 94］。

此外，这些方法可以结合参数辨识方法使故障的判别更为精确。扩展观测器用于预报潜在的故障，然后用离线参数辨识方法或其他方法对故障进行确认、分析与量化。

　　这些方法可以应用到其他更复杂的系统中。例如，［GUN 09］提出将上述方法用于高速列车传动控制系统的监控中。

4.6　参考文献

[BAC 02] BACHIR S., Contribution au diagnostic de la machine asynchrone par estimation paramétrique, PhD Thesis, University of Poitiers, 2002.

[BAC 05] BACHIR S., CHAMPENOIS G., TNANI S., GAUBERT J.P., "Stator faults diagnosis in induction machines under fixed speed", *European Conference on Power Electronics and Applications*, 2005.

[BAC 06] BACHIR S., TNANI S., CHAMPENOIS G., "Diagnosis by parameter estimation of stator and rotor faults occurring in induction machines", *IEEE Transactions on Industrial Electronics*, vol. 53, no. 3, June 2006.

[BOR 01] BORNARD G., BUSAWON K., HAMMOURI H., *An Observer for a Class of Non-linear Systems*, LAGEP, Paris, 2001.

[BOR 91] BORNARD G., HAMMOURI H., "A high gain observer for a class of uniformly observable systems", *Proceedings of the Conference on Decision and Control*, Brighton, vol. 3, p. 1494-1496, 1991.

[BOR 93] BORNARD G., CELLE-COUENNE F., GILLES G., "Observabilité et observateurs", *Systèmes non linéaires, T1, Modélisation-Estimation*, p. 177-221, Masson, Paris, 1993.

[BOR 90] BORNE P., DAUPHIN-TANGUY G., RICHARD J.P., ROTELLA F., ZAMBETTAKIS I., *Commande et Optimisation des Processus*, Technip, Paris, 1990.

[BOU 00] BOUMEGOURA T., CLERC G., YAHOUI H., GRELLET G., SALLES G., "Rotor resistance estimation by non-linear observer for diagnostic and control systems", *European Journal of Automation*, vol. 34, no. 8, October 2000.

[BOU 01] BOUMEGOURA T., Recherche des signatures électromagnétiques des défauts dans une machine asynchrone et synthèse d'observateur en vue du diagnostic, PhD Thesis, Ecole centrale of Lyon, 2001.

[CAS 03] CASIMIR R., Diagnostic des défauts des machines asynchrones par reconnaissance de forme, PhD Thesis, Ecole centrale of Lyon, 2003.

[DUV 02] DUVAL C., Commande robuste des machines asynchrones, PhD Thesis, Ecole centrale of Lyon, 2002.

[FIL 94] FILIPPETTI F., FRANCESCHINI G., TASSONI C., VAS P., "Broken bar detection in induction machines: comparison between current spectrum approach and parameter estimation approach", *Industry Applications Society Annual Meeting*, proceedings vol. 1, p. 95-102, 2-6 October 1994.

[GRE 00] GRELLET G., CLERC G., *Actionneurs Electriques*, Eyrolles, Paris, 2000.

[GUZ 09] GUZINSKI J., DIGUET M., KRZEMINSKI Z., LEWICKI A., ABU-RUB H., "Application of speed and load torque observers in high-speed train drive for diagnostic purposes", *IEEE Transactions on Industrial Electronics*, vol. 56, no. 1, January 2009.

[HAM 02] HAMMOURI H., MARQUES J.C., "Observateurs de systèmes non-linéaires", *Systèmes non-linéaires*, p. 81-124, 2002.

[KAL 60] KALMAN R.E., BUCY R., "New results in linear filtering and prediction theory", *Journal of Basic Engineering*, no. 82, p. 35-40, 1960.

[KEY 86] KEYHANI A., MIRI S.M., "Observers for tracking of synchronous machine parameters and detection of incipient faults", *IEEE Transactions on Energy Conversion*, vol. EC-1, no. 2, June 1986.

[LOH 98] LOHMILLER J., SLOTINE J.-J., "On contraction analysis for non-linear systems", *Automatica*, vol. 34, no. 6, p. 683-696, 1998.

[LOH 00] LOHMILLER J., SLOTINE J.J., "Control system design for mechanical systems using contraction theory", *IEEE Transactions on Automatic Control*, vol. 45, no. 5, p. 984-989, 2000.

[LUE 71] LUENBERGER D.G., "An introduction to observers," *IEEE Transactions on Automatic Control*, no. 16, p. 592-602, 1971.

[MOR 99] MOREAU S., TRIGEASSOU J.C., CHAMPENOIS, GAUBERT J.P., "Diagnosis of induction machines: a procedure for electrical fault detection and localization", *SDEMPED'99*, 1-3 September 1999.

[SAÏ 00] SAÏD M., BENBOUZID M., ABDELKRIM BENCHAIB A., "Detection of broken bars in induction motors using an extended Kalman filter for rotor resistance sensorless estimation", *IEEE Transactions on Energy Conversion*, vol. 15, no. 1, March 2000.

[SAL 97] SALLES G., Surveillance et diagnostic des défauts de la charge d'un entraînement par machine asynchrone, PhD Thesis, Claude Bernard Univeristy, Lyon I, January 1997.

[SCH 99a] SCHAEFFER E., Diagnostic des machines asynchrones : modèles et outils paramétriques dédiés à la simulation et à la détection de défauts, PhD Thesis, Ecole centrale of Nantes, 1999.

[SCH 99b] SCHAEFFER E., LE CARPENTIER E., ZAÏM E.H., LORON L., "Diagnostic des entrainements électriques: détection de courts-circuits statoriques dans la machine asynchrone par identification paramétrique", *17ᵉ colloque GRETSI sur le traitement du signal et des images*, vol. 4, p. 1037-1040, Vannes, 13-17 September 1999.

[THO 93] THOLLON F., GRELLET G., JAMMAL A., "Asynchronous motor cage fault detection through electromagnetic torque measurement", *Proceedings of ETEP*, vol. 3, no. 3, September-October 1993.

[VAS 92] VAS P., *Electrical Machines and Drives, a Space Vector Theory Approach*, Oxford Science Publications, Oxford, 1992.

[YAH 95] YAHOUI H., SEETOHUL J., GRELLET G., JAMMAL A., "Detection of broken bar or end-ring fault in asynchronous machines by spectrum analysis of the observed electromagnetic torque through supply cable", *Revue Européenne de diagnostic et sûreté de fonctionnement*, vol. 5, no. 4, 1995.

第 5 章

感应电机的热监测

Luc Loron, Emmanuel Foulon

5.1 概述

本章将分析感应电机定/转子电路中温度估计的问题，其目的不仅是给出最佳解决方案，而是给出该研究工作的主要难点，我们在实现这些温度估计方法以及在实验验证时均可能发现这些问题。

本章首先讨论对感应电机实施温度监测的必要性，综述文献中已有温度监测方法；其次，重点讨论基于扩展卡尔曼滤波器的电机定/转子电阻估计方法；最后，给出在［FOU 05］中实验台上进行的实验及实验结果。

5.1.1 感应电机温度监测的目的

感应电机的温度监测可以同时实现多个目标，根据是否关系到电机的可用性和控制器的调节，这些目标可被分为两组。

5.1.1.1 保护电机的可用性

温度监测最重要的目的是电机保护，其意义重大，因为过热是导致电机故障的重要初始原因之一［GRU 08，SID 05，TAL 07］。

这种保护包含了以下几个方面：

- 过载保护。常见的保护方式是将温度传感器置于绕组端部或电机零部件上（熔断器、热断路器、数字系统等）［DU 08，GAO 06］。但是这两种方法存在一些不足：第一种方法对于小功率电机来说代价相对高昂，并且需要额外布线。第二种方法可能会引起故障（误报警或无检测信号），而且只能监测到部分定子绕组，因此该方法可能无效。由于热防护系统的设计者通常重点关注安全性，该方法可能会导致误报警［GAO 06］。同时，用户也希望降低检测灵敏度从而减少这些误报事故。在这种情况下，数字系统由于配置灵活，能够更好地适应电机运行条件，是一种更有效的方法。

- 热故障检测。在电机环境温度急剧变化的情况下，电机可能会有快速过热的风险；这种变化可能是由于通风系统的损坏或阻塞、室温的升高或突然出现新的热源（邻近电机故障）引起的。前面提到的保护系统无法检测到这种类型的故障，因为它们只能识别电机正常的热模型。

－预测和寿命管理。电机绕组能够承受等级范围内有限的运行温度。当超过这个温度时，温度每上升 10℃，绝缘体的使用寿命减少一半。通过记录电机的历史温度，我们可以评估其剩余使用寿命并进行预测。

感应电机具有鲁棒性强和廉价等特点，但仍需要考虑进一步配备保护系统的必要性。事实上，在某些情况下，重要的不是电机的损坏，而是电机无法进行工作。所以，我们需要进行预防性或预测性的维护，以避免发生任何意外停机事件。

5.1.1.2 电机控制系统的调整

热监测还可以使我们能够根据电机定/转子温度的变化调整电机的控制方法：

－优化矢量控制。转子电阻 R_r 是在工业传动系统中频繁使用的间接矢量控制方法的关键参数之一。在温度的影响下，R_r 的变化可能超过 50%。为达到最佳控制效果，矢量控制必须考虑这些参数变化。否则，一方面转矩的动态响应性能会出现恶化（该恶化常被速度环的鲁棒控制效果掩盖）；另一方面，还会引起其他很多问题，如电机损耗的增加会进一步提高温升［NOR 85］。在本章后续介绍实验结果的部分中，读者可以观察到转子温度上升对矢量控制的影响。

－无机械传感器控制的优化。该控制方法在低速时问题很多，主要原因是定子电阻 R_s 会发生变化［HOL 02］。因此许多无速度传感器的控制策略中包含了对 R_s 的估计算法。

5.1.2 感应电机温度监测的主要方法

温度监测方法依赖于对电机内部一个或几个地方的温度进行估计。这种估计可以利用热模型或通过计算电气模型的电阻等参数来实现。本章根据采用的不同模型对主要温度监测方法进行分类，涉及的模型有热模型、电气模型或两者结合的复合模型，并通过强调这些方法的优缺点来比较这些方法。

5.1.2.1 基于单独热模型的方法

电机的热建模是一个复杂的多学科问题，有很多可用的方法［BOG 09，STA 05］。然而，一个无需大量计算并可用于实时场合的热模型，必须要有集总常数并且方程要有相对较低的阶次。最常见的模型是一阶和二阶模型，通常由 *RC* 等效电路表示。二阶模型是满足系统复杂性和计算效率之间的最佳平衡点，使我们能够单独实现定子和转子的监测。

可以考虑使用降阶技术从一个复杂节点模型（包括数百个节点）推导出一个简化模型［JAL 08］。但最常见的是采用黑箱方法，该方法依赖于相对巧妙的实验［MOR 01，STA 05］，尤其是针对自通风笼型电机（在工业领域很常见）

建立二阶模型，定/转子的损耗相互耦合，其热模型随转速变化而改变［SHE 05］。

　　建立热模型还需要估计电机内部的主要损耗［DU 08，KRA 04，BOY 95］，包括：

　　— 焦耳损耗：焦耳损耗是电机的主要损耗（小功率电机超过 60% 的损耗是焦耳损耗）［DU 08，GRE 89］。焦耳损耗比较容易描述，其大小取决于定/转子的电阻，而这些电阻又与温度相关。

　　— 铁损：小功率电机损耗中的 20% ~30% 是铁损，包括磁滞损耗、涡流损耗等。铁损涉及多个因素（包括磁路参数的频率、幅值和波形），因此铁损模型很难建立［GRE 89］。

　　— 机械损耗：机械损耗是轴承中的损耗及随着空气密度变化和温度变化而引起的空气动力损耗。这些损耗在电机所有损耗中所占比例大不（约 10%），因而常被忽略，其对电机绕组温度的影响也可以忽略不计。

5.1.2.2　基于电阻参数估计的方法

　　本节研究通过 R_s 和 R_r 的电阻值来估计定/转子的温度，这可以通过单独使用电气模型或使用热电耦合模型来实现。

5.1.2.2.1　仅基于电气模型的方法

　　最常见的估计方法依赖于在电机稳态计算阻抗［GAO 05a，GAO 05b，LEE 02，BEG 99］或将扩展卡尔曼滤波器应用到包含定/转子电阻参数的电机状态空间模型［ALT 97，FOU 07，GAO 05c］中，这些参数未知，且缓慢的随机变化。其他一些相关研究提出了电机转速的估计方法［ALT 97，GAO 06］。

　　许多学者强调当电机转速增加时定子电阻 R_s 灵敏度降低所引起的问题［DU 08，GAO 05c，LEE 02，WEI 07，WU 06］。这种情况经常出现且容易引起其他问题，电机定子是对发热非常脆弱的部件。当电机空载时，转子电阻 R_r 也存在相似的问题。

　　但是这个问题不太重要，因为在这种情况下损耗小，温度也趋于降低。为了使电阻 R_s 变得敏感，可以考虑周期性地向电机中注入直流电流［PAI 80，ZHA 08，ZHA 09］，同时为了不影响电磁转矩，最好在电机停机的时候采用该方法。为了补偿电机定/转子电阻的欠敏感性，可以简单地耦合它们的变化，或者利用基于热模型的一种更为巧妙的方法（详情见下文）。通过使用卡尔曼滤波器，在状态噪声协方差矩阵的调整过程中，我们可以认为 R_s 和 R_r 的变化是有紧密联系的。最后，对于由电网供电并且频繁起动的小功率电机，更简便的一个方法是只监测转子温度［BEG 99，GAO 05b］。

　　此外，我们稍后将会看到，电气模型的其他参数，特别是磁化电感 L_m 必须已知并且要有足够的精度［LEE 02］；我们将在5.5节讨论需要通过饱和特性考虑 L_m 的变化［FOR 06］，或者同时估计 R_s、R_r 和 L_m 的值。

5.1.2.2.2 基于电热耦合模型的方法

解决上述低敏感度问题的另一种方法是将热模型与电气模型相结合。有学者为此提出多种策略，其中一种策略是建立一个全局状态模型，即将电气状态变量和热状态变量关联起来，然后将扩展卡尔曼滤波器应用到这个全局模型中［ALT 97, FOR 06, FOU 07］。

由于这种方法相对复杂，可以考虑其他更为简单的解决方案：

– ［GAO 05c］采用一个由 R_r 的估计值推导得出的转子温度估算值，利用扩展卡尔曼滤波器建立一阶热模型来估计定子温度；

– ［KRA 04］针对低转矩电机，基于电机稳态时阻抗的测量值和一阶热模型，推导得到了 R_r 的估计值，以此来估计转子温度；

– ［GAO 05a］使用一个自适应二阶热模型来估计定子温度。在该模型中，核心项（定子和环境之间的热传导）随着转子温度估计值的变化而变化，而转子温度是由 R_r 的估计值推导得到。该方法能很好地帮助我们检测到通风故障。

5.1.2.3 对比分析

基于独立热模型方法的主要优点是实现简单、所需的计算量少。该模型只包含非常缓慢的动态过程。但是，该方法是一个"开环"估计，如果热模型或损耗模型不正确，将出现误差，进而引出另外两个其他问题。

一方面，如前文所述，该模型用于表征定子和外部之间的热传导。然而，这种传导不是电机的固有特性，而取决于电机的机械装配。因此，我们需要进行热模型的现场识别，但这样做存在问题并且在工业实际中难以实现。另一方面，这种方法无法适应室温的变化或出现散热问题后的热模型。

基于电阻参数估算的方法不受上述缺点的影响，因为环境温度的变化不会影响温度的估算。该方法甚至可以检测环境温度的变化，以及诊断通风系统故障。此外，如果我们使用一个动态电机模型，可以同时估计磁通量，这使我们能够同时实现直接自适应矢量控制。然而，取得这些优势需要付出代价，因为电气模型需要较高的采样频率（通常高于1kHz），进而需要很强的计算能力。

通过完全依靠电气模型，可以在建立电机热模型的同时避免室温影响带来的相关问题。由于长导线会影响定子的电阻和漏电感，因此短导线时电气模型的所有参数都是机器固有的，可以事先确定这些参数，它们不会随着电机的运行而发生变化。因此，这种方法更适用于工业环境。然而，电阻值（特别是 R_s）敏感度降低的问题尚未解决。基于热电耦合模型的方法旨在解决这个问题，但该方法相对复杂且依赖于热模型，且建立热模型并不容易。然而，同时使用电气模型可以减少热模型所产生误差带来的影响。

如果我们打算建立一个全局状态模型，为了在消除电流快速动态特性的同时保留温度和磁通的动态特性，最好采用降阶的电气模型［FOU 05，FOU 07］。为此，我们可以使用一个较长的采样周期，并限制估计算法中的数值问题。

在本章后续部分，我们将考虑实现一个仅基于电气模型的扩展卡尔曼滤波器。与之相反，［FOU 05］研究实现了一种基于全局状态模型（热电耦合模型）的方法。

5.2　基于卡尔曼滤波器的实时参数估计

本节的目标是要同时估计电机的磁状态（转子磁链）和定/转子的温度变化，该目标主要通过估算相应线圈的电阻来实现。为此，我们需要从包含大量信息以及干扰信号（由噪声、测量误差、模型近似造成）的实验数据中提取有用的信息，这些信息通过模型进行结构化描述。当处于实时工作环境时，这种信息提取需要递归优化技术，提取信息的质量和可靠性取决于模型的准确性及优化算法和模型之间的适应程度。研究的重点之一是与分析的实际情况进行对比，建立相关模型。这些模型与即将研究的卡尔曼滤波器完全兼容，其定义将在 5.3 节中给出。

5.2.1　卡尔曼滤波器的特征及优点

卡尔曼滤波器的主要优点之一是可以同时给出参数估计值和其方差。因此，我们可以同时处理信息以及信息的可靠性。在某些情况下，信息的可靠性和其估计值同样重要。因此，在故障检测系统中，对方差估计值的分析是可以使我们避免误报的重要手段。然而，如果希望对方差估计值有一个真实的评价，我们要能够度量电子噪声和模型误差。但是在很多时候，这是一个非常复杂的过程。于是我们提出采用一些反射线来解决由卡尔曼滤波器调整而引起的问题，采取和调节卡尔曼滤波器截然相反的方法，考虑将噪声的协方差矩阵作为一个优化滤波器的调节参数。

卡尔曼滤波器的主要优势之一是当系统是可观的时候可以确保其鲁棒性和收敛性。通常认为卡尔曼滤波算法对计算能力要求很高，因此在需要实现实时估计的情况下，要根据被估计量的动态特性选择合适的采样周期，而不是根据和连续模型离散化方法相关的约束条件选择采样周期。我们将在 5.3 节再次讨论这个问题。

值得注意的是，为了避免和计算病态协方差矩阵相关的数值问题，很多学者提出了不同的滤波器。尽管滤波器种类众多，在感应电机相关研究中最常用的是最初由卡尔曼提出的滤波器［KAL 60］。和［CAV 89］中的研究工作一样，我们希望使用约瑟夫算法（Joseph algorithm），因为该算法对数值误差不太敏感，较好地保留了协方差矩阵的对称性。为了同时估计电机的状态和参数，我们使用扩展卡尔曼滤波器。因为该滤波器具有难以控制的发散问题，Ljung 提出通过引入一个修正项来修正滤波器，该修正项体现了卡尔曼增益对被估参数的敏感性[LJU 79]。但是，该修正方法大大增加了计算量，因此很少使用。扩展卡尔曼滤波器使用改进的一阶非线性表达式，更高阶的滤波器可以通过泰勒展开式来建立。我们可以在文献中找到二阶滤波器或迭代滤波器，它们围绕上一个估计值，通过重新计算切线模型来使用预测值及其方差。但是，在实时环境下使用这些方法通常过于复杂。

5.2.2 扩展卡尔曼滤波器的实现

扩展卡尔曼滤波器就是一个标准卡尔曼滤波器，其协方差的计算是基于非线性系统的切线线性化模型。本节首先回顾标准卡尔曼滤波算法。

5.2.2.1 卡尔曼滤波算法（约瑟夫形式）

考虑由下式定义的离散状态模型：

$$\begin{cases} X_{k+1} = AX_k + BU_k + W_k \\ Y_k = CX_k + DU_k + V_k \end{cases} \qquad [5.1]$$

其中，U_k、X_k 和 Y_k 分别为 t_k 时刻的模型输入、模型的状态和模型输出；W_k 和 V_k 分别表示状态和输出噪声，其协方差矩阵分别为 Q_k 和 R_k。理论上，这些噪声必须是白噪声、高斯分布、带有中心的且与估计状态无关。我们将使用这些限制性的假设。

卡尔曼滤波器是根据下述算法实现的，状态预测值 $X_{k+1|k}$ 及其误差的协方差矩阵 $P_{k+1|k}$ 为

$$X_{k+1|k} = AX_{k|k} + BU_k$$
$$P_{k+1|k} = AP_{k|k}A^{\mathrm{T}} + Q_k \qquad [5.2]$$

$X_{k|k}$ 是在第 k 步获得的最优状态估计，其输出及协方差的预测值为

$$Y_{k+1|k} = CX_{k+1|k} + DU_{k+1}$$
$$\Sigma_{k+1} = CP_{k+1|k}C^{\mathrm{T}} + R_k \qquad [5.3]$$

最后，在 $k+1$ 步，估计的最优状态及其协方差定义为

$$X_{k+1|k+1} = X_{k+1|k} + K_{k+1}(Y_{k+1} - Y_{k+1|k})$$
$$P_{k+1|k+1} = P_{k+1|k} - K_{k+1}\Sigma_{k+1}K_{k+1}^{\mathrm{T}} \qquad [5.4]$$

卡尔曼增益 K_{k+1} 为

$$K_{k+1} = P_{k+1|k}C^{\mathrm{T}}\Sigma_{k+1}^{-1} \qquad [5.5]$$

5.2.2.2 扩展状态模型

为了同时估计系统的状态 X_1 和参数向量 X_2，定义以下扩展状态向量

$$X = \begin{bmatrix} X_1 \\ X_2 \end{bmatrix} \qquad [5.6]$$

一般来说，包含状态噪声 W_k 和输出噪声 V_k 的离散时间模型为

$$\begin{cases} X_{k+1} = \begin{bmatrix} X_{1,k+1} \\ X_{2,k+1} \end{bmatrix} = \begin{bmatrix} F_1(X_k, U_k) + W_{1,k} \\ F_2(X_k, U_k) + W_{2,k} \end{bmatrix} = F(X_k, U_k) + W_k \\ Y_k = G(X_k, U_k) + V_k \end{cases} \qquad [5.7]$$

如前文所述，我们关注状态噪声 W_k 和输出噪声 V_k 的协方差矩阵 Q_k 和 R_k。当初始状态模型（包含状态向量 X_1）是线性的，我们可以使用经典的矩阵表示法，即

$$\begin{cases} X_{1,k+1} = A(X_{2,k}) X_{1,k} + B(X_{2,k}) U_k + W_{1,k} \\ Y_k = C(X_{2,k}) X_{1,k} + D(X_{2,k}) U_k + V_k \end{cases} \qquad [5.8]$$

通常不建立参数的变化模型，假定它们的变化是随机的，可表示为

$$X_{2,k+1} = X_{2,k} + W_{2,k} \qquad [5.9]$$

在这种情况下，只有在卡尔曼滤波器的修正阶段才能够估计参数的变化。因此，参数动态变化模型将更为有用。针对所考虑的应用，这意味着需要建立电机的热模型。

5.2.2.3　扩展卡尔曼滤波器算法

预测阶段包括 $X_{2,k+1|k}$ 参数的扩展状态预测

$$\begin{cases} X_{k+1|k} = \begin{bmatrix} X_{1,k+1|k} \\ X_{2,k+1|k} \end{bmatrix} = \begin{bmatrix} F_1(X_{k|k}, U_k) \\ F_2(X_{k|k}, U_k) \end{bmatrix} = F(X_{k|k}, U_k) \\ Y_{k+1|k} = G(X_{k+1|k}, U_{k+1}) \end{cases} \qquad [5.10]$$

为了确定预测的协方差，有必要将由于状态扩展导致的非线性模型进行线性化处理。

为此，需要计算扩展状态函数的雅可比矩阵

$$\frac{\partial F}{\partial X_k}(X_{k+1|k}, U_k) = \begin{bmatrix} \dfrac{\partial F_1}{\partial X_{1,k}} & \dfrac{\partial F_1}{\partial X_{2,k}} \\ \dfrac{\partial F_2}{\partial X_{1,k}} & \dfrac{\partial F_2}{\partial X_{2,k}} \end{bmatrix}\Bigg|_{X_{k+1|k}, U_K} \qquad [5.11]$$

由此，扩展状态预测误差的协方差表示为

$$P_{k+1|k} = \frac{\partial F}{\partial X_k}(X_{k+1|k}, U_k) P_{k|k} \frac{\partial F^{\mathrm{T}}}{\partial X_k}(X_{k+1|k}, U_k) + Q_k \qquad [5.12]$$

在修正阶段，需要通过计算输出函数的雅可比矩阵来确定卡尔曼增益

$$\frac{\partial G}{\partial X_k}(X_{k+1|k}, U_{k+1}) = \begin{bmatrix} \dfrac{\partial G}{\partial X_{1,k}} \cdot \dfrac{\partial G}{\partial X_{2,k}} \end{bmatrix}\Bigg|_{X_{k+1|k}, U_{k+1}} \qquad [5.13]$$

$$K_{k+1} = P_{k+1 \mid k} \frac{\partial G^{\mathrm{T}}}{\partial X_k}(X_{k+1 \mid k}, U_{k+1}) \sum\nolimits_{k+1}^{-1} \qquad [5.14]$$

预测输出误差的协方差定义为

$$\sum\nolimits_{k+1} = \frac{\partial G}{\partial X_k}(X_{k+1 \mid k}, U_{k+1}) P_{k+1 \mid k} \frac{\partial G^{\mathrm{T}}}{\partial X_k}(X_{k+1 \mid k}, U_{k+1}) + R_k \qquad [5.15]$$

最终，经过修正后得到状态向量和参数的最优估计为

$$X_{k+1 \mid k+1} = \begin{bmatrix} X_{1, k+1 \mid k+1} \\ X_{2, k+1 \mid k+1} \end{bmatrix} = X_{k+1 \mid k} + K_{k+1}(Y_{k+1} - Y_{k+1 \mid k}) \qquad [5.16]$$

扩展状态最优估计的误差协方差表达式为

$$P_{k+1 \mid k+1} = P_{k+1 \mid k} - K_{k+1} \Sigma_{k+1} K_{k+1}^{\mathrm{T}} \qquad [5.17]$$

5. 2. 2. 4 卡尔曼滤波器的初始化

虽然这个问题很少被讨论，但是对于一些应用来说，扩展卡尔曼滤波器的初始化很重要。尤其是在估计感应电机的转子参数时，由于转子磁通决定转子参数的敏感度：当转子磁通为零时，这些参数变得完全不敏感，在很多情况下，选择零初始状态时，卡尔曼滤波器会发散。如果只是想初始化模型的状态，可以在测试序列的开始施加一个确定的观测器，由此便可以在起动扩展卡尔曼滤波器之前进行状态估计。

然而，通过考虑状态噪声 $W_{1,k}$ 以及由初始参数的方差引起的结构噪声，同时进行初始状态协方差矩阵的求解无疑会更好。最好的方式是使用一个特定的卡尔曼滤波器（就是前面的扩展滤波器），并保持被估计参数矢量及其协方差矩阵为初始值不变。为此，需要在扩展滤波器中取消参数的修正阶段 [LOR 00]。

由于该滤波器不估计任何参数，其初始化不会带来任何问题。由此，可以采用空的初始状态，并得到一个较大的方差。该滤波器需要应用足够长的时间，以保证其收敛性；然后通过保留滤波器最后的状态值以及滤波器估计的协方差矩阵，将其转换成扩展卡尔曼滤波器。由此，就可以得到优化的扩展滤波器以及合适的初始值（状态以及协方差）。该方法可产生较好的初始条件，可使参数估计过程很快收敛。如果能够检测到参数可辨识性的不足，这一机制也可以用来临时保持参数估计值。因此，当感应电机的转矩参考值变得很小时，停止对转子电阻进行估计会更加安全。

5. 2. 2. 5 协方差矩阵的调整

状态和输出噪声协方差矩阵的调整需要慎重，特别是当我们期望得到估计方差值的时候。实际情况是，如果不在理想情况下（具有中心化的白噪声，该噪声与估计状态不相关，并且有完美的线性模型），我们通常只会得到一个粗略方差值，扩展卡尔曼滤波器尤其如此。然而，通过分析不同的误差源，无论这个误差是由仪器造成的还是模型本身造成的，都值得尝试将噪声 $W_{1,k}$ 与 V_k 的方差矩

阵调整到最好，这样我们可以评估不同误差源带来的影响，并且也可以重新考虑传感器选择问题或者过度逼近问题。

相反，影响参数的噪声 $W_{2,k}$ 一般没有物理意义，超出了所有能体现参数动态特征的范畴。通过选择较大的方差，动态特性较为明显；反之较小的方差会使估计值曲线变得光滑。在实际中，由于影响估计值动态特性的参数有很多（数据包含的信息、离散周期、其他方差等），一般通过凑试的方法来调整。本章将在 5.5 节讨论应用于感应电机的协方差矩阵调整问题。

5.3　热监测的电气模型

如概述中介绍的，如果只考虑电气模型就不会碰到由于参数识别以及使用热模型而引起的那些问题。在电气模型以及扩展卡尔曼滤波器的帮助下，我们可以通过估计电机定/转子的电阻值来推导对应的温度。

本节所建立的模型必须满足和使用扩展卡尔曼滤波器相关的限制条件，特别是需要将扩展模型在当前工作点附近线性化。但是主要问题在于算法的实时实现方面，原因是不同状态变量的动态特性存在显著差异，如电流的响应时间以毫秒为单位，磁通的响应时间以秒为单位，而温度的响应时间是以小时为单位。

由于电流可以被精确测量，本节建立了一个仅以磁通和电阻为状态变量的降阶模型。因此，模型可以采用较长的离散周期，减轻卡尔曼滤波器的计算压力。

5.3.1　连续时间模型

本节建立一个优化的电气模型用于电阻值的实时估计。为此，不需要考虑定子电流的动态特性。为了建立该模型，做如下假设：

- 电动势在气隙空间呈正弦分布；
- 不考虑电机的磁饱和；
- 电机中性点隔离，三相绕组对称；
- 忽略趋肤效应，槽齿效应和铁损。

基于维持幅值不变（而不是功率不变）的原则进行三相/两相变换（3/2 变换），为此在电机电磁转矩的表达式中多出了一个 3/2 变换因子。最后，利用定/转子间漏磁分布的自由度将漏磁集中在定子上，得到其等效电路如图 5.1a 所示 [LOR 07]。

上述漏磁分布将简化降阶模型，同时使模型参数完全可辨识。图 5.1a 中稳态等效电路各参数含义为 R_s 为定子绕组电阻；R_r 为转子绕组或笼型电阻；L_m 为励磁电感；L_{fs} 为等效漏感；g 为电机转差。

5.3.2 全阶模型

采用复数形式（$j^2 = -1$），电机的电气方程可表示为

$$\begin{cases} U_s = R_s I_s + j\omega_x \varphi_s + \dfrac{d\varphi_s}{dt} \\[2mm] 0 = R_r I_r + j(\omega_x - \omega_m)\varphi_r + \dfrac{d\varphi_r}{dt} \\[2mm] \varphi_s = L_s I_s + L_m L_r \\[2mm] \varphi_r = L_m I_r + L_m I_s \\[2mm] C_{em} = \dfrac{3}{2} p L_m \mathrm{Im}(I_s I_r^*) \end{cases}$$

[5.18]

上述方程可以在任意旋转坐系下以 ω_x 为角频率进行表示。U_s 为定子电压；I_r 和 I_s 分别表示转子

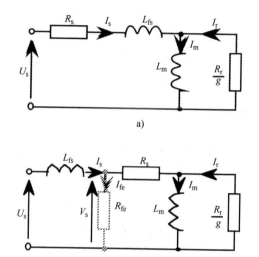

图 5.1　漏感集中在定子上的等效电路和带有可选铁损的等效电路

和定子电流；φ_r 和 φ_s 分别表示转子和定子磁通；$L_s = L_{fs} + L_m$ 和 L_m 分别表示定子电感和励磁电感；p 为电机极对数，机械角速度 $\Omega_m = \omega_m / p$，C_{em} 为产生的电磁转矩。

5.3.2.1　降阶模型

假设电机机械角速度为常数或缓慢变化，感应电机的 Park 模型为四阶状态模型，其输入与输出分别为定子电压和电流的两相分量。该模型计算量大，不适合实时应用场合。

模型离散化需要对状态矩阵做指数运算，指数的具体值可以通过该状态矩阵的对角化获得。对于四阶模型来说，计算量很大，这也是为什么很多学者使用一阶或二阶模型来近似求解的原因。在采样周期比较短的情况下，一阶近似模型即可表示连续模型的动态过程，但是需要较高的计算能力。如果必须要使用大于 1ms 的采样周期，则需要矩阵指数的二阶近似模型。另外，扩展卡尔曼滤波器的使用需要将离散模型根据估计的参数进行线性化，在二阶近似模型中该线性化的过程更加复杂。因此，对于采样周期大于 10ms 的系统，需要使用其他方法，在降低状态向量维数的同时获得更加精确的离散化模型。

根据式 [5.18] 可以得到一个输入变量为定子电流、状态变量为转子磁通的伪状态空间模型。输出 Y 对应定子电压 U_s，U_s 中不包含漏感 L_{fs} 的电压降（见图 5.1b）。

为达到上述目的，需要计算电流的导数。实际中，因为电流的测量很准确且

干扰较少，所以计算过程不会引起其他问题。连续时间下模型的复数方程为

$$\begin{cases} \dfrac{\mathrm{d}\varphi_\mathrm{r}}{\mathrm{d}t} = \left(-\dfrac{R_\mathrm{r}}{L_\mathrm{m}} + \mathrm{j}(\omega_\mathrm{m} - \omega_\mathrm{x})\right)\omega_\mathrm{r} + R_\mathrm{r}I_\mathrm{s} \\ V_\mathrm{s} = U_\mathrm{s} - L_\mathrm{fs}\left(\dfrac{\mathrm{d}I_\mathrm{s}}{\mathrm{d}t} + \mathrm{j}\omega_\mathrm{x}I_\mathrm{s}\right) = \left(-\dfrac{R_\mathrm{r}}{L_\mathrm{m}} + \mathrm{j}\omega_\mathrm{m}\right)\varphi_\mathrm{r} + (R_\mathrm{s} + R_\mathrm{r})I_\mathrm{s} \end{cases} \qquad [5.19]$$

通过定义 $U^\mathrm{T} = [\, I_{s\alpha} \quad I_{s\beta} \,]$, $X_1^\mathrm{T} = [\, \varphi_{r\alpha} \quad \varphi_{r\beta} \,]$, 以及 $Y^\mathrm{T} = [\, V_{s\alpha} \quad V_{s\beta} \,]$, 可得到如下状态空间模型

$$\begin{cases} \dot{X}_1 = A_\mathrm{c}X_1 + B_\mathrm{c}U \\ Y = CX_1 + DU \end{cases} \qquad [5.20]$$

式中

$$A_\mathrm{c} = -\dfrac{R_\mathrm{r}}{L_\mathrm{m}}I_2 + (\omega_\mathrm{m} - \omega_\mathrm{x})J_2 \qquad B_\mathrm{c} = R_\mathrm{r}I_2 \qquad C = -\dfrac{R_\mathrm{r}}{L_\mathrm{m}}I_2 + \omega_\mathrm{m}J_2 \qquad D = (R_\mathrm{s} + R_\mathrm{r})I_2$$

$$I_2 = \begin{bmatrix} 1 & 0 \\ 0 & 1 \end{bmatrix} \qquad J_2 = \begin{bmatrix} 0 & -1 \\ 1 & 0 \end{bmatrix}$$

最后，需要选择参考坐标系。由于定子坐标系会导致太大的角频率信号以及需要非常小的采样周期，所以一般避免使用。在没有机械传感器的应用场合，可以考虑使用与电气信号（如定子电流）相关联的同步参考坐标系；如果存在机械传感器，那么最好使用角频率 $\omega_\mathrm{x} = \omega_\mathrm{m}$ 的机械坐标系。

在这种情况下，不仅信号在稳态时具有较小的角频率（由转差引起，大小为几赫兹），而且状态矩阵 A_c 变为对角阵，简化了离散化的状态模型。此时，可以使用较长的采样周期，更重要的是降阶模型的输入（电流）比 4 阶模型的输入（电压）在暂态过程中波动更小。

该模型已经成功应用于感应电机电气参数的实时估计 [LOR 00，LOR 07]。此外，还有其他方法用来建立降阶模型，[THI 01] 对这些方法进行了总结。本节提出的方法针对电气参数进行简单的处理，极大地简化了线性化模型的计算。

5.3.2.2 建立铁损模型

任何对计算电机所吸收有功功率有影响的建模误差都可能会对定/转子电阻的实时估计产生影响。从逻辑上来说，应该考虑电机的铁损，否则会导致焦耳损耗的过高估计，进而影响定/转子电阻值的估计。

但是，考虑铁损的同时会带来一个问题，因为没有一个动态模型包含了铁损部分。最常用的方法是在等效电路图中引入与磁化电感并联的电阻，但是该解决方案仅适用于稳定状态，因为附加电阻会随着工作点的改变而变化，而工作点则由定子频率和磁通幅值确定。

在 [FOU 05] 中，我们试图通过略微修改式 [5.20] 给出的状态空间模型

来考虑铁损，同时保持模型的简单性。因此，如果按照图 5.1b 所示的那样引入电阻 R_{fe}，只需要根据公式 $I'_s = I_s - I_{fe}$ 来修改定子电流即可。但是应用这个简单的方法进行定子电阻的估计，其结果常常令人失望，特别是在电机转速很高或暂态过程很快的情况下尤其如此，因为在这两种情况下，铁损会被估计得过高。因此，在本章后续小节中不再考虑铁损问题。

5.3.3　离散化的扩展模型

5.3.3.1　离散化

只有知道在离散周期 T_e 内输入信号的变化，才能建立精确的离散时间模型。因此，假设控制模型的输入恒定。如果该假设不满足，前期研究表明，通过引入线性插值可以极大地提高离散时间模型的精度［LOR 00］，这样需要在离散时间模型中输入由 $\overline{U}_k = (U_k + U_{k+1})/2$ 定义的平均输入。离散模型的表达式为

$$\begin{cases} X_{1,k+1} = A_d X_{1,k} + B_d \overline{U}_k \\ Y_k = CX_{1,k} + DU_k \end{cases} \qquad [5.21]$$

动态矩阵 A_c 是对角阵，因此，建立离散时间模型比较容易，而且不需要近似，由此可以使用较大的采样周期 T_e：

$$A_d = e^{A_c T_e} = a_k I_2$$
$$B_d = A_c^{-1}(A - I_2)B_c = b_k I_{22} \qquad [5.22]$$

式中，$a_k = e^{-\frac{R_{r,k}}{L_{m,k}}T_e}$；$b_k = L_{m,k}(1 - a_k)$。

可以注意到，在离散时间模型的所有矩阵中都出现了电阻参数；因此，在温度变化时需要对整个模型进行参数更新。此外，输出矩阵 C 会随机械角速度 ω_m 的变化而变化。

5.3.3.2　用于估计 R_s 和 R_r 的扩展模型

本节讨论的扩展模型的目的是能够同时估计转子磁通以及定/转子电阻。

因此，可以得到 $X_{2,k}^T = [R_{s,k}\ R_{r,k}]$，状态方程和输出函数为

$$F(X_k, \overline{U}_k) = \begin{bmatrix} a_k \varphi_{r\alpha,k} + b_k \overline{I}_{s\alpha,k} \\ a_k \varphi_{r\beta,k} + b_k \overline{I}_{s\beta,k} \\ R_{s,k} \\ R_{r,k} \end{bmatrix} \qquad [5.23]$$

$$G(X_k, U_k) = \begin{bmatrix} (R_{s,k} + R_{r,k})I_{s\alpha,k} - \varphi_{r\alpha,k}R_{r,k}L_{m,k}^{-1} - \varphi_{r\beta,k}\omega_{m,k} \\ (R_{s,k} + R_{r,k})I_{s\beta,k} - \varphi_{r\beta,k}R_{r,k}L_{m,k}^{-1} + \varphi_{r\alpha,k}\omega_{m,k} \end{bmatrix} \qquad [5.24]$$

式中，$\overline{I}_{s,k} = (I_{s,k} + I_{s,k+1})/2$。扩展状态方程和输出方程的雅可比矩阵可表示为

$$\frac{\partial F}{\partial X_k} = \begin{bmatrix} a_k & 0 & 0 & T_e a_k \bar{I}_{r\alpha,k} \\ 0 & a_k & 0 & T_e a_k \bar{I}_{r\beta,k} \\ 0 & 0 & 1 & 0 \\ 0 & 0 & 0 & 1 \end{bmatrix} \qquad [5.25]$$

$$\frac{\partial G}{\partial X_k} = \begin{bmatrix} -R_{r,k} L_{m,k}^{-1} & -\omega_{m,k} & I_{s\alpha,k} & I_{r\alpha,k} \\ \omega_{m,k} & -R_{r,k} L_{m,k}^{-1} & I_{s\beta,k} & I_{r\beta,k} \end{bmatrix} \qquad [5.26]$$

式中，$\bar{I}_{r,k} = (\bar{I}_{r,k} - \varphi_{r,k}/L_m)$ 为平均转子电流；$I_{r,k} = (I_{s,k} - \varphi_{r,k}/L_m)$ 为瞬时转子电流。

5.3.3.3　计算定/转子的温度

电阻值和温度变化之间是通过定子绕组（铜材料）和转子绕组（铜或铝材料）的温度系数 α_s 以及 α_r 联系起来的，关系式为

$$\begin{cases} R_r = R_{rRef}(1 + \alpha_r(T_r - T_{ref})) \\ R_s = R_{sRef}(1 + \alpha_s(T_s - T_{ref})) \end{cases} \qquad [5.27]$$

式中，$\alpha_{Cu} = 3.93 \times 10^{-3}℃^{-1}$，$\alpha_{Al} = 4.03 \times 10^{-3}℃^{-1}$。$R_{sRef}$ 和 R_{rRef} 分别表示当温度为 T_{Ref} 时定/转子的电阻值。这些参考值可以通过两种方法确定：①首先因为它们是电机的固有参数，我们可以事先确定它们的值；②我们也可以在变流器 – 电机组起动时现场确定。由此，R_{sRef} 将在电机磁化过程中确定，而 R_{rRef} 将在电机输出一定转矩时确定。在大多数应用中，我们可以假设在上述瞬间，定子和转子的温度都等于易于测量的室温。

5.4　实验系统

在本节的研究工作中，实验平台用于将温度或电阻的估计值和对应的测量值进行比较。实验中会碰到很多问题，将会在本节中进行介绍。在实验过程中，由于静态变流器和运动部件（转子）的存在，我们必须在存在干扰的环境中测量不同种类的信号（电气信号、机械信号和热信号）。此外，一些参数是局部参数（如温度），而另一些参数是全局参数（如电阻）。

5.4.1　实验平台简介

[FOU 05] 给出的实验平台中包含三台电机：两台 4kW 的感应电机用于实现参数测量，一台同步电机充当负载（实验平台见图 5.2）。

感应电机由一个通过 dSPACE DS1103 控制的三相逆变器供电，同步电机由一个工业转速传动装置控制；dSPACE 控制板同时完成测试电机的矢量控制以及电气/机械信号的采集工作；温度和电阻的测量由一台 FLUKE 公司的数据记录仪

图 5.2　实验平台中的电机

实现。实验平台的基本控制结构如图 5.3 所示。

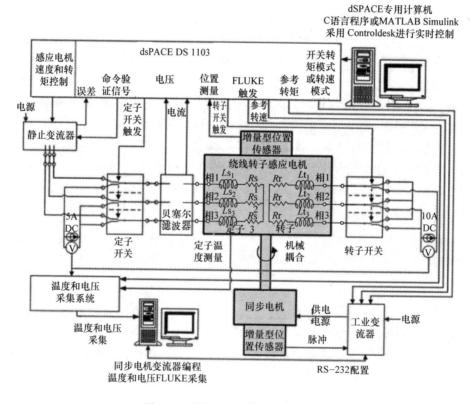

图 5.3　实验平台的基本控制结构

5.4.1.1　电机

图 5.2 中左边第一台感应电机具有笼型转子，是一台典型的工业用电机，也是实验的主要关注对象。图中第二台电机（位于右侧）是一台集电环电机，该电机价格昂贵，用于特定用途；通过测量转子电阻，该电机使我们能够进行很多

额外的测试。

　　两台电机中的每一台都可以连接负载电机，电机的铭牌参数和主要特点详见本章附录中的表5.1。每台感应电机都配备了一个拥有2048脉冲/转分辨率的增量编码器，以实现速度测量。

　　因为本实验的目的是辨识和建立单台电机的热模型，所以需要尽量减少电机之间的热交换。我们通过刚性联轴器连接电机转子，布局灵活，并可以限制电机之间的热传递。这3台电机均放在一个金属平台上，因此我们还需要减少电机和金属平台之间的热交换；为此，在每台电机和金属台面之间插入了一个隔热板（图5.2中每台电机底部的白板）。

5.4.1.2　变流器

　　测试的感应电机由一台ARCEL公司生产的三相逆变电源供电。电源模块是由4个IGBT桥臂、驱动电路和保护电路组成，其中，第四个桥臂用于耗散制动能量。DS1103控制板用于实现所有的控制任务：产生多电平逆变器10kHz载波信号，控制定子电流，对电机进行矢量控制；同步电机是由一个工业传动装置进行控制，能够实现转矩控制或电机转速控制。DS1103决定电机的工作模式（转矩或转速），并给出相应的参考值。

5.4.2　热仪表

5.4.2.1　在感应电机定子上安装热仪表

　　在感应电机的定子绕组上安装热电偶（安装在槽内以及绕组端部），这样就可以得到温度的加权平均值。热电偶在绕组中的布置看起来好像很简单，但实际上在线槽内使热电偶和绕组接触良好并不容易，尤其是对绕线转子电机更加困难，因为其绕组槽内的空间比笼型电机更为有限。在绕组端部，总可以找到能插入热电偶的地方，其主要问题是如何使它们保持固定。理想情况下，我们希望在电机绕组中的某些特定位置上固定热电偶。

5.4.2.2　在笼型电机转子上安装热仪表

　　由于笼型电机转子上的可用空间有限，为了得到转子温度的平均值，我们采用红外线传感器测量。为了在考虑转子（涂成黑色）辐射系数的情况下校准测量值，可在转子上钻一个浅孔，以便插入热电偶，用该热电偶测量温度只有在电机停止转动时才能进行。通过电机尾端凸缘托架上的钻孔，红外传感器能让我们观察到转子在不同位置的情况，在电机旋转时给出短路环温度的平均值。

5.4.2.3　在集电环电机转子上安装热仪表

　　集电环电机的绕线转子上可以方便地插入热电偶。在堵转测试（例如为了建立一个热模型）中，我们可以持续测量温度。但是，当在电机转动时进行测量，必须短时暂停电机运行，这样热电偶才能连接上。转子温度的测量不是一个大问题，因为绕线转子感应电机可以通过测量转子电阻来得到转子温度。

5.4.2.4　温度测量数据的采集

温度测量数据的采集是通过 FLUKE 公司的数据采集仪完成，该采集仪与一台笔记本电脑连接（进行实时数据传输；数据采集仪不能直接连接 DS1103 控制板），数据采集周期为 20s，实时记录 20 个测量通道的数据。数据采集仪可以连接使用普通的热电偶和直流电压测量装置，测量直流电压的目的是为了测定集电环电机定/转子绕组的电阻。我们将在后续小节中再使用这些测量值。为了使 FLUKE 数据采集仪和 dSPACE 控制板能够同步测量数据，dSPACE 控制板会发出一个触发信号，在激活的通道内启动自动数据测量序列。

5.4.3　电气仪表

电气仪表首先要包括定子电流传感器和电压传感器，测量值将被输入到卡尔曼滤波器。只要我们能够对逆变器的死区时间进行有效的补偿，我们可以在没有电压测量值时管理和使用其参考值，当然这并不是一件容易的工作。

此外，考虑到在电机中使用热工测量仪表和建立电机热模型时遇到的困难，我们决定在实验中测量定/转子电阻，这将使我们可以独立评估卡尔曼滤波器的效率而不用考虑热工方面的影响。因此，当温度测量值是局部温度值时，我们能够比较测量值和估计的全局变量值（电阻）。

5.4.3.1　定子电压和电流的测量和滤波

为了测量电机的定子电流和电压，我们在逆变器和电机之间安装了一个测量系统（见图 5.3），该系统在霍尔效应传感器的帮助下，可测量 2 个线电流和 2 个相电压。这些传感器能保证逆变器电源部分和测量仪器之间的电镀绝缘。为了限制由 10kHz 脉宽调制引起的混叠现象，我们使用了包含切换式电容器的 5 阶贝塞尔滤波器（Bessel filter），其截止频率为 1kHz（该值是同时考虑滤波器效率及其延迟所得到的一个较好的折中方案）。这项技术使我们能够实现截止频率可调的高阶滤波器，并在滤波器之间进行良好匹配。

因此，我们要减少跟踪值之间的相位差，这些相位差会导致辨识误差。然而，包含切换式电容器的滤波器有微小的偏移量，但是目前没有理想的滤波解决方案可用于大约 1kHz 低截止频率的情况。

5.4.3.2　电阻值的测量

以绕组电阻作为集成传感器，我们设计了在实验过程中能实时测量绕组电阻的方法，这些测量要迅速进行。在温度的整个变化过程中，我们采用电压表 - 电流表方法，该方法比桥式电路更容易实现和使之自动化。电压表 - 电流表方法必须使用可控的、工作于限流模式的直流电源，所以供电电流无需测量。我们要保证在开始测量之前电源已经处于热稳定状态，否则测量的电流值会略有变差。

最后，为了在绕线转子感应电机中切换定/转子上的绕组，我们安装了功率继电器（见图 5.3）。继电器针对定子绕组供电电源，在 ARCEL 公司的逆变电源和一个电流控制的直流电源之间切换。继电器同样可以针对转子上的短路绕组，在三相电源和电流控制的二次电源之间切换。这些继电器均由 dSPACE 控制板控制。

如果测量的电阻值非常小，特别是集电滑环电机的转子（约 0.15Ω），则必须采取一些预防措施。

因此，在安装继电器的过程中，对电阻进行测量，以便能求出由继电器引入的电阻以及由集电环接触引起的电压降。结果通过电压表 – 电流表方法计算的电阻值和通过卡尔曼滤波器估计的电阻值不一致。卡尔曼滤波器是基于测量过程得到的数据，这在前一节中已经介绍过。

通过观察在同一直流电源供电时两个设备得到的电压测量值的差，能够校正系统的测量偏差。在转子处，通过接线的特殊处理来减少偏差：不合适接头（香蕉插头）的使用和太长的电缆（2m）都会使转子电阻加倍。此外，集电环接触电阻随着转子位置不同而发生变化，实现转子电阻的精确估计并不容易。针对这个问题，我们以 1r/s 的速度通过旋转整数圈来获得平均测量值。

5.4.3.3 电阻的测量方法

绕线转子电机定/转子电阻的测量需要复杂的步骤。实际上，有必要短暂的中断正常实验过程，以实现直流电流的注入和测量产生的电压。

此外，我们需要采取一些关于渐进停止感应电机的控制措施。我们需要监测感应电机的磁通、速度控制环、负载电机的转矩控制或速度控制，以及最后逆变器完全停止，以避免脉宽调制对电阻和温度测量的干扰。

测量过程是自动的，要尽量迅速和减少对电机的侵入。前文所述测量过程的时序图如图 5.4 所示，尽管各阶段划分明显，这里还是有必要再做一些讨论。电机建立磁通和去磁通过程在零转速进行，使得矢量控制不受干扰。在电压表 – 电流表测量期间，有必要在继电器闭合和电压测量之间留出短暂的时间，使电源在这个时间段内切换到限流工作模式。

FLUKE 数据记录仪分配给测量过程的时间相对较长，主要是因为要进行通道的序列备份。尽管使用快速模式，在测量时会损失一位数的精度，但是该设备的测量数据位数仍然是最长的。最后，转子电压的测量需要 2s，因此我们可以在低转速时计算出两个完整线圈的平均值。

5.4.3.4 温度和电阻的测量

图 5.5 显示了在集电环电机上实验时获得的温度和电阻测量结果。该电机被锁在一个盒子里，以加速其温度上升过程。图 5.5 上图中的数据是由安装在电机定子上的热电偶测得。

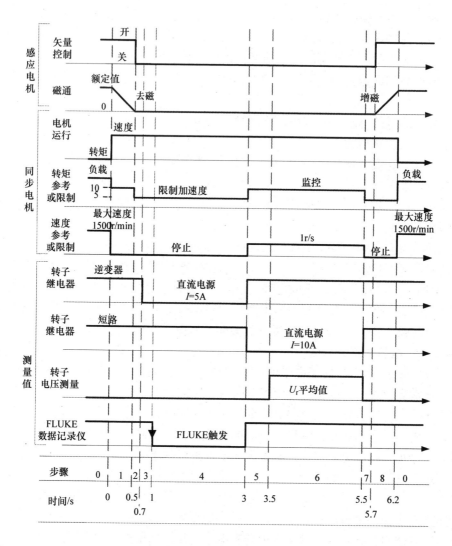

图5.4 温度和电阻的测量顺序

可以观察到绕组端部热电偶的平均温度（虚线）高于线槽中热电偶测得的温度（混合线），温差大约是8℃。

之后，我们将使用这两个温度的平均值（粗实线）。图5.5下图是将上面的结果叠加在定子电阻温度的测量值上（圆圈线），吻合度很好。第二条曲线（星号线）显示了从转子电阻测量推导得到的转子温度。

我们可以注意到，尽管测量 R_r 时采取了预防措施，但测量值仍然存在干扰，并导致温度出现了波动。

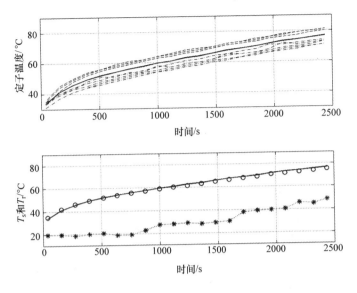

图 5.5　温度测量

5.5　实验结果

我们将对实验结果进行分析，将测量结果与定/转子电阻的估算值进行比较。实验是在一台能够获取 R_r 电阻值的绕线转子电机上进行。这样做的好处是可以比较全局信息（电阻），而且不必考虑发热问题及其位置。但是，如果我们估计电阻，必须首先推导温度的变化。

5.5.1　卡尔曼滤波器的调节

首先，我们将讨论卡尔曼滤波器的调节，观察调节的效果，以及为了实现 R_s 和 R_r 电阻估计的测量方法的效果。实际上，该测量方法依赖于停机时直流电流的注入，并且会影响卡尔曼滤波器的估计值。

5.5.1.1　协方差矩阵的调整

为了调节状态的协方差矩阵和输出噪声，我们将使用［LOR 00］中给出的方法，包括求解实验噪声的功率谱密度（Power Spectral Density，PSD）和仿真中建模误差的 PSD。

为了在不增加模型阶数的情况下考虑有色噪声，我们将使用上限模型［LAR 81］。在考虑离散化时间 T_e 之前，首先在连续时间内求解方差，我们假设协方差矩阵是对角阵。

状态噪声的协方差矩阵有两个子矩阵，分别对应于实数状态 X_1（转子磁通）和参数 X_2（电阻）

$$Q = T_e \begin{bmatrix} Q_1 & 0 \\ 0 & Q_2 \end{bmatrix} \text{其中,} \quad Q_1 = \begin{bmatrix} 10^{-4} & 0 \\ 0 & 10^{-4} \end{bmatrix} \quad Q_2 = \begin{bmatrix} Q_{Rs} & 0 \\ 0 & Q_{Rr} \end{bmatrix} \quad [5.28]$$

我们得到一个与温度缓慢变化过程相协调的参数设置：$Q_{Rs} = 10^{-3}$，$Q_{Rr} = 10^{-4}$，将其作为默认值。如果希望估计具有更好的动态特性（见图 5.7），我们取 $Q_{Rs} = 4 \times 10^{-2}$，$Q_{Rr} = 10^{-2}$。

输出噪声协方差矩阵（主要与电压测量误差有关）的表达式为

$$R = \frac{1}{T_e} \begin{bmatrix} 10^{-1} & 0 \\ 0 & 10^{-1} \end{bmatrix} \quad [5.29]$$

5.5.1.2　R_s 和 R_r 的首次估计

我们将要进行的第一个实验设定转速相对较低（100r/min），负载扭矩为 25N·m。转速很低但是扭矩很高，就定/转子电阻的可观性而言，我们处于有利的实验条件下。

但是，由图 5.6 可见，估计结果并不准确，对 R_s 的估计甚至是错误的，尽管其初始值是正确的，但变化过程完全不符合测量值的变化。对于 R_r 的估计，在几分钟后存在明显且固定的偏差。

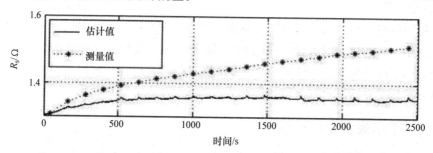

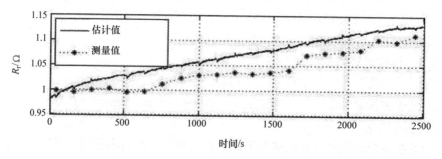

图 5.6　在稳定测试期间 R_s 和 R_r 的估计值

5.5.1.3　R_s 和 R_r 测量期间注入直流电流的影响

图 5.7 和图 5.8 突出显示了卡尔曼滤波器在电阻测量阶段的作用。事实上，卡尔曼滤波器在这个阶段保持工作状态：不能暂时禁用。图 5.7 将包含低噪声方差的估计值和包含高噪声方差的估计值（参见 5.5.1.1 节中 Q_2 的调整）进行了叠加。我们可以注意到在测量期间以外，估计值是相同的。

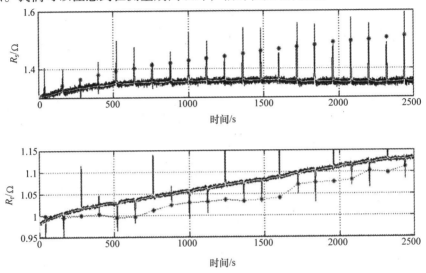

图 5.7　电阻测量和 Q_2 矩阵调节的影响

后者对包含小 Q_2 方差的估计值没有影响。图 5.8 给出了一个测量周期的放大图，显示了直流电流注入的敏化效应。因此，方差很高时，R_s 估计值的动态特性就足够使之接近测量值了。

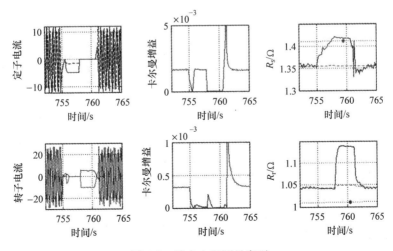

图 5.8　放大电阻测量序列

在测量阶段之后，这两个估计值收敛。卡尔曼增益与定子电流抵消，估计值几乎维持不变；另外，在转子注入直流电流期间，R_r 的估计值会受到干扰。

5.5.2 磁饱和的影响

敏感度研究表明，精确的磁化电感值 L_m 可以帮助我们正确地估计电阻值，特别是定子电阻。这解释了上一节实验中结果不理想的原因，在实验过程中，我们采用了非自适应的矢量控制，正如所看到的那样，后一个结果由于转子的温升而逐渐失调。

有两种方法可以用来考虑 L_m 的变化：第一个是利用电机的饱和特性，该特性应该是事先已知的；第二个方法是通过在 X_2 向量中引入 L_m 来同时估计 L_m 的值，在这种情况下，我们将增加扩展模型的阶数和卡尔曼滤波器的复杂度。但是同时，我们也会增加丧失可识别性的风险，因为在稳态实验中同时估计三个参数是不可能的。我们更倾向于第一种方法，图 5.9 给出了电机的饱和特性，图中的测量点（星号）是从同步实验中获得的，卡尔曼滤波器用于估计转子磁通。因此，我们仅仅考虑该参数的变化以适应 L_m 的值。图 5.10 给出了新的电阻估计结果，以及 L_m 的适应程度。第二个结果中的峰值代表实验期间转子磁通被消除的时刻。我们可以检查转子温升是否会干扰矢量控制。电阻估计被明显改善，这一次实验结果中 R_s 包含一个固定的偏差。如果只对温度感兴趣，可以通过在线初始化 R_{sRef} 和 T_{sRef} 的参考值来去除温度偏差。

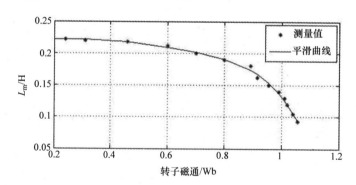

图 5.9 L_m 相对于转子磁通量的变化

上面的实验是在低转速情况下进行的，现在我们将研究转速对估计的影响。图 5.11 所示结果代表的实验中，转速值逐步变化，分别设定为 100r/min、200r/min、400r/min、800r/min，然后回到 100r/min。

速度曲线上的负向脉冲表示电机的停机阶段，用于测量电阻。负载扭矩也是可变的：在 $10 \sim 20N \cdot m$ 之间逐步变化，变化周期为 20s。

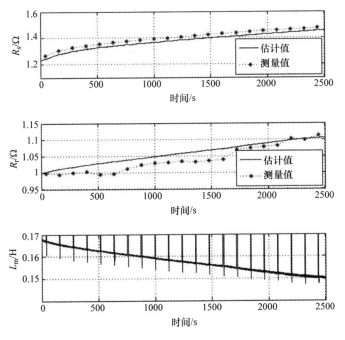

图 5.10　引入 L_m 之后 R_s 和 R_r 的估计值

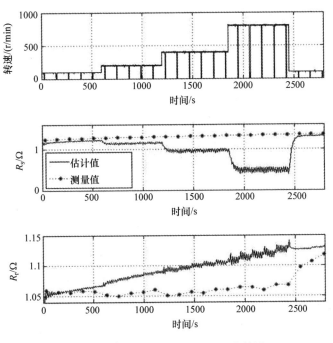

图 5.11　在不同转速下 R_s 和 R_r 的估计

尽管我们已经考虑了磁饱和，但转速增加时 R_s 的估计误差会随之大幅增加。这体现了在高转速时，R_s 灵敏度降低带来的影响，同时 R_r 的估计值也受到一定程度的影响。

5.6 本章小结

感应电机的热监测是一个相对复杂的问题。一方面，在工业环境中，建立电机热模型相对困难，因为这需要对电机运行的热工环境以及机械安装有全面的了解。因此，该方法只可能应用于一个明确的系统，即便如此，建立电机的热模型也不容易。另一方面，利用电阻值对定/转子的绕组温度进行实时监测也会带来一些问题。我们已经提出了基于扩展卡尔曼滤波器和降阶离散时间模型的方法，该方法允许较长的采样周期（10ms），以降低对计算能力的要求。这种方法使我们能够同时估计电阻值和转子磁通，并帮助我们用简单的方法考虑电机磁饱和的影响。在理想情况下，我们应该能够分开进行转子磁通和电阻值的估计，以便在考虑它们各自动态特性的基础上，用更大的时间步长来估计它们。最后，非常重要的是，我们已经意识到除了在低速情况下，定子电阻都会被轻微敏化，这是问题的核心。对于某些应用来说，可以在停机阶段注入直流电流，我们也研究了该方法的效果。然而，在大多数情况下，如［GAO 05a］所提出的，我们会将电阻的估计与热工自适应模型联系起来。此外，我们为本研究工作设计了一个实验平台，强调了实现该平台碰到的问题。同时，我们还提出了几种测量温度和电阻的策略。

5.7 附录 感应电机特性（见表 5.1）

表 5.1 感应电机铭牌

	笼型电机	集电环电机
额定功率	$P_N = 4kW$	$P_N = 4kW$
功率因数	$\cos\phi = 0.78$	$\cos\phi = 0.8$
额定相电压	$U_s N = 230V$	$U_s N = 230V$
额定电流	$I_s N = 8.8A$	$I_s N = 8.4A$
额定转速	$N_N = 1.435 r/min/mn$	$N_N = 1.435 r/min/mn$

5.8 参考文献

[ALT 97] AL-TAYIE J., ACARNLEY P., "Estimation of speed, stator temperature and rotor temperature in cage induction motor drive using the extended Kalman filter algorithm", *IEE Proceedings of Electric Power Applications*, no. 144, p. 301-309, 1997.

[BEG 99] BEGUENANE R., BENBOUZID M., "Induction motors thermal monitoring by means of rotor resistance identification", *IEEE Transactions on Energy Conversion*, no. 14, p. 566-570, 1999.

[BOG 09] BOGLIETTI A., CAVAGNINO A., STATON D., SHANEL M., MUELLER M., MEJUTO C., "Evolution and modern approaches for thermal analysis of electrical machines", *IEEE Transactions on Industrial Electronics*, no. 56, p. 871, 2009.

[BOY 95] BOYS J., MILES M., "Empirical thermal model for inverter-driven cage induction machines", *IEE Proceedings of Electric Power Applications.*, vol. 141, no. 6, p. 360-372, November 1995.

[DU 08] DU Y., HABETLER T., HARLEY R., "Methods for thermal protection of medium voltage induction motors – A review", *International Conference on Condition Monitoring and Diagnosis*, CMD 2008, p. 229-233, 2008.

[DU 09] DU Y., ZHANG P., GAO Z., HABETLER T., "Assessment of available methods for estimating rotor temperatures of induction motor", *Electric Machines and Drives Conference*, IEMDC '09, p. 1340-1345, 2009.

[FOR 06] FORGEZ C., FOULON E., LORON L., LY S., PLASSE C., "Temperature supervision of an integrated starter generator", *Industry Applications Conference 41st IAS Annual Meeting*, p. 1613-1619, 2006.

[FOU 05] FOULON E., Surveillance thermique de la machine asynchrone, PhD thesis, University of Nantes, 25 July 2005.

[FOU 07] FOULON E., FORGEZ C., LORON L., "Resistances estimation with an extended kalman filter in the objective of real-time thermal monitoring of the induction machine", *Electric Power Applications*, IET. 1, p. 549-556, 2007.

[GAO 05a] GAO Z., HABETLER T., HARLEY R., "An online adaptive stator winding temperature estimator based on a hybrid thermal model for induction machines", *International Conference on Electric Machines and Drives*, p. 754-761, 2005.

[GAO 05b] GAO Z., HABETLER T., HARLEY R., COLBY R., "A novel online rotor temperature estimator for induction machines based on a cascading motor parameter estimation scheme", *SDEMPED 2005*, p. 1-6, 2005.

[GAO 05c] GAO Z., HABETLER T., HARLEY R., COLBY R., "An adaptive kalman filtering approach to induction machine stator winding temperature estimation based on a hybrid thermal model", *Industry Applications Conference*, p. 2-9, vol. 1, 2005.

[GAO 06] GAO Z., Sensorless stator winding temperature estimation for induction machines, PhD thesis in School of Electrical and Computer Engineering, Georgia Institute of Technology, Atlanta, 2006.

[GRE 89] GRELLET G., "Pertes dans les machines tournantes", *Technique de l'Ingénieur*, D3450, 1989.

[GRU 08] GRUBIC S., ALLER J., LU B., HABETLER T., "A survey of testing and monitoring methods for stator insulation systems in induction machines", *International Conference on Condition Monitoring and Diagnosis, CMD 2008*, p. 196-203, 2008.

[HOL 02] HOLTZ J., "Sensorless control of induction motor drives", *Proceedings of the IEEE*, vol. 90, no. 8, p. 1359-1394, August 2002.

[JAL 08] JALJAL N., TRIGEOL J., LAGONOTTE P., "Reduced thermal model of an induction machine for real-time thermal monitoring", *IEEE Transactions on Industrial Electronics*, no. 55, p. 3535-3542, 2008.

[KRA 04] KRAL C., HABETLER T., HARLEY R., PIRKER F., PASCOLI G., OBERGUGGENBERGER H. *et al.*, "Rotor temperature estimation of squirrel-cage induction motors by means of a combined scheme of parameter estimation and a thermal equivalent model", *IEEE Transactions on Industry Applications*, no. 40, p. 1049-1057, 2004.

[LAR 81] DE LARMINAT P., PIASCO J.-M., "Modèles majorants: application au filtrage de trajectoire de mobiles manœuvrants", *GRETSI*, Nice, 1981.

[LEE 02] LEE S.-B., HABETLER T., HARLEY R., GRITTER D., "An evaluation of model-based stator resistance estimation for induction motor stator winding temperature monitoring", *IEEE Transactions on Energy Conversion*, no. 17, p. 7-15, 2002.

[LOR 00] LORON L., "Identification paramétrique de la machine asynchrone par filtre de Kalman étendu", *Revue Internationale de Génie Electrique*, vol. 3, no. 2, p. 163-205, June 2000.

[LOR 07] LORON L., "Estimation en ligne des paramètres des machines asynchrones", in DE FORNEL B. and LOUIS J.-P. (eds), *Identification et observation des actionneurs électriques*, vol. 1, p. 141-199, Hermès, Paris, 2007.

[MOR 01] MORENO J., HIDALGO F., MARTINEZ M., "Realization of tests to determine the parameters of the thermal model of an induction machine", *IEE Proceedings of Electric Power Applications*, no. 148, p. 393-397, 2001.

[NOR 85] NORDIN K.B., NOVOTNY D.W., ZINGER D.S., "The influence of motor parameter deviations in feed-forward field orientation drive systems", *IEEE Transactions on Industry Applications*, vol. IA-21, no. 4, July-August 1985.

[PAI 80] PAICE D.A., "Motor thermal protection by continuous monitoring of winding resistance", *IEEE Transactions on Industrial Electronics and Control Instrumentation*, IECI-27, p. 137-141, 1980.

[SHE 05] SHENKMAN A., CHERTKOV M., MOALEM H., "Thermal behavior of induction motors under different speeds", *IEE Proceedings of Electric Power Applications*, no. 152, p. 1307-1310, 2005.

[SID 05] SIDDIQUE A., YADAVA G., SINGH B., "A review of stator fault monitoring techniques of induction motors", *IEEE Transactions on Energy Conversion*, no. 20, p. 106-114, 2005.

[STA 05] STATON D., BOGLIETTI A., CAVAGNINO A., "Solving the more difficult aspects of electric motor thermal analysis in small and medium size industrial induction motors", *IEEE Transactions on Energy Conversion*, no. 20, p. 620-628, 2005.

[TAL 07] TALLAM R., LEE S.-L., STONE G., KLIMAN G., YOO J., HABETLER T. *et al.*, "A survey of methods for detection of stator-related faults in induction machines", *IEEE*

Transactions on Industry Applications, no. 43, p. 920-933, 2007.

[THI 01] THIRINGER T., LUOMI J., "Comparison of reduced-order dynamic models of induction machines", *IEEE Transactions on Power Systems*, p. 119-126, 2001.

[WEI 07] WEILI H., XIANG Z., "An evaluation of wavelet network-based stator estimation for induction motor temperature monitoring", *8th International Conference on Electronic Measurement and Instruments, ICEMI 07*, p. 3-418-3-421, 2007.

[WU 06] WU Y., GAO H., "Induction-motor stator and rotor winding temperature estimation using signal injection method", *IEEE Transactions on Industry Applications*, no. 42, p. 1038-1044, 2006.

[ZHA 08] ZHANG P., DU Y., LU B., HABETLER T., "A remote and sensorless thermal protection scheme for soft-starter-connected induction motors", *Annual Meeting Industry Applications Society, IAS 08*, p. 1-7, 2008.

[ZHA 09] ZHANG P., LU B., HABETLER T., "An active stator temperature estimation technique for thermal protection of inverter-fed induction motors with considerations of impaired cooling detection", *Electric Machines and Drives Conference, IEMDC '09*, p. 1326-1332, 2009.

第 6 章
基于模型失效方法的汽车铅酸蓄电池内阻估计：在汽车起动性能评估中的应用

Jocelyn Sabatier, Mikaël Cugnet, Stéphane Laruelle, Sylvie Grugeon,
Isabelle Chanteur, Bernard Sahut, Alain Oustaloup, Jean – Marie Tarascon

6.1　概述

　　日益严格的污染防治法规和不断增长的燃料价格迫使汽车制造商设计新型汽车（具有启停功能的汽车、混合动力汽车或纯电动汽车）。这些措施的基本思想是在车辆处于停止状态时内燃机（Internal Combustion Engine，ICE）停止工作，或是通过以电能代替化石燃料的方法减少城市的温室气体排放量。第二种情况需要用到驱动电机（交流电动机）、一个或多个像电池或超级电容那样的存能装置以及电力电子设备或系统（DC/DC 和 DC/AC 变流器）。

　　为了确保这些车辆的正确操纵，制造商必须在汽车中集成可靠的电能管理系统［CHA 03］，这些需求推动了荷电状态（State of Charge，SOC）估计器以及健康状况（State of Health，SOH）估计器的研究发展。

　　当前已经有很多针对上述问题的表征方法［COL 08］和对电池状态的估计方法；然而，大多数只能实现 SOC 的估计［PAN 01，PIL 01，COL 07］。

　　对该研究感兴趣的读者可以查阅［MCA 96］中对这些方法的具体讨论，或者参考［MEI 03］来了解和未来汽车电池监测技术相关的具体应用。

　　设计一个可靠并且完整的电池状态估计器仍然是一个困难的工作，因为一方面这样的估计器必须满足下列要求：

　　- 良好的估计精度；
　　- 能实现快速估计；
　　- 各种运行条件下要具有鲁棒性。

另一方面，电池是一个复杂的电化学系统，其特性包括：

　　- 与应力电流有关的非线性；
　　- 由扩散现象引起的记忆性；
　　- 对温度敏感且易于老化。

在电池状态估计器的设计中，老化问题引起了越来越多的重视。

　　本章讨论电池状态估计问题，研究对象仅限于铅酸电池，因为目前铅酸电池广泛应用于汽车储能。

　　不过，本章所研究的估计方法也适用于其他电池技术，如锂离子电池、镍氢电池等。在铅酸电池中，老化会造成电阻（通过腐蚀、硫酸盐化、集电极/活性材料界面电导率下降）明显增大。

　　因此，电池内阻的测量值是一个常用的指示器。此外，本章还将证明电池输出功率和其内阻紧密相关。由于车辆起动时需要更多的是功率（而不是能量），所以电池内阻可以用来评估电池起动车辆时的能力（称为起动性）。

　　然而，我们经常混淆电阻测量和阻抗测量，这可能会在一些解决方案中引起对使用电阻值的怀疑。"测量阻抗"是在一个（或短或长的）时间间隔内，根据电压与电流比值的变化计算出的电阻值。

　　本章基于一个起动信号（并由此设计一个起动能力估计器）、一个分数阶模型（非整数阶模型）和一个基于失效模型的方法，针对铅酸电池的电阻和可起动性提出了一个新的估计方法。

　　电化学家很早就已经证明了铅酸电池的分数阶特性（由扩散现象引起），但是很少有方法考虑了这种特性。这主要是因为在大约 10 年前，分数阶系统分析和建模的工具还未出现。

　　而现在已经有很多这样的工具［OUS 95，MEL 02，POD 99］。此外，在参数辨识领域，很多方法得到了迅速发展［COI 00，AOU 03］，使我们能够考虑和评估这些拥有长时记忆效应（例如扩散系统）的电池系统。这些方法的一个优点是可以通过它们得到系统的低阶模型（这样可以减少模型参数）。本章对铅酸电池建模时考虑了这个特点。

　　在所建立的模型中变量数较少，因此我们可以设计简单、有效的估计方法。电池分数阶模型的参数辨识是基于起动信号实现的，估计电池电阻和电池电量是一个非常有趣的过程（参见［SAB 10 and SAB 08a］对起动阶段优点的描述）。

　　本章后续部分组织如下：6.2 节建立基于起动信号的分数阶模型，用来描述电池的动态特性；6.3 节讨论使用的参数辨识方法，并用于起动信号的识别；6.4 节介绍如何使用建立的分数阶模型来实现电池内阻估计，电池能产生的功率，以及电池的可起动性。

　　6.5 节介绍和应用了失效模型方法以实现电池内阻的估计；然后对由此产生的第一个估计器进行化简，以便采用微控制器进行实现，并进行实验验证。6.6 节介绍了与电池内阻估计器相结合的电池全局状态估计器原理。

6.2　汽车起动阶段铅酸蓄电池的分数阶模型

　　可以采用［SAB 08b］提出的方法来证明分数阶系统和由扩散方程（抛物线偏微分方程）描述系统之间的关系。出于同样的原因，描述电池内部化学物质扩散现象的菲克第二定律证明了用一个分数阶模型来模拟电池电气特性的可行性。

因此，关于电池建模的文献常使用 Randle 模型［SAB 06］，其结构如图 6.1 所示。该模型是通过简化电化学扩散方程而得到［SAT 79］。Randle 模型是分数阶模型［MIL 93，OLD 74］，因为其包含由传递函数定义的 Warburg 阻抗［BAT 01］

$$W(s) = \frac{\sigma}{s^{\gamma}}, \sigma \in R, \gamma \in R \qquad [6.1]$$

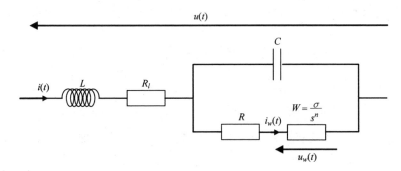

图 6.1 铅酸电池的 Randle 模型

图 6.1 中 Randles 模型的传递函数可表示为

$$H(s) = \frac{U(s)}{I(s)} = (Ls + R_l) + \frac{\frac{1}{Cs}\left(R + \frac{\sigma}{s^n}\right)}{\left(\frac{1}{Cs} + R + \frac{\sigma}{s^n}\right)} \qquad [6.2]$$

如果 L 为 0，则此函数为

$$H(s)_{L=0} = \frac{R_l R C s^{n+1} + R_l \sigma C s + (R_l + R)s^n + \sigma}{s^n(R C s + \sigma C s^{1-n} + 1)} \qquad [6.3]$$

式［6.3］表明 Randle 模型是分数阶的［SAM 93，MIL 93］。然而，如果铅酸电池的研究限制在和一个起动信号频谱相对应的［8Hz 1kHz］频率范围内（见图 6.2），则可以使用更简单的模型来描述其动态特性。

如图 6.2 所示，对于 20℃ 的铅酸电池（温度在 -10～50℃ 之间变化同样也成立［SAB 06］），不管其荷电状态如何，电池频率响应的相位图在该频率范围内几乎维持恒定值不变，该值并不是 90° 的整数倍。

这样的频率响应可以通过一个比 Randle 模型更简单的模型来复现

$$H_F(s) = K\left(\frac{1 + \frac{s}{\omega_h}}{1 + \frac{s}{\omega_b}}\right)^{\gamma} \qquad [6.4]$$

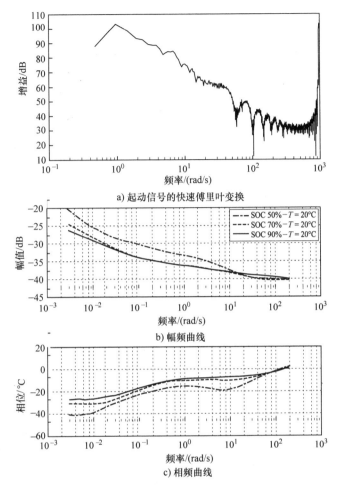

a) 起动信号的快速傅里叶变换

b) 幅频曲线

c) 相频曲线

图 6.2　铅酸电池不同荷电状态（20°）时的频率响应曲线

与 Randle 模型类似，式［6.4］表示的模型也是分数阶的，但是该模型由 4 个参数（一个增益 K，两个暂态频率 ω_b 和 ω_h，以及分数阶 γ）而不是 6 个参数组成。

6.3　分数阶模型的辨识

式［6.4］所示模型 $H_F(s)$ 的参数估计涉及求解参数向量

$$\theta = \begin{bmatrix} K & \omega_b & \omega_h & \gamma \end{bmatrix}^T \qquad [6.5]$$

该参数估计是基于图 6.3 所示的输出误差方法，详情可见［COL 07］；该方法也成功应用于热交换系统的建模［SAB 06］。

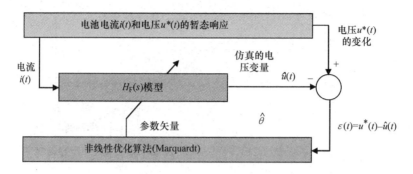

图 6.3 基于输出误差方法的 $H_F(s)$ 模型参数估算

6.3.1 输出误差辨识算法

假设采样数据集合由 K 对 $\{i(kh), u*(kh)\}$（h 是采样周期）构成，其中

$$u*(kh) = u(kh) + b(kh) \qquad [6.6]$$

其中，b 表示输出白噪声。

$\hat{\theta}$ 是 θ 的估计值，所以输出误差的预测值表达式为

$$\varepsilon(kh, \hat{\theta}) = u*(kh) - \hat{u}(kh, \hat{\theta}) \qquad [6.7]$$

$\hat{\theta}$ 的最优值记为 θ_{opt}，通过二次准则的最小化可得

$$J(\hat{\theta}) = \sum_{k=0}^{K-1} \varepsilon^2(kh, \hat{\theta}) \qquad [6.8]$$

由于 $\hat{u}(kh, \hat{\theta})$ 预测输出向量在 $\hat{\theta}$ 上是非线性的，因此使用 Marquardt 算法通过迭代来估计 $\hat{\theta}$

$$\theta_{i+1} = \theta_i - \{[J''_\theta + \xi I]^{-1} J'_\theta\}_{\hat{\theta}=\theta_i} \qquad [6.9]$$

其中

$$\begin{cases} J'_\theta = -2\sum_{k=0}^{K-1} \varepsilon(kh) S(kh, \hat{\theta}) : 梯度 \\[2mm] J''_{\theta\theta} \approx 2\sum_{k=0}^{K-1} S(kh, \hat{\theta}) S^T(kh, \hat{\theta}) : Hessian\ 表达式 \\[2mm] S(kh, \hat{\theta}) = \dfrac{\partial \hat{u}(kh, \hat{\theta})}{\partial \theta} : 灵敏度输出函数 \\[2mm] \xi : 控制参数 \end{cases}$$

该算法通常用于非线性优化，即使 $\hat{\theta}$ 的初始值远离最优值也可以保证可靠收敛。

6.3.2 输出灵敏度计算

$H_F(s)$ 模型每个参数的输出灵敏度由计算输出预测的偏导数得到

$$\frac{\partial \hat{u}(t,\hat{\theta})}{\partial \hat{\theta}_i} = L^{-1}\left(\left[\frac{\partial H_F(s)}{\partial \theta_i}\right]\theta_i = \hat{\theta}_i\right) * i(t) \qquad [6.10]$$

其中

$$\frac{\partial H_F(s)}{\partial K} = \frac{1}{K}H_F(s) \qquad [6.11]$$

$$\frac{\partial H_F(s)}{\partial \omega_b} = \frac{ns}{\omega_b^n}\left(1 + \frac{s}{\omega_b}\right)^{-1}H_F(s) \qquad [6.12]$$

$$\frac{\partial H_F(s)}{\partial \omega_h} = -\frac{ns}{\omega_h^n}\left(1 + \frac{s}{\omega_h}\right)^{-1}H_F(s) \qquad [6.13]$$

$$\frac{\partial H_F(s)}{\partial n} = \ln\left(\frac{1 + \dfrac{s}{\omega_h}}{1 + \dfrac{s}{\omega_b}}\right)H_F(s) \qquad [6.14]$$

式 [6.11] ~ 式 [6.13] 可以通过使用整数近似方法 [OUS 95] 计算，式 [6.14] 可以通过使用 [SAB 06] 附录中的方法计算。

6.3.3 估计参数的验证

假设预测误差是具有零均值的白噪声序列，估计参数的协方差矩阵由 [LJU 87，SOD 89] 给出

$$\text{cov}(\hat{\theta}) = \sigma^2\left(\sum_{k=0}^{K-1}S(kh,\hat{\theta})\,S^T(kh,\hat{\theta})\right)^{-1} \qquad [6.15]$$

通过使用该矩阵，可以获得参数（对角线上的项）的方差和参数（非对角线上的项）之间的相关系数。

6.3.4 应用到起动信号中

模型式 [6.4] 和前文给出的参数估算方法已经应用于在起动阶段对 60Ah（216000C）容量电池端电压和电流信号的测量。在本研究工作中，电流信号对应于输入信号。

图 6.4 给出了测量电压信号与经过参数估计后由模型产生的信号之间的对比，该对比将使我们能够验证模型和所选择的参数估计方法。

此外，我们注意到 [SAB 10] 和 [SAB 08a] 进行了与整数导数模型的比较。

该模型由五个变量组成，定义为

$$H_E(s) = K \frac{\left(1 + \dfrac{s}{\omega_{h_1}}\right)\left(1 + \dfrac{s}{\omega_{h_2}}\right)}{\left(1 + \dfrac{s}{\omega_{b_1}}\right)\left(1 + \dfrac{s}{\omega_{b_2}}\right)} \qquad [6.16]$$

图6.4总结了对比结果，表明只具有4个参数的分数阶模型使误差缩小了3倍；另一方面，整数阶模型有5个参数（是为了确保无论在高频或低频下都有相同的渐进特性）。由此可以得出结论，当采用分数阶模型进行铅酸电池起动阶段建模时，该模型可以在简易性/精确性之间起到平衡的改善作用。

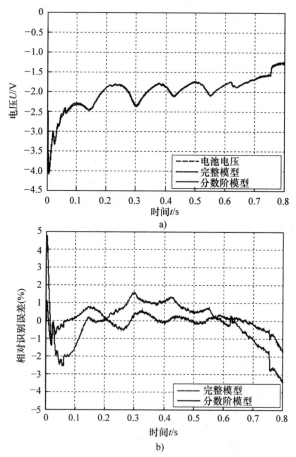

图6.4 在起动中对完整的和部分的模型实施测试得到的性能比较

6.4 用电池电阻作为起动能力的指示器

起动内燃机汽车可以依赖电池提供的能量，但是需要满足下列条件：

　　——和起动机提供的转矩成比例的电流必须高于内燃机恒定的阻转矩；

　　——与起动机转速相关的电压要高于微控制器的复位值，该微控制器用于监测车辆的功能。

　　采用三个新电池（记为 NJS2、NJS1 和 NJS0）以及三个使用过的旧电池（记为 VCN101、VCN102 和 VCN103）进行了多次起动实验，实验结果表明电池内阻对其功率特性的影响，如图 6.5 所示。

　　图 6.5 的分析表明如果蓄电池提供的功率低于 4kW，或者电池电阻高于 8.5mΩ，车辆将不会起动，其原因不是能量不足，而是功率不足。

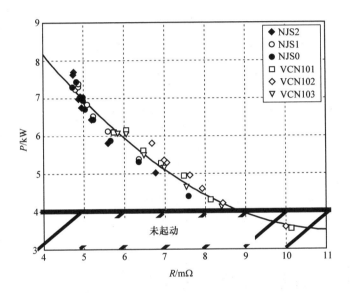

图 6.5　环境温度为 20℃时电池功率变化与内阻的关系

　　几种模型的频率特性是通过从几个使用过的电池在不同功能状态（State of Functioning，SOF_C）（SOF_C 是电池制造商给出的可用容量与额定容量之比）下采集数据得到的。上述频率特性如图 6.6 所示。

　　从以上曲线可以看出，电池内阻对应于 $H_F(s)$ 分数阶模型的高频增益（考虑到高频时虚部为零）。因此，可以通过由一个起动信号辨识过的 $H_F(s)$ 模型估计电池电阻。

　　然而，我们需要注意到电池电阻随温度而变化，根据 Arrhenius 方程［BOD 77，p.76］，无论温度如何变化，我们可以根据温度特性更新电阻值。

　　由图 6.6 我们可以发现，高频增益和电池电阻值都和 SOF_C 直接相关，SOF_C 值越小，电阻值会越高。

　　从这些观察结果可得出结论，基于起动信号对一个 $H_F(s)$ 模型进行识别，

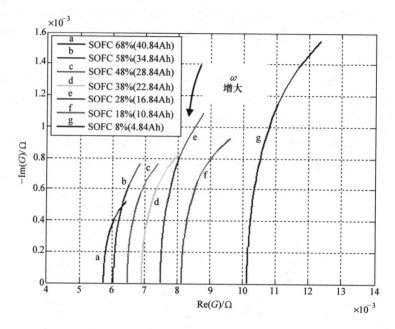

图6.6   20℃时在起动阶段 VCN101 电池辨识模型的奈奎斯特图

结合 SOFC 估计器并考虑电阻随温度变化的方程，使我们不仅可以计算下一个起动阶段的电池电阻，还可以估计可用的功率。因此，这种方法能够对可起动性进行估计。

6.5   模型验证及电池内阻的估计

6.5.1   模型验证的频率法

现在对后文使用的模型验证方法进行讨论。这个方法是 [SMI 92，MOU 04，NEW 98] 的研究成果。在上述研究中，通过对一个真实系统 P_{sys} 的辨识，推导出一个标称模型 $P_{nom}(s)$。

真实系统和标称模型之间的差异可能来自两个方面：模型不确定性 Δ 和外部干扰或噪声 w。

假设这两个原因可叠加，残差 r 表示测量数据和仿真数据之间的差，其表达式为

$$r = y - y_{nom} = (P_{sys} - P_{nom})u \qquad [6.17]$$

令 L_2 为一组信号，其二范数有界（二范数 $\|\cdot\|_2$ 以及无穷范数 $\|\cdot\|_\infty$ 的定义详见 [BAT 02]）。引入权矩阵 P_z 和 P_w 来规范化频率信号 w，则 $w \in L_2$，$\|w\|_2$

<1；为了规范化扰动量 Δ，使 $\|\Delta\|_\infty < 1$，P_{sys} 系统如图 6.7 所示。

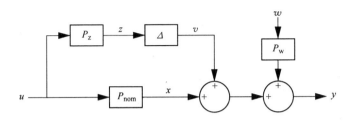

图 6.7　系统框图

为了定义模型验证问题，我们采用线性分式变换（Linear Fractional Transformation，LFT）描述该模型，如图 6.8 所示。

根据图 6.8 所示模型，可得到如下 4 个表达式

$$r = y - P_{22}u; v = \Delta z; z = P_{11}v + P_{12}u; y = P_{21}v + P_{22}u + P_w w \qquad [6.18]$$

模型验证问题现在可以形式化表示为式 [6.21]、式 [6.22]：

问题 1：采用 LFT $F_u(P,\Delta)$ 定义一组模型，满足 $\sup_\omega \mu(P_{11}(e^{j\omega})) < 1$（$\mu$ 为结构化奇异值 [BAT 02]），(u, y) 为实验数据集。那么是否存在一对 (Δ, w)，满足 $w \in L_2$，$\|w\|_2 < 1$ 以及 $\|\Delta\|_\infty < 1$ 三个条件，并使得 $y = F_u(P,\Delta)u + P_w w$？

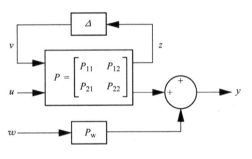

图 6.8　LFT 系统框图

如果没有 (u, y) 满足问题 1 中的条件，那么由实测数据得到的模型"无效"，无法采用它们进行建模。

我们还应该考虑一个模型永远无法被验证（用词可能不那么恰当）的情况，但不一定是失效的。严格来说，为了验证一个模型，我们需要对其所有可能的情况进行实验，但实际中这显然难以实现。

模型的验证问题可通过实现一个优化问题来解决。为此，将问题 1 用如下方式重新表达 [MOU 04]。

问题 2：当 β 最小为多少时，在 $\|\Delta\|_\infty \leq \beta$ 和 $\|w\|_2 \leq \beta$ 时，满足如下等式 $y = F_u(P,\Delta)u + P_w w$？

如果满足条件 $\beta < 1$，那么模型是不会失效的；在数学层面，它包含对下列优化问题的求解

$$\|\Delta\|_\infty^{\rm opt} = \|w\|_2^{\rm opt} = \min_{\substack{w \in L_2 \\ \|\Delta\|_\infty < 1}} \left\{\beta \,\middle|\, \begin{array}{l} \exists \; \|\Delta\|_\infty \leqslant \beta, \|w\|_2 \leqslant \beta \\ y = F_u(P,\Delta)u + P_w w \end{array}\right\} \qquad [6.19]$$

令 $\beta_{\rm opt}$ 为 β 的最优值，则

$$\beta^{\rm opt} = \min_{w,\Delta}\beta \quad \text{当} \begin{cases} y = F_u(P,\Delta)u + P_w w \\ \|\Delta\|_\infty \leqslant \beta \\ \|w\|_2 \leqslant \beta \end{cases} \qquad [6.20]$$

在本研究中，模型验证问题是在频域中描述的（这样我们可以进行一些简化，在后文中将会看到）。信号的频率响应可通过对系统的输入输出数据进行离散傅里叶变换（Discrete Fourier Transform，DFT）来获取。

来自真实系统的输入输出实验数据形成了 N 组样本 $\{(u_k,y_k);k = 0,\cdots,N-1\}$，经过 DFT 后得到 $\{(U_n,V_n);n = 0,\cdots,N-1\}$。

系统 $P_{\rm sys}$ 的特性由其频率响应决定，Δ_n 为第 n 次考察频率 $\omega_n = 2\pi n/N$ 的扰动复矩阵。

由此式 [6.5] 变为

$$R_n = Y_n - P_{22}(e^{j\omega_n})U_n \qquad V_n = \Delta_n(e^{j\omega_n})Z_n$$
$$Z_n = P_{11}(e^{j\omega_n})V_n + P_{12}(e^{j\omega_n})U_n \qquad [6.21]$$
$$Y_n = P_{21}(e^{j\omega_n})V_n + P_{22}(e^{j\omega_n})U_n + P_w(e^{j\omega_n})W_n$$

如果 w 上的范数 L_2 被欧几里得范数所取代，问题 2 可在频域中重新表述为如下形式：

问题 3：β_n 最小为多少时，可满足 $\|V_n\| \leqslant \beta_n\|Z_n\|$，$\|W_n\| \leqslant \beta_n$，以及 $R_n = P_{21}V_n + P_wW_n$？

与此相关的优化问题表示为（其中，$\forall n = 0,\cdots,N-1$）

$$\beta_n^{\rm opt} = \min_{V_n,W_n}\beta,\text{满足} \begin{cases} R_n = P_{21}V_n + P_wW_w \\ V_n^*V_n \leqslant \beta_n^2 Z_n^*Z_n \\ W_n^*W_n \leqslant \beta_n^2 \end{cases} \qquad [6.22]$$

这个最优问题由一个凸性判据、两个二次不等式约束以及一个线性等式约束组成，由此得到一个线性矩阵不等式（Linear Matrix Inequality，LMI）方程 [NEW 98]。

6.5.2 电池内阻估计的应用

当我们已知 $H_F(s)$ 模型（式 [6.4]）的高频增益与电池内阻（见图6.5的相关分析）之间的关系时，可以基于求解的 $H_F(s)$ 模型高频增益值来设计一个

电池内阻估计器，方法是上节介绍的模型失效法。

将该方法应用于汽车铅酸电池内阻的估计，根据希望达到的目的不同，需要一个或多个标称模型。如果目标只是检查电阻值是否低于最小值并防止起动，单个标称模型就足够了。

但是，如果目标是以 $\pm\varepsilon$ 为绝对误差并在允许的 ΔR 范围内计算电池内阻值，那么至少需要 N 个模型，N 的大小为

$$N = \left[\Delta R/2\varepsilon\right] \qquad [6.23]$$

为了确定电池在下次车辆起动时能否提供所需功率，并给出车辆起动性能的指示，本应用中的目标是在每次车辆起动时确定电池内阻的值（及其变化）。

车辆（标志 407 SW 21 HID）实验表明，无论是新电池还是使用过的旧电池，当内阻在 $4.5 \sim 8.5\text{m}\Omega$ 范围内时，电池能够起动车辆。当内阻在 $4.25 \sim 8.75\text{m}\Omega$ 范围内，如果要求计算的相对误差为 $\pm 0.25\text{m}\Omega$，则需要使用 9 个不确定模型来表示一个电池，如图 6.9 所示。

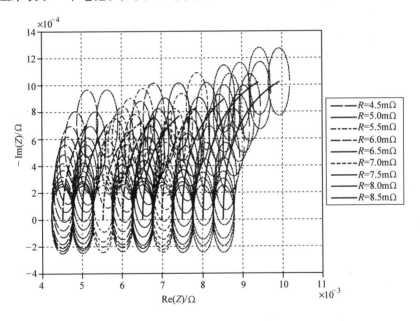

图 6.9 从一组标称模型及其相关扰动域得到的每个电阻值的奈奎斯特图

标称模型由下列传递函数构成，其中，$\forall i = 1, \cdots, 9$。

$$P_{\text{nom}}(i) = r(i) + K(i) \frac{\left(1 + \dfrac{s}{\omega_{\text{h}}(i)}\right)^{\gamma(i)}}{\left(1 + \dfrac{s}{\omega_{\text{b}}(i)}\right)^{\gamma(i)}} \qquad [6.24]$$

需要理解的是，在不同应用场合中，起动信号会有不同的幅值（例如同一款电池应用于不同车辆中），因此这些模型的参数值在不同应用场合中都必须重新辨识。

对电池起动电压信号中的噪声进行分析，得到权重值 $P_w = 0.03$。

建立模型扰动 P_z，用来定义一个标称模型电阻值的允许偏差范围，定义为

$$P_z(s) = 0.002 \frac{\left(1 + \dfrac{s}{100}\right)}{\left(1 + \dfrac{s}{2000}\right)} \qquad [6.25]$$

将模型失效方法应用于从一个 60Ah 容量（即为 216000 C）电池获取的车辆起动数据，目标是检查用于表征不同型号电池的标称模型 P_{NOM} 以及权重 P_w 和 P_z 是否被正确调校，以验证测量信号。

最初，将验证方法应用于从一个新电池（荷电状态为 90%）测得的信号，电池内阻为 4.75mΩ，实验结果如图 6.10 所示。

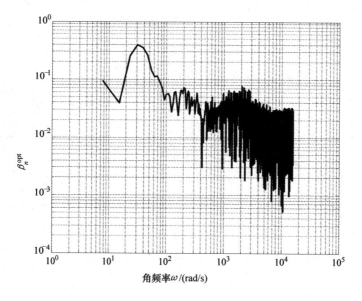

图 6.10　从 NJS2 电池（SOC = 90%）数据中得到的 β_n^{opt}

从图中可以看出，对于每个考虑的频率，其 β_n^{opt} 值都小于 1。内阻为 5mΩ 的电池模型不能被从内阻值为 4.75mΩ 电池上测得的数据验证为失效的。

验证模型方法也可以用于相对误差超出 ±0.25mΩ 范围的实验。如图 6.11 所示，从旧电池 VCN101（SOC = 90%，内阻为 6.05mΩ）获取的数据验证了内阻为 5mΩ 的电池模型为失效模型。

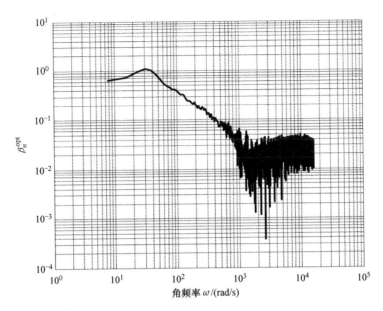

图 6.11　从 VCN101 电池（SOC = 90%）数据中得到的 β_n^{opt}

使用从另一个旧电池（SOC = 40%）获取的数据进行了类似的实验，该电池内阻为 10.13mΩ。这些数据再一次验证了对应 5mΩ 内阻的电池模型为失效模型。

6.5.3　简化的阻值估计器

6.5.2 节提出解决方案中的主要问题是要同时优化扰动和噪声（w，Δ）两个参数，以解决 LMI 问题，而该方法无法在车辆微控制器中实现。为此，本节提出一个简化版的电池电阻估计器，如图 6.12 所示。

从图 6.12 可以看出，该简化估计器可以在车辆微控制器中实现，因为其实现只需要数量有限的基本运算。

为了便于描述这个简化的方法，假设 $P_w = 1$，w 是零均值、最大幅值为 $b_{\max}$ 的白噪声。令图 6.7 中的 $y(t) = u_{\text{crank}}(t)$（电压）、$u(t) = i_{\text{crank}}(t)$（电流）。

根据该图，对第 i 个标称模型有

$$u_{\text{crank}}(t) = x_i(t) + v_i(t) + w(t) \qquad [6.26]$$

由此信号 v_i 可表示为

$$v_i(t) = u_{\text{crank}}(t) - x_i(t) - w(t) \qquad [6.27]$$

信号 v_i 的能量为（其中，t_{d} 表示车辆起动瞬间，$t_{\max} - t_{\text{d}}$ 是起动的持续时间）

$$\sqrt{\int_0^{t_{max}-t_d} v_i^2(t)\,dt} = \sqrt{\int_0^{t_{max}-t_d}(u_{crank}(t)-x_i(t)-w(t))^2\,dt} \qquad [6.28]$$

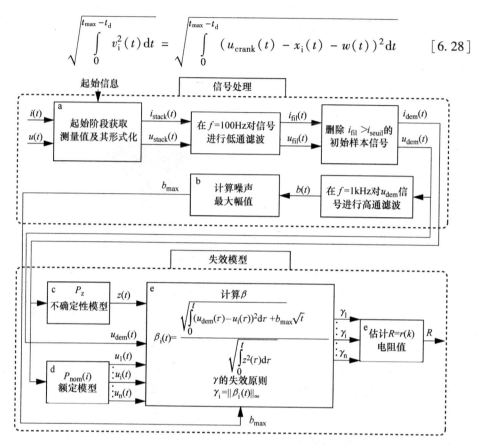

图 6.12 基于模型验证方法的简化电池内阻估计器

在实际中，因为噪声信号 w 未知，所以扰动 v_i 是无法计算的。然而，w 能量的上限值是已知的，其表达式为

$$\sqrt{\int_0^{t_{max}-t_d} v_i^2(t)\,dt} \leqslant \sqrt{\int_0^{t_{max}-t_d}(u_{crank}(t)-x_i(t))^2\,dt} + \sqrt{\int_0^{t_{max}-t_d} w^2(t)\,dt}$$

$$[6.29]$$

上限值 β_i 和 Δ_i 的关系为

$$\|\Delta_i(t)\|_2 = \frac{\|v_i(t)\|_2}{\|z(t)\|_2} \leqslant \beta_i(t) = \frac{\sqrt{\int_0^t(u_{crank}(\tau)-x_i(\tau))^2\,d\tau} + b_{max}\sqrt{t}}{\sqrt{\int_0^t z^2(\tau)\,d\tau}}$$

$$[6.30]$$

因此，定义 $|\beta_i|$ 的最大值为验证标准，验证如下约束条件

$$\gamma_i = \|\beta_i(t)\|_\infty \leq 1 \qquad [6.31]$$

令 $R = r(i)$ 为电池内阻值 R 关于索引 i（i 为标称模型 $P_{nom}(i)$ 的索引）的函数。假定这些标称模型按照电阻值的大小以升序的方式被分成不同等级，用 $r(1)$ 和 $r(n)$ 表示在确保车辆能起动的情况下，电阻值的最小值和最大值。为了确定 R，必须先回答这个问题：是否有第 k 个指数模型可以满足 [6.31]？令 N 为不会失效的模型个数，用于估算电池内阻的方法决定于 N 的值，见表 6.1。

表 6.1　估算电池内阻值 R 的方法

N	电池内阻的估计
$N=0$，$\gamma_1 < \gamma_n$	短路的电池：$R < r(1)$
$N=0$，$\gamma_1 > \gamma_n$	放电的或旧电池：$R > r(n)$
$N=1$	$\exists\,!\,k \in [1:n]/\gamma_k \leq 1 \Rightarrow R = r(k)$
$N>1$ （一阶方法）	γ 的最小值： $\exists\,!\,k \in [1:n]/\gamma_k = \min\limits_i \gamma_i \Rightarrow R = r(k)$
$N>1$ （二阶方法）	加权平均值： $\forall j = \{i \mid \gamma_i \leq 1\}\quad R = \Big(\sum\limits_j \dfrac{r(j)}{\gamma_j}\Big)\Big(\sum\limits_j \dfrac{1}{\gamma_j}\Big)^{-1}$

例如，将上述简化方法应用于由一个内阻为 6mΩ 的电池产生的数据。针对这组数据，图 6.13 给出了 β 限值（根据条件 [6.30] 得到的 Δ 上限值）随时间的变化曲线。

根据图 6.13，因为 $\beta < 1$，三个模型不会失效。由表 6.1 可知，在 $N>1$ 的情况下，两种解决方案都可以用于电阻值的估算，其中，第一个方案需要保留产生最小 β 值的模型，由此得到的阻值为 $R = 6$mΩ。第二种方案通过加权平均考虑所有的 β 值，这些值都等于或小于 1，使用该方法得到的阻值为 $R = 5.99$mΩ。

上述例子都取得了很好的实验结果，表明简化的电阻估计器（可在车辆微控制器中实现）可产生准确的估计结果。

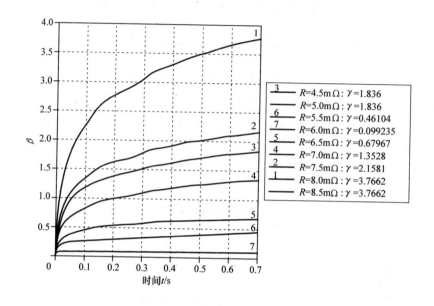

图 6.13　从每个模型获取的 β 值

6.6　电池状态的估计

　　前文介绍的估计器的一个优点是其可以被用于更复杂的系统，该系统能够提供电池的全局状态信息，包括荷电状态 SOC、健康状态 SOH 和功能状态 SOF_c。图 6.14 给出了该估计器的基本原理，仅根据三个被测信号的幅值（电压、电流和温度），该估计器就能为我们提供监测电池能量和功率的所需指示器。

　　对新、旧电池进行一系列车辆起动实验，可以根据对电池动态特性的识别得到它们的内阻值（如 6.4 节所讨论），在分数阶模型的帮助下，还可以得到 SOC 和 SOH 函数中阻值的变化过程。

　　将这些特性用于图 6.14 中给出的估计器，以预测电池的功率性能和起动车辆的能力。在［CUG 09，CUG 07，CUG 09］中有该估计器工作过程的具体描述，将在后续章节中进行详细说明。

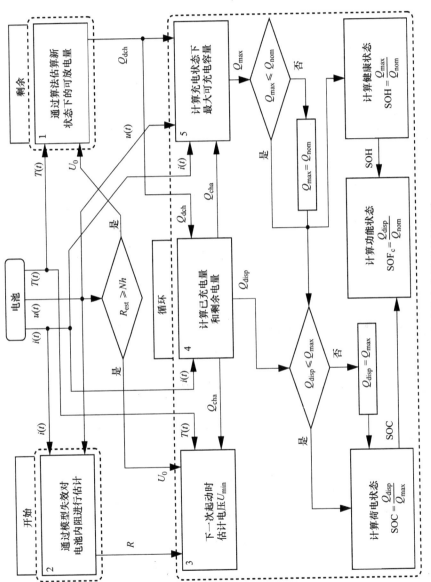

图 6.14 电池状态估计器的流程图

6.7　本章小结

本章的研究工作表明，在起动内燃机的过程中，从蓄电池两极测得的电气信号事实上很值得进行深入研究，以设计电池内阻估计器。电池起动车辆的能力仅取决于能释放的功率，该功率可以通过电池的内阻值估计得到。

因此，电池内阻可以视为车辆起动能力的指标器（和 SOF$_c$ 指示器及电阻随温度变化的规律相关）。电池内阻有效平均值的确定涉及求解简单分数阶模型（只有四个参数）的高频增益，该模型是基于从电池两极测得的电气信号建立的。使用模型验证技术确保我们可以设计一个新的电池内阻估计器。

然而，考虑其计算复杂度，该估计器无法在车辆的微控制器中实现。为此，通过使用实验数据，设计并验证了一个简化的估计器，以满足业界的要求。

由于电池内阻会随着电池使用年限而发生变化，可以在估计器中增加一个测温装置（电池内阻值和温度相关），这样不仅可以判断电池的起动能力，还可以监测电池的健康状态。

针对该问题，本章作者发表了多篇论文，并提出了一个更复杂的估计方法［CUG 09，CUG 07，CUG 09］，在该方法中集成了估计器（本研究工作的主要目的），以便对电池状态进行全局估计。

6.8　参考文献

[AOU 03] AOUN M., MALTI R., LEVRON F., OUSTALOUP A., "Orthonormal basis functions for modeling continuous-time fractional systems", *Proceedings of the 13th IFAC SYSID'03*, Rotterdam, 2003.

[BAT 01] BATTAGLIA J.-L., COIS O., PUIGSEGUR L., OUSTALOUP A., "Solving an inverse heat conduction problem using a non-integer identified model", *International Journal of Heat and Mass Transfer*, no. 44, 2001.

[BAT 02] BATES D.G., POSTLETHWAITE I., *The Structured Singular Value and μ–Analysis*, Lecture Notes in Control and Information Sciences, vol. 283, Springer, Berlin, 2002.

[BOD 77] BODE H., *Lead-Acid Batteries*, John Wiley & Sons, New York, 1977.

[CHA 03] CHATZAKIS J., KALAITZAKIS K., VOULGARIS N.C., MANIAS S.N., "Designing a new generalized battery management system", *IEEE Transactions on Industrial Electronics*, vol. 50, no. 5, p. 990- 999, October 2003.

[COI 00] COIS O., OUSTALOUP A., BATTAGLIA E., BATTAGLIA J.-L., "Non-integer model from model decomposition for time domain system identification", *Proceedings of the 12th IFAC SYSID'2000*, Santa-Barbara, 2000.

[COL 07] COLEMAN M., LEE C.K., ZHU C., HURLEY W.G., "State-of-charge determination from EMF voltage estimation: using impedance, terminal voltage, and current for lead-acid and lithium-iron batteries", *IEEE Transactions on Industrial Electronics*, vol. 54, no. 5, p. 2550-2557, October 2007.

[COL 08] COLEMAN M., HURLEY W.G., LEE C.K., "An improved battery characterization method using a two pulse load test", *IEEE Transactions on Energy Conversion*, vol. 23, no. 2, p. 708-713, June 2008.

[CUG 07] CUGNET M., SABATIER J., BOUYGUES I., Estimateur d'état batterie par invalidation de modèle, patented by INPI, reference # FR0759784, 2007.

[CUG 09] CUGNET M., SABATIER J., LARUELLE S., GRUGEON S., CHANTEUR I., SAHUT B., OUSTALOUP A., TARASCON J.M., "A solution for lead-acid battery global state estimation", *ECS Transactions*, vol. 19, October 2009.

[LJU 87] LJUNG L., *System Identification: Theory for the User*, Prentice-Hall, New York, 1987.

[MCA 96] MCANDREWS J.M., JONES R.H., "A valve regulated lead-acid battery management system (VMS)", *Proceedings of the 18th IEEE INTELEC*, p. 507-513, 1996.

[MEI 03] MEISSNER E., RICHTER G., "Battery monitoring and electrical energy management precondition for future vehicle electric power systems", *Journal of Power Sources*, no. 116, p. 79-98, 2003.

[MEL 02] MELCHIOR P., LANUSSE P., COIS O., DANCLA F., OUSTALOUP A., "Crone toolbox for matlab: fractional systems toolbox", *Proceedings of the 41st IEEE CDC 02*, Las Vegas, 2002.

[MIL 93] MILLER K.S., ROSS B., *An Introduction to the Fractional Calculus and Fractional Differential Equations*, Wiley-Interscience, New York, 1993.

[MOU 04] MOUHIB O., (In-)validation de modèles de systèmes incertains, PhD thesis, Automatics department of Supélec, University of Paris XI, 2004.

[NEW 98] NEWLIN M.P., SMITH R.S., "A generalization of the structured singular value and Its application to model validation", *IEEE Transactions on Automatic Control*, vol. 43, no. 7, p. 901-907, 1998.

[OLD 74] OLDHAM K.B., SPANIER J., *The Fractional Calculus*, Academic Press, New York, London, 1974.

[OUS 95] OUSTALOUP A., *La dérivation non entière, théorie, synthèse et applications*, Hermès, Paris, 1995.

[PAN 01] PANG S., FARRELL J., DU J., BARTH M., "Battery state-of-charge estimation", *Proceeding of the American Control Conference*, p. 1644-1649, Arlington, 2001.

[PIL 01] PILLER S., PERRIN M., JOSSEN A., "Methods for state of charge determination and their applications", *Journal of Power Sources*, no. 96, p. 113-120, 2001.

[POD 99] PODLUBNY I., "Fractional differential equations", *Mathematics in Sciences and Engineering*, no. 198, Academic Press, San Diego 1999.

[SAB 06] SABATIER J., AOUN M., OUSTALOUP A., GRÉGOIRE G., RAGOT F., ROY P., "Fractional system identification for lead-acid battery state of charge estimation", *Signal Processing*, no. 86, p. 2645-2657, 2006.

[SAB 08a] SABATIER J., CUGNET M., LARUELLE S., GRUGEON S., SAHUT B., OUSTALOUP A., TARASCON J.M., "Estimation of the lead-acid battery cranking capability by fractional model identification", *3rd IFAC Workshop on "Fractional Differentiation and its Applications"* (*FDA'08*), Ankara, 5-7 November 2008.

[SAB 08b] SABATIER J., MERVEILLAUT M., MALTI R., OUSTALOUP A., "On a representation of fractional order systems: interests for the initial condition problem", *3rd IFAC Workshop on "Fractional Differentiation and its Applications"* (*FDA'08*), Ankara, 5-7 November 2008.

[SAB 10] SABATIER J., CUGNET M., LARUELLE S., GRUGEON S., SAHUT B., OUSTALOUP A., TARASCON J.-M., "A fractional order model for lead-acid battery crankability estimation", *Communications in Non-linear Science and Numerical Simulation*, vol. 15, no. 5, p. 1308-1317, 2010.

[SAM 93] SAMKO S.G., KILBAS A.A., MARICHEV O.I., *Fractional Integrals and Derivatives*, Gordon and Breach, New York, 1993.

[SAT 79] SATHYANARAYANA S., VENUGOPALAN S., GOPIKANTH M.L., "Impedance parameters and the state-of-charge I: Ni-Cd battery", *Journal of Applied Electro-Chemistry*, no. 9, p. 125-139, 1979.

[SMI 92] SMITH R.S., DOYLE J.C., "Model validation: a connection between robust control and identification", *IEEE Transactions on Automatic Control*, vol. 37, no. 7, p. 942-952, 1992.

[SOD 89] SÖDERSTROM T., STOÏCA P., *System Identification*, Prentice Hall, London, 1989.

第7章

基于信号分析技术的感应电机机电故障诊断

Hubert Razik, Mohamed El Kamel Oumaamar

7.1 概述

当前，无论是用于电力传动系统，还是用于单独或在其运行环境中对电气执行机构进行监测，使用高速精确的数字处理器都是必不可少的。在电力传动系统中，电机常处于变速运行状态，本章的研究工作仅针对由电网供电的感应电机进行状态监测和故障诊断。实际中，有很多应用场合电机都是直接由电网供电的，此时不论是电源和机组的安全性、状态监测、故障诊断还是状态预测都是极其重要的，这些应用被称为"敏感应用"。当故障刚出现时，几乎是不可见的，但是故障可能会演变及传播，引起其他问题，并导致系统停机。例如，电机不对中故障可能在感应电机中产生单极电流，对滚珠轴承或其他类型轴承产生影响。系统性能的变化在故障开始阶段可能不明显，但是逐渐会使故障诊断变得越来越困难甚至无法实现。这是故障诊断问题一个难以克服的挑战。

由于这个问题，在采集信号时，我们必须在正常或出现故障的情况下停止系统运行，为此系统运行状态要能受到程序控制，以便于停机后更换故障元器件/部件，或对整个运行过程进行检修。在故障诊断和故障预测方面的研究工作以及研究成果带来的间接经济性，是聚集和激励科研人员的巨大动力。

在常见故障中，我们选择转子条断裂或端环断裂故障，该故障会导致机械转矩的传输系统由于转矩波动而早老化，同时该故障还会传播到相邻的转子条 [BON 88]。电流幅值的变化或增大将导致电动应力增加，这些应力尽管不起主要作用，但对于操作人员和生产链可能是非常危险的。

相关的统计数据不多，有些文献使用的是 20 年前记录的数据。我们使用了 [THO 01] 给出的统计值，见表 7.1。[BON 92，HEI 98，FIS 99，MEL 99] 给出了不同的统计数据，将转子故障列在表格中的第二行或第三行。

然而，我们必须怀疑上述数据，技术的发展会导致这些统计数据发生变化。例如，我们可以在这里强调，转子和鼠笼间连接条的问题现在已经基本解决。因此，文献中的统计数据可能已经过时，没有什么用处。

不考虑上述因素，我们必须尽早检测出导致故障的主要原因。不论是故障诊断还是故障预测，都需要在现场进行一次或多次分析，在频域和时域分析来自传感器的信号。通过测量流入电机的电流、该电流的二次方、瞬时功率、Park 矢量、轴向或径向振动及某种程度上的可闻噪声，来获取故障诊断所需的信号。

表 7.1 故障统计表

故障区域	根据故障数量分布（%）
轴承故障	41
定子故障	37
转子故障	10
其他	12

在本章中，我们将针对不同类型的故障，介绍由感应电机所驱动系统的故障诊断方法，让读者了解建立一个可靠故障诊断系统的困难所在。

7.2 电流的频谱

大多数情况下，转子故障是在一段时间内逐渐产生的，故障现象缓慢变化，导致感应电机运行质量下降。实际中，转子故障会产生振荡转矩，导致转子振动并使得电机和传动系统中疲劳程度加剧。检测由转子问题造成的系统故障，一般是对传感器（如加速度计、电流传感器等）信号进行频谱分析。为了实现这个目的，我们给出一个感应电机在半载时，分别在转子正常情况下和转子断条故障情况下定子电流的频谱，如图 7.1 和图 7.2 所示。通过对这些频谱的简单分析可以看出这些研究内容的深度和获得安全可靠诊断方法的困难。

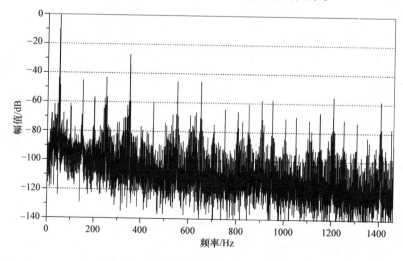

图 7.1 电机定子电流频谱：正常转子

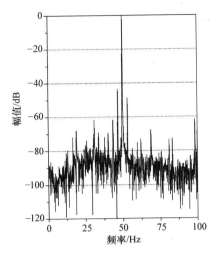

图 7.2　电机定子电流频谱：有一根转子条断开

7.3　信号处理

近年来，对监测电力拖动系统运行特性的需求不断增大，系统运行状态会从正常情况向已知的或未知的情况演变，有些运行状态可能会带来危险甚至是灾难性的后果。因此，必须要对这种趋向于非期望运行状态的状态变化进行早期检测，以确保我们在状态演变到上述非期望工作点之前通过状态监测技术来实现预防性故障诊断。可使用的方法包括进行在线监测，最基本的算法是傅里叶变换（其频谱不会连续变化），以及更理想的滑动离散傅里叶变换（Sliding Discrete Fourier Transform，SDFT），本章将简要介绍这些算法的基本概念和使用上的限制条件。

7.3.1　傅里叶变换

离散傅里叶变换的主要缺点之一是在估计所测信号的频谱之前，必须要具备捕获序列的所有样本。该类型算法需要已知数量为 2^N（N 是样本数）个采集信号，希望的频谱分辨率为 $\Delta F = \dfrac{F_e}{N} = \dfrac{1}{T_e}$，其中，$\Delta F$ 是频谱分辨率，F_e 是采样频率，T_e 是所研究信号的采集时间；同时需要对运算过程施加限制条件，最严格的条件是要求在静止状态下进行操作。

在 $t = pT_e$ 时刻，N 个样本 $x(p - n)T_e$ 最终序列的离散傅里叶变换可通过如下表达式获得

$$X_p[k] = \frac{1}{N}\sum_{n=0}^{N-1} x(p-n)W_N^{nk} \qquad [7.1]$$

其中

$$W_N^{nk} = \exp\left(-\frac{\mathrm{j}2\pi nk}{N}\right) \qquad [7.2]$$

式中，n、$k = 0$，1，2，$\cdots$，$N-1$。

当可用样本数量小于所需长度 N 时，缺失样本的数量可根据"补零"技术减少到零。

7.3.1.1 滑动离散傅里叶变换

为了对不断变化的信号进行连续频谱分析，可采用一个基于"滑动"思想的算法，以使得信号每个新采样值都可以更新信号的频谱内容。对于"实时"和在线的应用场合，计算时间必须短于采样周期。

式 [7.1] 可写成如下形式

$$X_p[k] = \frac{1}{N}\sum_{n=0}^{N-1} x(p-n)W_N^{nk} \pm \frac{1}{N}x(p-N)W_N^{Nk} \qquad [7.3]$$

进一步归纳成如下形式

$$X_p[k] = \left(\frac{x(p)-x(p-N)}{N}\right) + W_N^k X_{p-1}[k] \qquad [7.4]$$

已知 $X_{p-1}[k]$ 是之前在 $t = (p-1)T_e$ 时刻计算的离散傅里叶变换；由此我们得到 SDFT 表达式，使之可以在待分析信号的每个采样时刻都能更新频谱。

7.3.1.2 滑动离散傅里叶变换的缩放效果

缩放效果可在样本数确定（更精确地说是 N 个）以及采样频率为 F_e 时，观测到一部分初始频谱。在 SDFT 进行缩放时不会引起特殊问题。由于频谱分辨率低，所需样本的个数要从 N 变为 N_2。同时，可以通过限制研究范围，即 $k \in [k_1;k_2]$，对所需的频带 $[f_1;f_2]$ 进行频谱分析。

$$X_p[k] = \left(\frac{x(p)-x(p-N_2)}{N_2}\right) + \exp\left(\frac{-\mathrm{j}2\pi k}{N_2}\right)X_{p-1}[k] \qquad [7.5]$$

因此，频谱分辨率将等于 $\Delta F = \dfrac{F_e}{N_2}$。[ABE 02] 给出一个设计滑动离散傅里叶变换的简单例子。

7.3.2 周期图

一个信号的功率频谱密度（Power Spectral Density，PSD）是基于如下表达式

$$\hat{P}_x(f) = \frac{1}{N}\left|\sum_{n=0}^{N-1} x(n)\mathrm{e}^{-\mathrm{j}2\pi fn}\right|^2 \qquad [7.6]$$

不管在什么情况下，PSD 的估计被认为是一个带宽在 -3dB 且接近 $\dfrac{1}{N}$ 的信号通过滤波器滤波得到。为了防止原始信号处理带来的影响，建议使用加权窗口，例如 Hanning 窗口等［DID 04］。此外，估计 PSD 的表达式为

$$\hat{P}_x(f) = \frac{1}{N}\left|\sum_{n=0}^{N-1}\omega(n)x(n)\mathrm{e}^{-\mathrm{j}2\pi fn}\right|^2 \qquad [7.7]$$

其中，$\omega(n)$ 为加权窗口方程。

周期图的初始特征是在一定数量的样本情况下，PSD 方差的独立性。第二个特点是 PSD 的估计存在误差。此外，增大 N 只会影响偏差但不会影响方差，因此我们采取减少方差的方法，以减少估计频谱的噪声。为此，我们首先需要考虑 Bartlett 算法或者 Welch 算法哪一个更好。

7.3.2.1　Bartlett 算法

由于频谱噪声与要分析样本数的长度 N 无关，Bartlett 算法将信号的"平均"估计分为 S 段，每段 M 个样本。此外，PSD 通过如下表达式获得

$$\hat{P}_x(f) = \frac{1}{S}\sum_{s=0}^{S-1}\left\{\frac{1}{M}\left|\sum_{n=0}^{M-1}\omega(n)x(n)\mathrm{e}^{-\mathrm{j}2\pi fn}\right|^2\right\} \qquad [7.8]$$

7.3.2.2　Welch 算法

Welch 算法与 Bartlett 算法的区别在于 S 段允许交叠，50% 的交叠使 Bartlett 算法获得的 PSD 噪声降低近 50%。该方法表达式如下

$$\hat{P}_x(f) = \frac{1}{S}\sum_{s=0}^{S-1}\left\{\frac{1}{M}\left|\sum_{n=0}^{M-1}\omega(n)x(n+(s-1)C)\mathrm{e}^{-\mathrm{j}2\pi fn}\right|^2\right\} \qquad [7.9]$$

其中，$1 \leqslant s \leqslant S$，且 C 为交叠的样本数（$1 \leqslant C \leqslant M$）。

当然，还有其他类型的估计算法。

7.4　实验中的信号分析

采用两个实验平台 MAS_1 和 MAS_2 对可能会影响感应电机的不同故障进行实验研究，其特性见表 7.7。第一个实验平台位于"南锡电气与电子研究实验室"（Groupe de Recherche en Électrotechnique et Électronique de Nancy，GREEN），平台包括一台感应电机，连接一台直流电机作为负载。通过使用 GaGe 数据板（CS 1602）连接电流、振动和可闻噪声传感器获取故障诊断所需的信号。第二个实验平台位于"康斯坦丁电气工程实验室"（Laboratoire d'électrotechnique de Constantine，LEC），可进行感应电机匝间短路故障诊断实验，实验是在一台 MAS_2 感应电机上进行。为达到此实验目的，对电机进行重新绕线，系统特性如表 7.7 所示。使用 LeCroy 示波器（WR60500）记录短路电流，使用 MATLAB 软件对数

据进行处理，以进行信号分析。

7.4.1 断条引起的故障

转子故障主要发生在短路条/端环的连接处，通过和正常状态进行对比来分析这种故障的特性。此外，就地测量的电流频谱会受到故障特征的影响。

7.4.1.1 定子电流分析

转子条某处破损，转条/端环连接处破损，或端环某处破损，都会导致如下频率信号的出现

$$f_{\mathrm{brk}} = \left[1 \pm 2ks\right]f_{\mathrm{s}} \tag{7.10}$$

其中，s 是转差率；f_{s} 是电源频率，$k = 1，3，5\cdots$。

其他断条故障特性由 Deleroi 在［DEL 84］中给出

$$f_{\mathrm{sh}} = \left[h(1-s) \pm s\right]f_{\mathrm{s}} \tag{7.11}$$

其中，h 为谐波的次数，$h = 1，5，7\cdots$。

如果我们考虑机械转轴转速振荡带来的影响，新增频率分量为

$$f_{\mathrm{sh}} = \left[h(1-s) \pm s \pm 2ks\right]f_{\mathrm{s}} \tag{7.12}$$

然而，电流的频谱也受到高频谐波的影响，特别是分布在转子槽谐波（Rotor Slot Harmonics，RSH）附近的谐波，其表达式为

$$f_{\mathrm{sh}} = f_{\mathrm{s}}\left[\frac{\lambda N_{\mathrm{r}}}{p}(1-s) \pm 1 \pm 2ks\right] \tag{7.13}$$

其中，$k = 1，3，5\cdots$；N_{r} 是转子导条数。

很明显，不同转速下负载转矩的振荡将在定子电流频谱中引入不同频率分量

$$f_{\mathrm{load}} = f_{\mathrm{s}} \pm kf_{\mathrm{r}} = \left(1 \pm k\frac{1-s}{p}\right)f_{\mathrm{s}} \tag{7.14}$$

其中，$k = 1，3，5，\cdots，N_{\mathrm{r}}$ 为转子导条数。值得注意的是，这些频率也对应于不对中故障引起的信号频率。然而，不对中故障情况下信号幅值的增加比负载转矩振荡情况下更敏感。因此，当使用传统方法时，不会在没有问题的情况下监测这些频率线。

为此，无论故障是否出在电机转子上，我们在不同频率范围内给出多种感应电机输入电流的频谱。

图 7.3 是电机定子电流在基波附近的两个频谱，左边的图 7.3a 是电机正常时的频谱，谱线没有发生变化，因为电机本身存在天然的瑕疵。图 7.3b 给出了转子出现故障时的频谱，故障是转子出现了一根断条，我们可以注意到图上的频谱线表示转条故障，并且还存在与转子和定子相关的不对中故障频谱线。

图 7.4 和图 7.5 分别给出了定子电流在 3 次谐波和 5 次谐波附近的频谱。从图中可以清楚地看到由于转子断条导致速度振荡所产生的谱线。因此，我们看到的这些具有重要含义的谱线（故障标记）可以为我们提供有效的诊断信息。

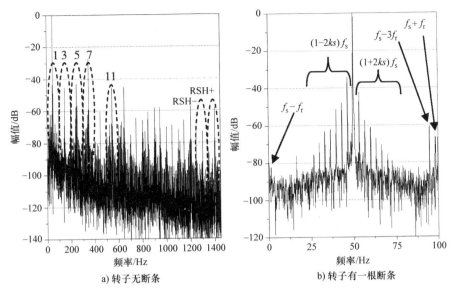

a) 转子无断条

b) 转子有一根断条

图7.3 基波周围的定子电流频谱

图7.6给出了围绕一个特定频率且在一定范围内的两个频谱,该特定频率由转子槽数决定(本例中是28个转子槽)。类似地,转子断条导致频谱出现变化,表明存在笼型转子故障。

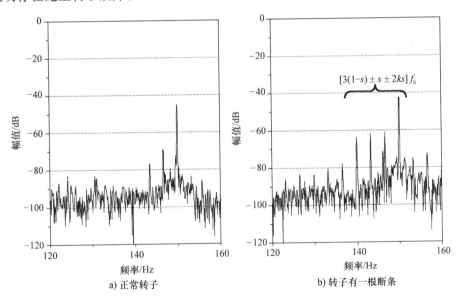

a) 正常转子

b) 转子有一根断条

图7.4 3次谐波周围的定子电流频谱

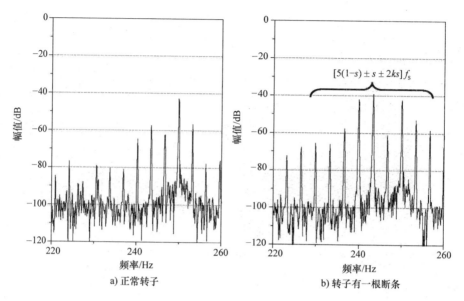

图 7.5 5 次谐波周围的定子电流频谱

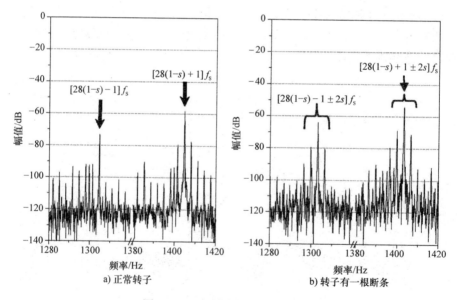

图 7.6 RSH 周围的定子电流频谱

所以，存在一个频率范围可用于进行有效的故障诊断，我们可以选择特定的范围来决定故障的类型。大多数来自学术界或工业界的文献都局限于研究感应电机供电频率附近的频谱。事实上，电容和电感的作用可能会根据所研究故障的程度通过降低谱线幅度变化的灵敏度来改变诊断结果。

7.4.1.2　振动和可闻噪声分析

电机转子断条故障会导致产生不平衡的径向力，这些不平衡力会随转子以一个恒定负载加上一个以两倍于滑动轴承滑动速度变化负载的形式一起转动。因此，[SCH 04] 强调，作用在轴承上的力包含的频率分量可由下式给出

$$f_{vbc} = hf_r \pm f_p \qquad [7.15]$$

其中，$f_p = P \cdot f_{sl}$ 是极通频率（Pole Pass Frequency，PPF）；$f_{sl} = f_s - f_r$ 是转差频率；P 是磁极数。

我们可能在振动信号频谱中看到其他频率分量，即频谱中围绕转子条通频率（Rotor Bar Pass Frequency，RBPF）两侧的 $\pm 2f_s$ 频率；根据 [SCH 04]，RBPF = $N_r f_r$，因此，这些频率可以表示为

$$f_{vbc} = N_r f_r \pm 2f_s \qquad [7.16]$$

图 7.7 给出了工作在 50% 负荷下感应电机定子电流频谱的基波。一方面，我们可以观察到，相较于正常电机的频谱（见图 7.7a），由自然动态不对中导致的 $f_s - f_r$ 和 $f_s + f_r$ 频率分量的幅值，在故障电机的频谱（见图 7.7b）中有一个明显的增长。另一方面，因为转子出现故障，与这种类型故障相关的频率曲线在频谱中能清楚地观察到。通过同样的方式可以发现，在转速脉动情况下电流中的谐波与式 [7.10] 给出的通用公式完全一致。由式 [7.14] 给出的频率为 $f_s - 3f_r$ 的谐波并没有出现在正常电机的频谱中，而是在电机有故障时才出现，这是由转子断条故障引起的特有的不对中故障形式所导致的结果。这里需要注意的是，即

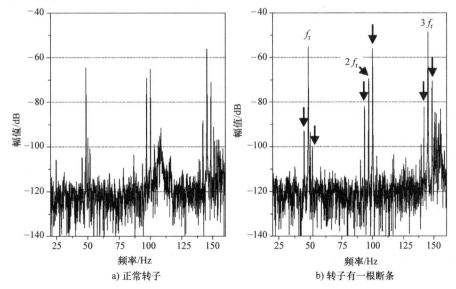

a) 正常转子　　　　　　　　　　b) 转子有一根断条

图 7.7　前 3 次谐波的径向振动频谱

使是正常电机，其基波两侧也会出现侧频带。

图 7.7 分别给出了在正常和故障转子情况下，围绕 3 次谐波的侧频带。根据式［7.12］，其主要区别是在故障情况下，这些分量的幅值会显著增大。

图 7.8 分别给出了正常情况以及一根转子断条（见式［7.15］）情况下 RSH 附近的频带。

考虑振动和声学分析，图 7.7 ~ 图 7.10 给出的由转子条故障产生的频率分量和前文中的公式一致，例如旋转频率整数倍附近的 $\pm f_p$；这可以用于解释故障引起各频谱分量的频率和幅值大小。表 7.2 总结了正常和故障情况下，不同类型信号频谱分量的频率和幅值。

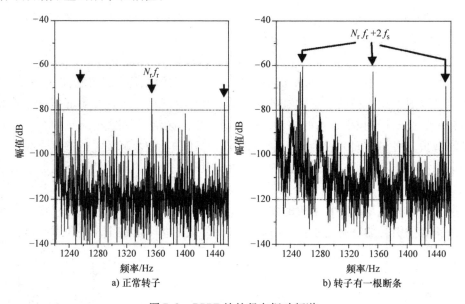

a) 正常转子　　　　　　　　b) 转子有一根断条

图 7.8　RBPF 处的径向振动频谱

7.4.2　轴承故障

滚珠轴承可能会由于装配问题，或者间接地由于电机和传动过程中的机械应变而产生故障。当通过电源逆变器供电时，电流也会导致性能恶化。可以通过振动信号分析、定子电流的频谱分析或噪声分析来进行故障检测。

7.4.2.1　定子电流特性

一方面，Schoen 等在［SHO 95］中表明，由于气隙内的任何不对中都会导致磁通密度异常，由此可以确定轴承振动与定子电流频谱之间的关系，其表达式为

$$f_{bng} = |f_s \pm mf_v| \qquad [7.17]$$

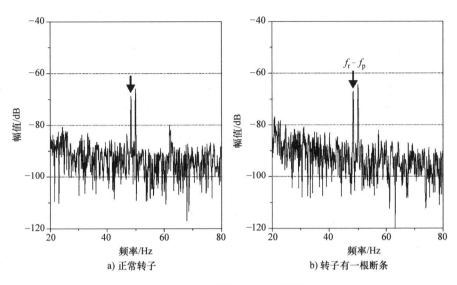

a) 正常转子 　　　　　　　　　　　　　　b) 转子有一根断条

图 7.9　基波周围的噪声频谱

其中，$m = 1$，2，3…；f_v 是特征振动频率。

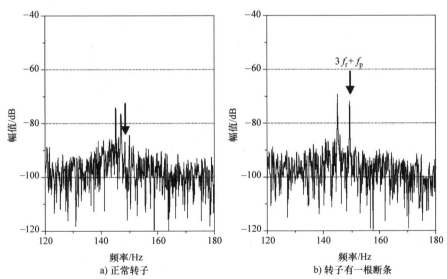

a) 正常转子 　　　　　　　　　　　　　　b) 转子有一根断条

图 7.10　3 次谐波周围的噪声频谱

另一方面，Blödt 在［BLÖ 08］中提出了三种故障类型的特征表达式：

$$\text{外圈故障} f_{\text{bng}} = \left| f_s \pm m f_o \right| \qquad\qquad [7.18]$$

$$\text{内圈故障} f_{\text{bng}} = \left| f_s \pm f_r \pm m f_i \right| \qquad\qquad [7.19]$$

$$\text{滚珠轴承故障} f_{\text{bng}} = \left| f_s \pm f_{\text{cage}} \pm m f_b \right| \qquad\qquad [7.20]$$

无论是哪种类型，将根据轴承尺寸计算特征振动频率（见图7.11）。这些轴承故障频率包括外圈频率f_o、内圈频率f_i、滚珠轴承频率f_b及鼠笼转子频率f_{cage}

$$f_i = \frac{N_b}{2} f_r \left(1 + \frac{Bd}{Pd}\cos\beta \right) \qquad [7.21]$$

$$f_o = \frac{N_b}{2} f_r \left(1 - \frac{Bd}{Pd}\cos\beta \right) \qquad [7.22]$$

$$f_b = \frac{Pd}{Bd} f_r \left[1 - \left(\frac{Bd}{Pd}\cos\beta \right)^2 \right] \qquad [7.23]$$

$$f_{cage} = \frac{f_r}{2} \left(1 - \frac{Bd}{Pd}\cos\beta \right) \qquad [7.24]$$

表 7.2　故障时信号的谱线幅值

表达式	频率/Hz	信号幅值/dB					
		电流		振动		噪声	
		正常	故障	正常	故障	正常	故障
$f_s - f_r$	1.61	−87	82				
$[1 \pm 2s]f_s$	46.7	−44	−34				
	53.3	−49	−34				
$f_s - 3f_r$	95.12	−83	−61				
$f_s + f_r$	98.35	−61	−66				
$(3 - 4s)f_s$	143.4	−77	−62				
$(3 - 2s)f_s$	146.7	−69	−61				
$(5 - 6s)f_s$	240.1	−65	−42				
$(5 - 4s)f_s$	243.4	−57	−39				
$[28(1 - s) - 1 \pm 2s]f_s$	1299	−94	−80				
	1306	−105	−80				
$[28(1 - s) + 1 \pm 2s]f_s$	1399	−80	−69				
	1406	−77	−70				
$f_r \pm f_p$	44			−105	−92		
	52			−102	−99		
$2f_r \pm f_p$	93			−108	−82		
	100			−65	−56		
$3f_r \pm f_p$	141			−89	−83		
	148			−71	−70		

（续）

表达式	频率/Hz	信号幅值/dB					
		电流		振动		噪声	
		正常	故障	正常	故障	正常	故障
$28f_r \pm 2f_s$	1253			-68	-63		
	1453			-77	-70		
$f_r - f_p$	45					-69	-67
$3f_r + f_p$	148					-84	-71

我们可以发现，必须知道 5 个物理参数来确定轴承故障的特征频率，即滚珠轴承直径 Bd ，平均直径或鼠笼直径 Pd ，滚珠轴承数 N_b ，弧度表示的接触角 β 及旋转频率 f_r 。

轴承中的故障部分能够产生和轴承转动动态特性有关的频率，产生的机械振动是各组件转速的函数。

然而，当安装在感应电机上轴承的几何尺寸未知时，我们将无法准确知道故障轴承的基波频率。此外，Schoen 在［SHO 95］中表明，对于大多数具有 6 ~ 12 颗滚珠的轴承，振动频率可以通过下式转换得更为接近

$$f_o = 0.4N_b f_r;\ f_i = 0.6N_b f_r \qquad [7.25]$$

式［7.25］给出的近似计算仅适用于 6200 系列轴承，并不适用于 6300 系列［STA 04］。但是，［CRA 92］提出了近似估计频率 f_{cage} 、 f_i 和 f_o 的方法（见表 7.8）。因此对于 6300 系列，频率近似值可表示为

$$f_{cage} = \left(\frac{1}{2} - \frac{1.2}{N_b} \right) f_r \qquad [7.26]$$

$$f_i = \left(\frac{N_b}{2} + 1.2 \right) f_r \qquad [7.27]$$

$$f_o = \left(\frac{N_b}{2} - 1.2 \right) f_r \qquad [7.28]$$

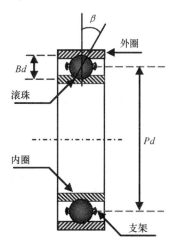

图 7.11　轴承珠的尺寸

7.4.2.2　外圈故障

图 7.12 ~ 图 7.15 分别给出了感应电机半载时，和轴承外圈故障相关的频率分量。在电流的频谱中，我们可以看到频率分量的幅值根据式［7.18］增加以及外圈的频率。至于径向振动的频谱和噪声，根据式［7.22］，频率上会有一个

明显的增大。最后，表7.3总结了在不同信号中由故障引起的频谱分量的频率和幅值。

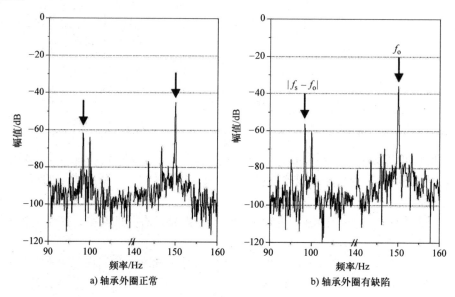

图7.12 定子电流频谱

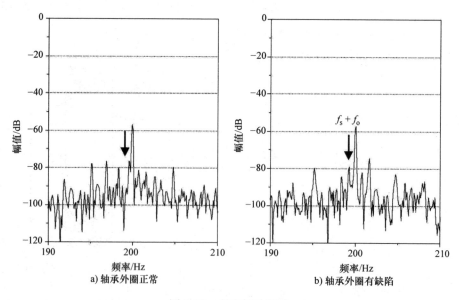

图7.13 径向振动频谱

7.4.2.3 滚珠轴承故障特性

采取和轴承外圈故障实验相同的负载条件，进行滚珠轴承故障实验。

图 7.16 ~ 图 7.20 给出了滚珠故障时的信号频谱。对于电流信号频谱，式 [7.19] 所示故障的频率幅值分别在 $f_s - f_{cage} - f_b$ 频率处略有增加；在振动频谱中的 f_b 以及 $2f_b$ 处，根据式 [7.23]，频率的幅值有所增大；与此同时，噪声频谱在 $3f_b$ 处的幅值也略有增加。表 7.4 总结了不同类型信号中由故障引起频谱分量的频率和幅值。

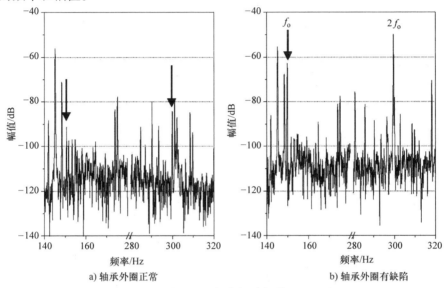

图 7.14　径向振动频谱

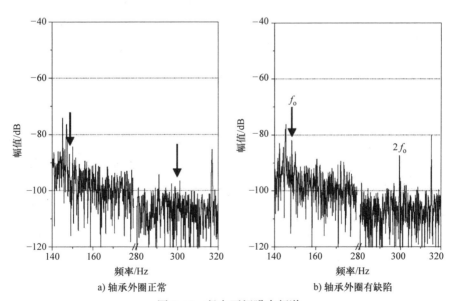

图 7.15　径向可闻噪声频谱

表 7.3　外圈故障引起的谱线幅值

表达式	频率/Hz	信号/幅值/dB					
		电流		振动		噪声	
		正常	故障	正常	故障	正常	故障
$f_s - f_o$	98	−76	−69				
$f_s + f_o$	199	−91	−79				
f_o	148			−117	−63	−87	−81
$2f_o$	296			−121	−50	−97	−87

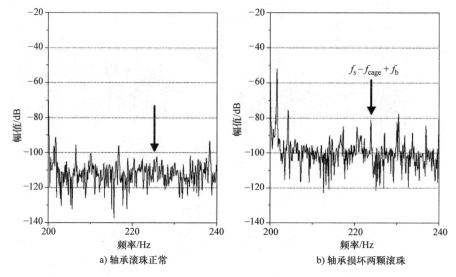

a) 轴承滚珠正常　　　　　b) 轴承损坏两颗滚珠

图 7.16　$f_{bng} = f_s - f_{cage} + f_b$ 附近的定子电流频谱

7.4.3　静态不对中故障

　　不对中是一种良性异常，在电机制造（装配）过程中会自然出现，滚珠轴承的装配尤其如此。转子不对中同样会在电机定子电流以及所引起振动信号的频谱中引入较多频率分量。当偏心率大于 20% 的时候，建议更换轴承或滚珠轴承。转子不对中可能会引起在承压轴承中闭合的单极电流，并导致轴承过早老化。

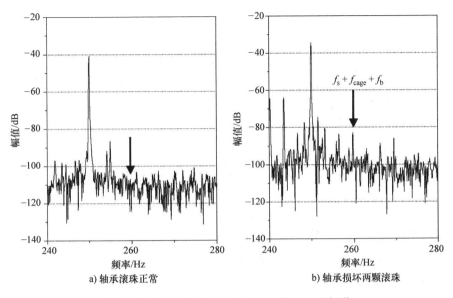

图 7.17　$f_{\text{bng}} = f_{\text{s}} + f_{\text{cage}} + f_{\text{b}}$ 附近的定子电流频谱

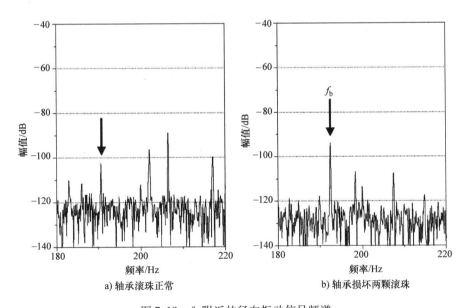

图 7.18　f_{b} 附近的径向振动信号频谱

7.4.3.1　定子电流频谱

不对中故障会改变感应电机定子电流的频谱；由于可能存在动态不对中以及同时具有动静态不对中等情况，我们根据实验结果只考虑静态不对中的情况。由静态不对中故障引起频谱分量的频率为

$$f_{s,ecc} = \left[kN_r \left(\frac{1-s}{p} \right) \pm 1 \right] f_s \qquad [7.29]$$

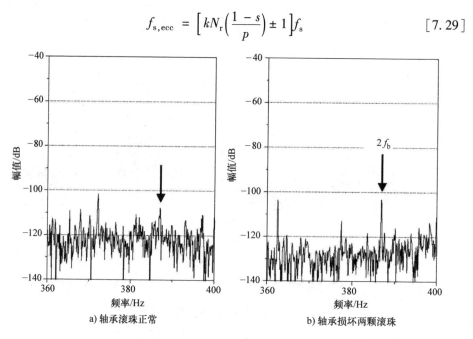

图 7.19 $2f_b$ 附近的径向振动信号频谱

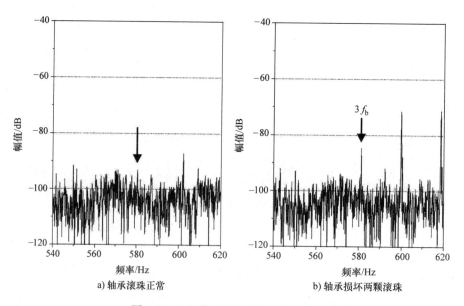

图 7.20 $3f_b$ 附近的径向振动信号频谱

其中，$k=1$，2，3…。

当我们考虑电机供电电压中包含的谐波时，电机定子电流频谱中由不对中故

障引起的频率为

$$f_{\mathrm{s,ecc}} = \left[kN_{\mathrm{r}}\left(\frac{1-s}{p}\right) \pm n \right]f_{\mathrm{s}} \qquad [7.30]$$

其中，n 是谐波次数（$n = 1$，3，$5\cdots$）。

表7.4 滚动轴承故障时的谱线幅值

表达式	频率/Hz	信号/幅值/dB					
		电流		振动		噪声	
		正常	故障	正常	故障	正常	故障
$f_{\mathrm{s}} - f_{\mathrm{cage}} + f_{\mathrm{b}}$	225	−83	−73				
$f_{\mathrm{s}} + f_{\mathrm{cage}} + f_{\mathrm{b}}$	262	−108	−82				
f_{b}	192			−102	−92		
$2f_{\mathrm{b}}$	384			−108	−102		
$3f_{\mathrm{b}}$	576					−92	−85

图 7.21 和图 7.22 显示了静态不对中故障的特征频率，频率范围为高频范围（RSH）。我们可以注意到谱线幅度相对偏心率灵敏度不够高；图 7.21 中给出了供电电压的基波（见式 [7.29]），而图 7.22 给出了在考虑电压 3 次谐波时引起的频谱（见式 [7.30]）。

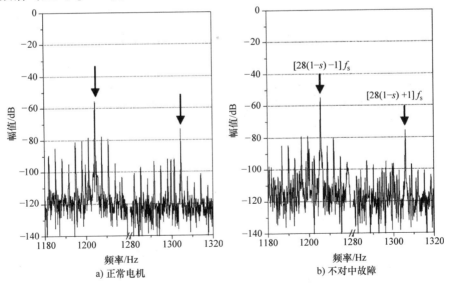

图 7.21 定子电流频谱，静态偏心率（$n = 1$）

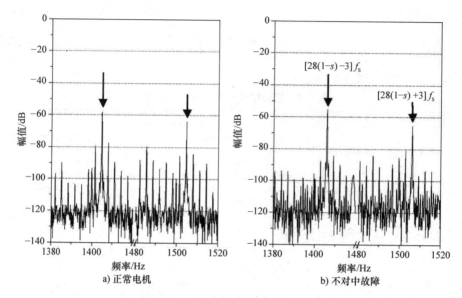

图 7.22 定子电流频谱，静态偏心率（$n=3$）

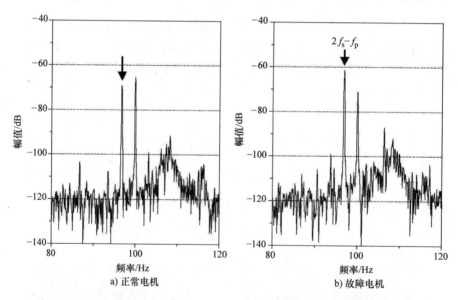

图 7.23 在频率 $F_{ecc} = 2f_s - f_p$ 处的静态不对中径向振动频谱

7.4.3.2 振动与可闻噪声频谱

转子不对中所产生的频率等于电源频率的两倍，即 $2f_s$，和极通频率 f_p 接近，其表达式为

$$F_{ecc} = k(2f_s \pm f_p) \qquad [7.31]$$

其中，$k=1$，2，$4\cdots$。

图 7.23 ~ 图 7.28 给出了正常电机以及不对中故障电机的振动信号频谱。

由图 7.23 可见，当 $k=1$ 时，因转子不对中引起的频率分量在 $2f_s - f_p$（根据式 [7.31]）处幅值有小幅上升，这个幅值变化实际上比较明显，但远小于 k 取值为 2 或 4 时的变化值（见图 7.24 和图 7.25）。

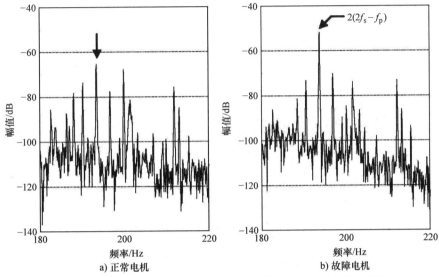

图 7.24　在频率 $F_{ecc} = 2(2f_s - f_p)$ 处的静态不对中径向振动频谱

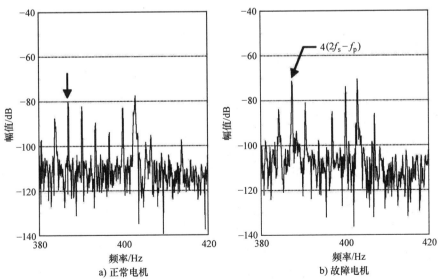

图 7.25　在频率 $F_{ecc} = 4(2f_s - f_p)$ 处的静态不对中径向振动频谱

同样的，图7.26 ~ 图7.28 给出了正常感应电机及转子不对中感应电机的可闻噪声频谱。这些谱线频率和预期值相同，并和径向振动频谱中的频率一致。这些谱线幅值的变化表明存在明显的不对中情况，可以用来判断是否存在不对中故障。

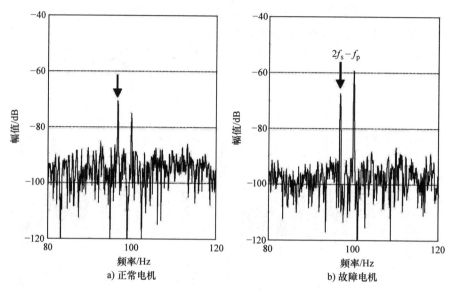

a) 正常电机   b) 故障电机

图 7.26　在频率 $F_{ecc} = 2f_s - f_p$ 处的静态不对中可闻噪声频谱

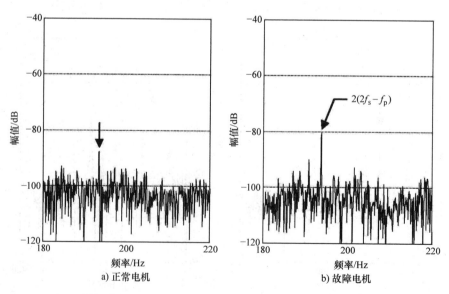

a) 正常电机   b) 故障电机

图 7.27　在频率 $F_{ecc} = 2(2f_s - f_p)$ 处的静态不对中可闻噪声频谱

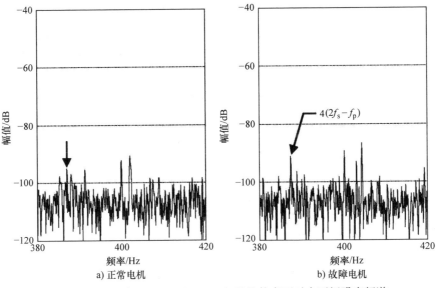

图 7.28　在频率 $F_{ecc} = 4(2f_s - f_p)$ 处的静态不对中可闻噪声频谱

最后，我们给出不对中故障在电机不同物理信号中引起频率分量的频率和幅值，归纳于表 7.5 中。这使我们能够确定与 RSH 相关的谱线幅值的相对不敏感度与不对中故障有关。因此，这些谱线无法合理地用于故障监测或诊断。然而，在式 [7.31] 中 k 取 2 或 4 对应频率处的谱线，可用于故障诊断，它们增大的幅值足以用来监测电机的正常状况。

表 7.5　不对中故障时观测谱线的幅值

表达式	频率/Hz	信号/幅值/dB					
		电流		振动		噪声	
		正常	故障	正常	故障	正常	故障
$[28(1-s)-1]f_s$	1303.4	−56	−55				
$[28(1-s)+1]f_s$	1403.4	−72	−76				
$[28(1-s)-3]f_s$	1203.4	−58	−55				
$[28(1-s)+3]f_s$	1503.4	−62	−65				
$2f_s - f_p$	96.7			−69	−62	−70	−68
$2(2f_s - f_p)$	193.66			−66	−50	−88	−80
$4(2f_s - f_p)$	387.32			−80	−72	−95	−91

7.4.4　匝间短路

在本章开头已经提到，我们针对 MAS$_2$ 感应电机进行了定子相匝间短路故障实验（MAS$_2$ 感应电机的详细技术参数请见附录 A）。实验时电机空载，该电机三相中在中间凹槽处的绕组被重新绕制，以短路一些预先选定的线圈；焊接在凹槽处的导线被接到接线板上。

7.4.4.1 定子电流分析

有两个在文献中被广为使用的方程可被用作匝间短路故障检测的故障指示器。第一个方程在［PEN 94］中介绍，主要用于低频情况下的故障检测，表达式为

$$f_{st} = f_s \left[n \frac{(1-s)}{P} + k \right] \Bigg|_{\substack{n=1,2,3\cdots \\ k=1,3,5}} \qquad [7.32]$$

其中，f_{st} 是定子线圈短路所引起的信号频率；$n = 1, 2, 3, \cdots$；$k = 1, 3, 5, \cdots$，P 为极对数；s 为转差率。

匝间短路会导致转子电流的幅值增大，增幅与故障严重程度成正比。这验证了在转子槽谐波（RSH）附近短路故障频率的观测结果；由此，［JOK 00］给出了第二个方程

$$f_s \left[1 + \lambda N_r \frac{(1-s)}{P} \right] \Bigg|_{\lambda=1,2,3\cdots} \qquad [7.33]$$

其中，λ 为整数；N_r 为转子条数。

图 7.29 给出了感应电机空载时定子电流的基波频谱。一方面，我们可以看到频率为 $f_s - f_r$ 和 $f_s + f_r$ 的频谱分量；由于电机的自然动态不对中，该分量也存在于正常电机的频谱中。

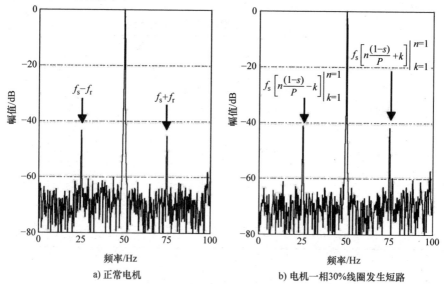

图 7.29　基波周围的定子电流频谱

另一方面，图 7.30 给出在感应电机线圈短路故障的情况下，同一频谱分量

依照式 [7.32] 产生的增幅。

在图 7.30 中，由于感应电机是空载，式 [7.33] 给出频率对应的谱线幅值相较于正常电机有轻微的增长。另一方面，在图 7.31 中，即使电机有一相 60% 的线圈发生短路，当电机空载运行，尤其 $\lambda = 1$ 时，可以发现在 RSH 上谱线幅值有较明显的上升。对于低频段，其幅值和此前一样，因此我们并未给出图示。这可以用于理解由于匝间短路所引起频谱分量的频率和幅值，其变化见表 7.6。

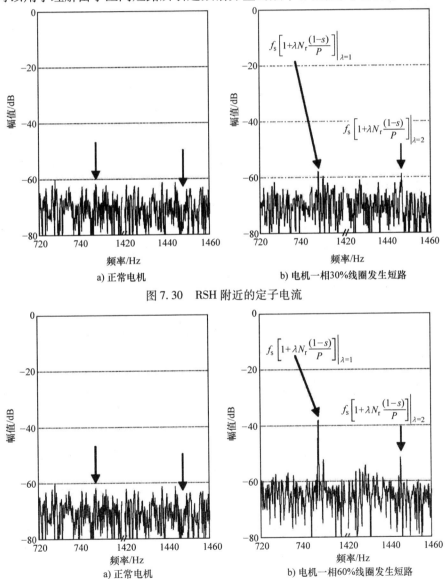

图 7.30　RSH 附近的定子电流

图 7.31　RSH 附近的定子电流频谱

表 7.6 匝间短路故障引起的频率分量幅值

表达式	频率/Hz	幅值/dB		
		正常	故障	
			30%	60%
$f_s\left[n\dfrac{1-s}{p}-k\right]\bigg|_{\substack{n=1\\k=1}}=f_s\left[\dfrac{(1-s)}{2}-1\right]$	24.70	-44	-41	-39
$f_s\left[n\dfrac{1-s}{p}+k\right]\bigg|_{\substack{n=1\\k=1}}=f_s\left[\dfrac{(1,s)^{\ominus}}{2}-1\right]$	74.66	-46	-42	-42
$f_s\left[1+\lambda N_r\dfrac{(1-s)}{p}\right]\bigg|_{\lambda=1}=f_s\left[1+28\dfrac{(1-s)}{2}\right]$	748	-62	-57	-38
$f_s\left[1+\lambda N_r\dfrac{(1-s)}{p}\right]\bigg|_{\lambda=2}=f_s\left[1+28(1-s)\right]$	1446	-70	59	-51

7.5 本章小结

随着矢量控制技术的发展，感应电机被广泛应用于工业系统中，但其使用维护会导致电机逐步发生老化。本章的目的是利用信号处理方法实现先进的电机故障诊断技术。围绕这个目标，我们通过进行真机故障实验开展相关研究工作，以达到诊断这些故障的目的。本章分为两部分，第一部分针对转子故障，如转子断条和轴承故障；第二部分专门针对定子相中的匝间短路故障。我们以非穷尽的方式，详细列举了在故障诊断领域中的常见技术和研究假设。我们在电机中人为制造了研究所需的所有故障，以便验证前面介绍的诊断方法，包括给转子条钻孔以模拟断条故障、在轴承外圈中开槽、磨损滚珠轴承、在第二台电机中重新绕线以实现匝间短路。然后，我们采用FFT得到信号频谱的变化以对这些信号进行分析，给出了每种故障固有的频率特征信号，这些频率分量会出现在不同信号的频谱中。通过研究并分析感应电机中的大量电气和机械故障，我们可以做出结论，振动信号分析和声学技术可以为机械故障的诊断提供最好的诊断结果；针对电气故障，对电流信号进行分析可以得到较好的诊断结果。需要指出的是，该类故障的诊断还存在一些问题，因为相邻线圈之间的故障会对电机的行为产生不同的影响，就像电机出现异常过热和破坏性转速一样，可能随之在线圈之间引起完全不同的故障。

7.6 附录

7.6.1 附录 A 实验使用电机的部分特性参数

本附录给出了实验使用电机的部分特性参数。在品牌为 SEW USOCOME 的

$\ominus$ 此处疑有误。——编者注

电机上进行了多种故障实验，但是定子绕组线圈短路故障实验是在品牌为 FIMET 的电机上进行的。

表 7.7 所使用感应电机的特性参数

参数	MAS$_1$	MAS$_2$
品牌	SEW USOCOME	FIMET
功率	3kW	3kW
电流	5.9A	6.13A
极对数	2	4
转子条数	28	28
定子槽数	36	36
额定转速	2800r/min	1380r/min

7.6.2 附录 B 实验使用滚珠轴承的部分特性参数

本附录给出了实验使用滚珠轴承的部分特性参数，6025 系列轴承安装于通风机旁，6306 系列轴承用来在实验中实现故障。

表 7.8 滚珠轴承尺寸

参数	6306	6205
品牌	KG	KG
滚珠数	8	9
平均直径	51mm	46mm
滚珠直径	12mm	10mm
接触角 β	0″	0″

7.7 参考文献

[ABE 02] ABED A., Contribution à l'étude et au diagnostic de la machine asynchrone, thesis, Henri Poincaré University, Faculté des Sciences de Nancy 1, 2002.

[BLÖ 08] BLÖDT M., GRANJON P., RAISON B., ROSTAING G., "Models for bearing damage detection in induction motors", *IEEE Transactions on Industrial Electronics*, vol. 55, no. 4, p. 1813-1822, April 2008.

[BON 88] BONNETT A.H., SOUKUP G.C., "Analysis of rotor failures in squirrel-cage induction motors", *IEEE Transactions on Industry Applications*, vol. 24, no. 6, p. 1124-1130, November/December 1988.

[BON 92] Bonnett A.H., Soukup G.C., "Cause and analysis of stator and rotor failures in three-phase squirrel-cage induction motors", *IEEE Transactions on Industry Applications*, vol. 28, no. 4, p. 921-937, July/August 1992.

[CRA 92] Crawford A.R., Crawford S., *The Simplified Handbook of Vibration Analysis Vol 1: Introduction to Vibration Analysis Fundamentals*, Computational Systems Incorporated, 1992.

[DEL 84] Deleroi W., "Broken bar in squirrel-cage rotor of an induction motor. Part I: Description by superimposed fault-currents", *Archiv Fur Elektrotechnik*, vol. 67, p. 91-99, 1984.

[DID 04] Didier G., Modélisation et Diagnostic de la machine asynchrone en présence de défaillances, thesis, Henri Poincaré University, Faculté des Sciences de Nancy 1, 2004.

[FIS 99] Fiser R., Ferkolj S., "The progress in induction motors fault detection and diagnosis", *Proceedings of EEDEEQ '99 4th International Symposium Maintenance of Electrical Machines*, Zagreb, Croatia, November 15-16, 1999.

[HEI 98] Hein D., Identification de la machine asynchrone en vue du diagnostic de pannes, thesis, CNAM de Paris, Centre Associé de Metz, 1998.

[JOK 00] Joksimovic G.M., Penman J., "The detection of inter turn short circuits in the stator windings of operating motors", *IEEE Transactions on Industrial Electronics*, vol. 47, no. 5, October 2000.

[MEL 99] Melero M., Cabanas M., Faya F., Rojas C., Solares J., "Electromagnetic torque harmonics for online inter turn short circuits detection in squirrel cage induction motors", *EPE'99*, Lausanne, Switzerland, p. 9, 1999.

[PEN 94] Penman J., Sedding H.G., Lloyd B.A., Fink W.T., "Detection and location of inter turn short circuits in the stator winding of operating motors", *IEEE Transactions on Energy Conversion*, vol. 9, no. 5, December 1994.

[SCH 04] Scheffer C., Girdhar P., *Practical Machinery Vibration Analysis and Predictive Maintenance*, Elsevier, 2004.

[SHO 95] Shoen R.R. *et al.*, "Motor bearing damage detection using stator current monitoring", *IEEE Transactions on Industry Applications*, vol. 31, November-December, 1995.

[STA 04] Stack J.R., Harley R.G., Habetler T.G., "An amplitude modulation detector for fault diagnosis in rolling element bearings", *IEEE Transactions on Industrial Electronics*, vol. 15, no. 5, October, 2004.

[THO 01] Thomson W., Fenger M., "Current signature analysis to detect induction motor faults", *IEEE Transactions on Industry Applications*, vol. 7, no. 4, July-August, 2001.

第 8 章

基于神经网络的感应电机故障诊断

Monia Ben Khader Bouzid，Najiba Mrabet Bellaaj，Khaled Jelassi，Gérard Champenois，Sandrine Moreau

8.1 概述

感应电机由于其较好的鲁棒性而被广泛使用，但是与其他设备相比，感应电机没有故障保护，可能会受到发生在电机定/转子或两者上的电气及机械故障的影响。为了保证电机的正常运行，尽可能早地检测出电机可能会发生的故障非常重要。本章重点针对感应电机的两种电气故障展开研究：定子绕组匝间短路引起的定子故障，以及笼型转子断条引起的转子故障。工业设备的运行安全性要求和生产力要求促进了电机故障检测和诊断研究工作的高速发展，研究出很多故障诊断方法。

人工神经网络（Artificial Neural Networks，ANN）在实现故障诊断和监控过程的自动化方面具有良好的性能，已经证明由于 ANN 具有较好的模式识别和分类能力，可用于实现故障检测。由此，本章研究一种基于神经网络的监测系统用于感应电机的故障检测和诊断。

该系统包括三个主要电路，第一个电路用于检测定/转子故障，第二个电路在定子故障情况下实现故障相的定位，第三个电路用于在转子故障情况下识别转子中的断条数。

应用于故障诊断领域的 ANN 的性能和神经网络输入的质量及特性直接相关，这些输入数据被称为故障指示器。对于故障检测过程，一个直接的思路是使用电流幅值作为神经网络的输入，但是该方法并不合适，特别是在负载变化的情况下；因此，可以先对输入信号进行预处理，以得到更好的故障指示器。

我们选择使用参数估计方法中的残差，该残差在电机正常运行时为零，出现故障时不为零。为了提高从残差中所发现故障的区分度，通过傅里叶变换进行第二次预处理。傅里叶变换通过频谱中特定的频率谱线来指示故障，ANN 可以完全区分这些谱线。此外，故障识别技术对于故障检测具有鲁棒性，由于外部原因（温度或磁场状态）导致的参数变化不会被认为是故障。对于定子故障的定位电路，所选择的故障指示器是相电压和线电流之间的相位差。在匝间短路故障的情况下，这些相位差对于故障相的正确定位非常有效。为了识别转子断条的数量，神经网络采用定子电流频谱的幅值和频率（它们包含故障特征）作为故障指示器，该神经网络用于自动确定转子断条的数量。

本章首先介绍神经网络及其不同结构，然后介绍基于神经网络的电机定/转子故障检测实验验证过程，最后，介绍完整的监测系统及其性能测试。

8.2 在故障诊断问题中 ANN 的使用方法

目前，ANN 是一个众所周知的数据处理和监测技术，应该是每一名工程师所使用工具箱中的一部分，用于从所处理的数据中提取最相关的信息：进行预测和数据挖掘、建立模型及识别模式或信号。在本章中，ANN 通过从测量信号中识别故障特征，以检测和诊断感应电机的故障。

与生物神经系统类似，ANN 是人工神经元的一种大规模连接，神经元通过突触相互连接；ANN 具有存储经验知识并使用它们的本质特性；ANN 首先要进行学习，该过程主要包括通过调整神经元间的连接权重来估计神经元的参数，最终使得这些神经元能够完成它们的任务。ANN 的下列能力使其能够为工业设备的监测问题提供吸引人的解决方案：处理与分类、模式识别、深度学习和泛化能力及非线性数据的快速处理［DRE 02］。

根据神经网络输出数据的性质，ANN 可以通过两种不同的方式用于系统监测：作为主要的分类和识别工具（分类器），或者作为辅助工具使我们可以在传感器输出数据的基础上重构指定的变量（参数估计器）［CAS 03］。该参数估计可以用于获取难以测量，但对于决策过程或预测未来值非常重要的变量值。在故障诊断中，ANN 用作模式识别工具，诊断问题由此变为识别问题，每种模式均代表系统的观察数据集合或测量数据集合（定性或定量数据），每种类别对应系统的不同操作和故障模式。

在本研究中，故障诊断依赖于 ANN 的设计，ANN 的作用是将电机的每个运行特征映射为相应的正常或故障运行状态。为了更好地理解 ANN 在故障诊断中的应用，有必要先回顾一下在该领域应用 ANN 所需采取的步骤。

8.2.1 选择故障指示器

为了有效利用 ANN，必须由感应电机的故障诊断专家对电机在故障和正常运行期间不同仿真变量进行尽可能仔细的初步分析，该分析通过一个重要且有区分度的方式使我们能够选择最具代表性的故障指示器，并作为神经网络的输入数据。

寻找有识别能力的故障指示器是极其重要的步骤，可决定 ANN 分类的效率。

选择合适的故障指示器使我们能够确定每个 ANN 的输入个数。因此，ANN 的输入数量和故障指示器数量一样多。

采用基于电流的方法实现感应电机故障诊断。在该方法中，ANN 是实现自动识别电机正常和故障运行状态的重要工具。然而，神经网络输入数据的选择和预处理对于高效的故障诊断来说是非常重要的。神经网络的输入数据是从电机信号中提取出来的，这些电机信号可以揭示故障。因此，电机的状态监测主要就是连续监测这些信号。

为了在不破坏电机的情况下，清楚和准确地了解故障对感应电机动态特性造成的影响，先采用数学模型进行仿真研究，该模型用来描述电机的实际动态特性。对电机仿真变量（电流、速度、扭矩）的深入分析将使我们能够建立两个故障中每一个的特征信号［BOU 09］。

实际上，定子故障可以通过发生故障相线电流的增大以及线电流和相电压之间相位差的不对称两个指标来进行描述；而转子故障会导致三相定子电流幅值的低频变化，相电流间的相位差仍旧保持 120°。由此，输入的选择主要是基于定子电流的监测值，因为它可以明显地反映出存在的定/转子两种故障，并且可以进行区分。此外，电流传感器简单、廉价，在所有的调速系统中都有使用。

8.2.2　选择神经网的结构

不同文献中有多种类型的 ANN 结构［DRE 02］。前馈型神经网络中的多层感知器（Multi-Layer Perceptron，MLP）神经网络是在分类应用中最常使用的结构［RAJ 08］。在本章中，采用前馈型 MLP 神经网络进行故障诊断。

前馈型 MLP ANN 的结构包括一个输入层、一个或多个隐层及一个输出层。一个具有两个隐层的 ANN 结构如图 8.1 所示。设计者可以决定网络的输入、输

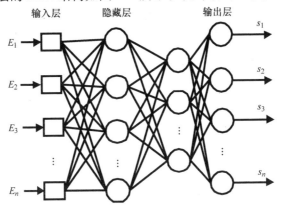

图 8.1　MLP 网络结构

出，传递函数的类型及神经元之间的连接。网络输入的个数和故障指示器的数量一致；输出层神经元的个数等于输出类别（或模式）的个数 k；而隐层中神经元的个数很难通过先验知识决定，目前也没有通用的判断法则，一般来说，可以根据迭代算法并考虑训练和测试效果，然后加以确定。

8.2.3 建立学习和测试数据库

在选择故障指示器和网络结构后，接下来在第三阶段要通过仿真或电机实验平台获取数据，然后将这些数据进行处理和分类并存储于数据库中。这些数据由 N 个样本组成，且被分为两组：一组是 ANN 学习样本集，包含 $N - N_0$ 个样本；而另一组是 ANN 的测试样本集，包含 N_0 个样本，用于测试训练后的 ANN。

学习样本集必须要有代表性，在样本的质量和数量上均能代表电机的不同运行模式。例如，ANN 的输入向量可表示为 $E = \begin{bmatrix} E_1 & E_2 & E_3 & \cdots & E_n \end{bmatrix}^T$。如前文所述，ANN 的任务是尝试将每个输入变量和电机（正常或故障的）运行状态建立起联系。这些运行状态即为期望的输出向量，被称为目标，记为 $T = \begin{bmatrix} T_1 & T_2 \cdots T_N \end{bmatrix}^T$。在这种情况下，从输入到输出的映射直接代表了一个故障诊断过程 [RAJ 08]。因此，$[E; T]$ 向量表示 ANN 的学习数据库。

8.2.4 神经网络的学习和测试

一旦数据库准备就绪，神经网络就会理解和学习训练集提供的样本，这是 ANN 学习过程的一部分。在这种情况下，ANN 通过学习样本调整神经元的连接权值，以建立输入和输出数据之间的非线性映射关系，上述样本只在学习阶段提供给 ANN。ANN 的成功应用取决于训练样本集中包含信息的质量，如果数据库是基于实验数据建立的，数据的预处理是理解其质量的一个重要因素。

学习的作用是最小化目标函数，该函数是网络期望输出和实际输出之间的方均差（Mean Square Error, MSE）。输出是在训练样本集提供的不同样本基础上，采用某种迭代算法计算得到的。在 ANN 每次接受训练样本的时候，通过迭代计算的方式修正突触的连接权值。本章采用的迭代学习算法是梯度反向传播算法，该方法是最常用的学习算法，用来实现前馈 MLP 网络的学习 [VEN 03]。

测试或"泛化"阶段包括通过使用未包含在训练集中的样本来测试神经网络的性能。神经网络在学习过程结束后紧接着进行测试，以避免出现过度学习和学习不足的问题 [DRE 02]。反向传播算法可能陷入局部极小值，在这种情况下，MSE 没有达到全局最小。因此，我们需要重复学习过程，直到实现期望的性能。学习和测试使我们能够寻求 ANN 的最佳结构，如 ANN 隐层中神经元的数量，选择的最佳结构可以在最小化学习方均差（Learning Mean Square Error, LMSE）和最小化测试方均差（Test Mean Square Error, TMSE）两个优化目标之间保持平衡。

8.3　监测系统概述

　　本章的目的是设计一个电机状态监测系统，以避免电机性能完全劣化，从而提高电机的可用性。监测系统的完整功能包括故障检测和诊断。因此，该系统可用于检测和诊断感应电机的故障，故障类型主要包括：匝间短路的定子故障，鼠笼断条的转子故障，以及同时发生的定/转子故障。

　　所设计监测系统的神经网络结构如图 8.2 所示。该系统由三个神经网络组成：神经网络 RN_d 用于检测定/转子故障，RN_{cc} 用于定位定子上的匝间短路故障，RN_{bc} 用于确定转子上的断条数 [BOU 09]。RN_d 是监测整个系统的主要神经网络，在故障发生的初始阶段，实现故障的智能检测，并区分是定子和/或转子故障。故障的定位、识别以及确认功能由 RN_{cc} 和 RN_{bc} 两个神经网络实现。当 RN_d 的第一个输出 S_{1d} [注]检测到定子发生故障时，RN_{cc} 电路可输出发生短路故障的定子相（见图 8.2）；同样地，如果 RN_d 通过激活第二个输出 S_{2d} [注]来指示发生转子故障，RN_{bc} 网络输出转子出现断条的数量（N）。

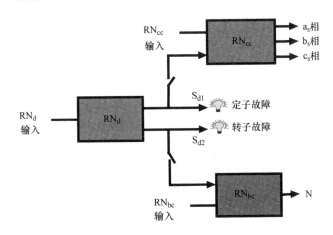

图 8.2　感应电机监测系统的整体神经网络结构

　　我们将在本章后续部分证明上述系统对故障足够敏感，可以有效检测故障，并且鲁棒性强，可以在存在干扰的情况下避免误报警，干扰包括噪声以及由于发热或电机磁路饱和导致的电气参数变化。

　　⊖　图 8.2 中 RN_d 输出记为 S_{d1} 和 S_{d2}，但原文中多处写为 S_{1d} 和 S_{2d}。——译者注

8.4 故障检测可能出现的问题

检测出现在感应电机中的早期故障是非常重要的任务。为了确保检测功能是有效的和可靠的，检测系统必须具有足够高的灵敏度，以实现安全的故障检测；同时，考虑到在工业过程中误报警会影响生产过程，系统还必须具有较好的鲁棒性，以避免误报警。RN_d 网络同时用于检测是否存在故障以及对电机两种不同类型故障进行分类。然而，在正常运行时，电机的结构参数（磁阻和电感）会受温度和磁饱和的影响而发生改变。在电机发热的影响下，电阻值会根据如下公式发生变化 [CAS 03]

$$R = R_0(1 + \alpha\Delta T) \qquad [8.1]$$

其中，R_0 为 R 在 $T = 25℃$ 时的值；α 为电阻的温度系数；ΔT 为温度变化。

此外，温度的上升导致转子体积增大，进一步导致转子和定子间的气隙宽度"e"减小。根据由安培定理得到的式 [8.2]，在恒定磁场 H 下，磁路"1"的缩短会导致磁动势（$n \cdot i$）减小；因此，磁化定子的电流 i 和定子绕组线圈匝数 n 满足

$$H \cdot 1 = n \cdot i \qquad [8.2]$$

根据式 [8.3]，如果磁化电流在温度升高时减小，则在恒定的磁通 φ 下，定子绕组的磁化电感 L 将增大 [SAI 76]。

$$L = n\varphi/i \qquad [8.3]$$

在正常运行期间，电机的电气参数因此发生变化。尽管此时线电流发生改变，但是电机运行状态不能被认为是故障模式。在这种情况下，如采用基于电机电流残差变化的 ANN 监测电机，则有可能会产生误报警。为了避免这个问题，8.5 节将介绍一种鲁棒性更好的故障检测方法。

8.5 提出的鲁棒检测新方法

电机定/转子两类故障检测方法的原理如图 8.3 所示，该检测方法在使用 RN_d 神经网络之前，对输入数据进行了两次预处理。第一步预处理的目的是为了在电机参数正常变化的情况下提高故障检测的鲁棒性，该参数变化可能是由电机发热或者磁饱和程度的变化（去磁操作）引起的。为此，我们在基于输出误差的参数估计过程的帮助下，持续调整 Park 模型的参数 [MOR 99a]。

该系统的特点为

- 由于电机的辨识模型非常接近实际模型，即使电机参数出现正常变化，残差也基本为零；

- 故障情况下出现非零残差：故障实际上被看作是一个建模误差，增大了 d 轴和 q 轴上的残差。

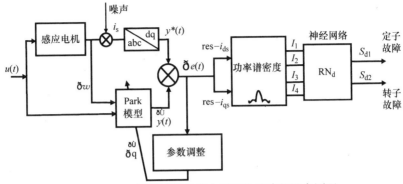

图 8.3 RN$_d$ 神经网络检测电机两类故障的基本原理

Park 模型的输入采用电机转速，使我们可以不考虑负载的变化。此外，为了确保故障检测仿真实验的真实性，在测量电流中加入了白噪声；我们还叠加了三个正弦信号，其频率分别为 20Hz、140Hz 以及 5030Hz，幅值分别为 0.2A、0.1A 和 0.15A。

一旦 d-q 轴电流产生残差 res-i_{ds} 和 res-i_{qs}，第二步预处理进行频谱分析，以提取四个故障指示器（I_1，I_2，I_3，I_4）。这些指示器是神经网络 RN$_d$ 的输入，其含义将在后文中进行说明。

如图 8.3 所示，为了区分两类故障，神经网络 RN$_d$ 有两个输出。定子故障通过第一个输出 S$_{d1}$ 表示，而转子故障通过第二个输出 S$_{d2}$ 表示。

8.5.1 产生估计的残差

通过输出误差法来估计电机 Park 模型的四个电气参数（R_s，R_r，L_r，L_f）。该方法需要最小化如下二次多变量函数

$$J = \sum_{k=1}^{K} (i_{ds}^* - \hat{i}_{ds})^2 + \sum_{k=1}^{K} (i_{qs}^* - \hat{i}_{qs})^2 \qquad [8.4]$$

其中

$$i_{ds}^* - \hat{i}_{ds} = \text{res} - i_{ds} \qquad i_{qs}^* - \hat{i}_{qs} = \text{res} - i_{qs}$$

与仅最小化单个变量的情况相比，最小化多个变量的优点是该函数可以为估计器提供更为丰富的信息。

式［8.4］的最小化是采用 Levenberg-Marquardt 类型的非线性规划来实现，以迭代的形式对参数向量 $\underline{\theta}^T = [R_s, R_r, L_r, L_f]$ 进行估计。

此外，为了确保辨识算法可收敛并可提供尽可能接近电机参数的最优值，需要使用多种激励信号［MOR 99b］。在电机正常运行时能够给出最好辨识结果的激励方案是使用电压励磁。

激励信号包括额外注入四个频率分别为 10Hz、20Hz、30Hz 和 40Hz 的正弦电压信号到主电压中（50Hz），激励电压的幅值分别为 1.2V、1.5V、1.8V 和

2.2V。由于这些电压幅值已经确定，由这些电压产生的激励电流，其幅值不超过主电流的10%，因此可以在不干扰电机正常运行的情况下激励电机。

注释：参数辨识对于建立 Park 模型非常重要，因为 Park 模型是产生残差的基础。如果电机在相同条件（相同参数）下运行，我们可以省略参数匹配环节，但是这样性能会不可避免地出现恶化。相反，如果运行条件发生变化，参数的匹配环节对于辨识算法来说是必不可缺的。

8.6 定/转子故障的特征

Park 电流残差的频谱分析可使我们能确定电机的运行模式（故障或正常运行）、诊断故障类型及给出故障严重程度。事实上，频谱分析也可使我们得到对应不同故障的不同频谱特征，这些频谱特征对于使用 RN$_d$ 神经网络检测故障很有帮助〔MOR 99a〕。

8.6.1 正常运行时的残差分析

很明显，如果要研究故障电机的频谱，我们首先要分析电机正常运行时的频谱，以确定当出现故障时频谱中新出现的谱线。在额定负载转矩（$C = 7nm$）情况下，$\text{res} - i_{ds}$ 和 $\text{res} - i_{qs}$ 噪声估计值的仿真残差功率谱密度（Power Spectral Density, PSD）如图 8.4 所示。在电机无故障情况下，所研究的频率范围内没有特殊的谱线。

8.6.2 定子故障时的残差分析

8.6.2.1 定子故障时的残差频谱分析

为了研究匝间短路故障对估计残差频谱的影响，负载转矩保持为额定值（$C = 7nm$），

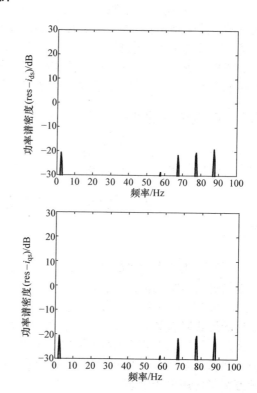

图 8.4　电机无故障情况下 Park 电流残差估计的 PSD

同时在 a_s 相设置 n 匝线圈发生短路故障［BAC 03］。图 8.5 和图 8.6 给出了 a_s 相不同匝数线圈发生短路故障时（每相线圈总匝数均为 464 匝，分别设置 1 匝、5 匝、10 匝线圈发生短路），Park 电流估计残差的频谱。上述匝间短路故障导致在频谱中出现 97.4Hz 的频谱分量，频率为 $(2f_s - gf_s)$，这验证了［BOU 09］中的结果。该谱线的幅值跟随短路线圈匝数的变化成比例地变化（约 2dB/匝）。即使只有 1 匝线圈发生短路，该谱线也有明显的幅值。一般来说，如果 n 匝线圈发生短路，该谱线幅值的表达式为

$$如果\ n \geqslant 1，谱线幅值(dB) = -1.85 + \log(n) \qquad [8.5]$$

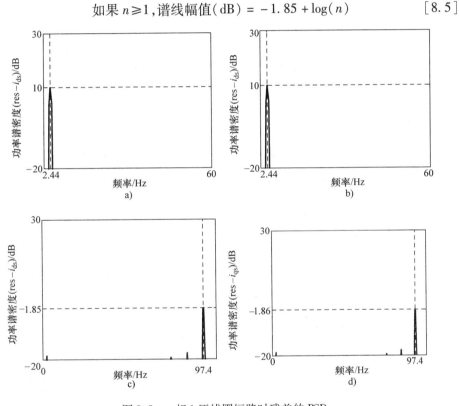

图 8.5　a_s 相 1 匝线圈短路时残差的 PSD

需要提及的是，当故障发生在 b_s 相或 c_s 相时，可以得到相同的频谱特征。根据图 8.5 和图 8.6，定子故障对 $(2f_s - gf_s)$ 分量的影响几乎和对 $res - i_{ds}$ 及 $res - i_{qs}$ 两个频谱的影响相同。因此，我们只需要针对一个 PSD 展开研究就够了，本书采用 $res - i_{ds}$。

8.6.2.2　负载对残差频谱的影响分析

本节针对负载变化对估计残差频谱的影响展开研究。图 8.7 给出了在不同负载情况下，a_s 相中 5 匝线圈发生短路时，8.6.2.1 节所述频谱的变化。图 8.7a 为

电机接额定负载时的频谱，图 8.7b 为电机空载时的频谱。由图 8.7 可见，负载的变化导致谱线频率发生变化，但不会改变谱线的幅值，这是匝间短路故障在 $res - i_{ds}$ 残差频谱中表现出来的特性。谱线的频率会随着负载的减小而增加，关系式为

$$f_{line} = 2f_s - gf_s \tag{8.6}$$

综上，根据前文分析可知，匝间短路故障的故障特征是会在 Park 电流残差频谱中引入频率为 f_{line} 的谱线，该谱线的幅值大小表征了故障的严重程度（三相电机每一相中如果出现 1 匝线圈短路则谱线幅值增加 2dB），谱线的频率表征电机连接负载的情况。

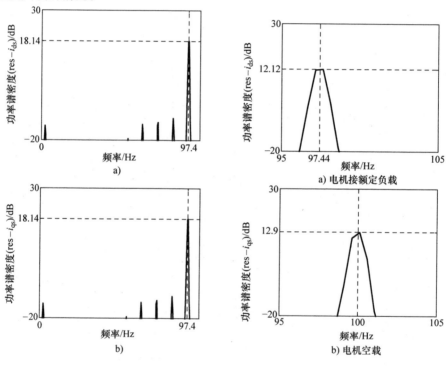

图 8.6　a_s 相 10 匝线圈短路时残差的 PSD

图 8.7　负载变化时 $res - i_{ds}$ 的 PSD

8.6.3　转子故障时的残差分析

8.6.3.1　转子故障时的残差频谱分析

估计 Park 电流的残差频谱也可用于表征电机带负载运行时转子断条故障的频谱特征［BAC 03］。图 8.8 和图 8.9 分别给出了电机带额定负载（$C = 7nm$）时，在转子发生不同根数断条故障（断条数 N 分别为 1、2 和 3）的情况下，估计 Park 电流残差 $res - i_{ds}$ 和 $res - i_{qs}$ 的 PSD。

从图中可以看出，一方面，转子故障导致频谱中出现了新的频谱线，该谱线频率很低，等于 2.44Hz，其计算式为

$$f'_{line} = gf_s \qquad [8.7]$$

（式中，g 是电机转差率）；另一方面，可以看出谱线幅值和断条数 N 之间存在联系，与只存在 1 根断条情况下的谱线幅值相比，该谱线幅值几乎和断条数 N 成比例。

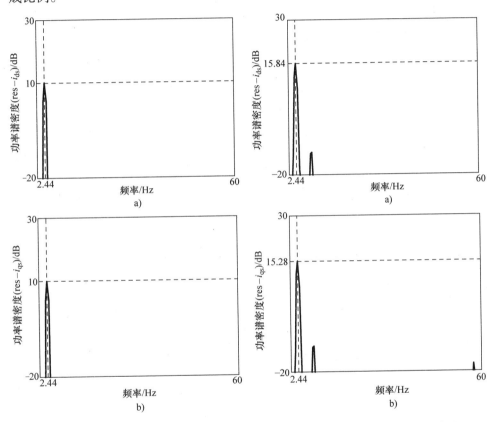

图 8.8　转子发生 1 根断条故障时　　　图 8.9　转子发生 2 根断条故障时
　　　　　估计残差的 PSD　　　　　　　　　　　估计残差的 PSD

8.6.3.2　负载对残差频谱的影响研究

在研究转子断条数对残差频谱的影响后，进一步研究负载对 res $- i_{ds}$ PSD 的影响。图 8.10 给出了电机在不同负载情况（空载和满载）下，转子发生 1 根断条故障时，仿真 i_{ds} 残差的 PSD。由图可见，负载的变化会导致转子故障特征谱线的频率 f'_{line} 发生变化，和式 [8.7] 一致。与定子故障相反，谱线的幅度和负载大小成比例。

由此，用来表征断条故障特征谱线的幅值表达式为

如果 $N \geqslant 1$，谱线幅值(dB) $= 20[\log(kf_{line}) + \log(N)]$ 　　　[8.8]
对于实验电机，$k = 1.4$。

针对上述研究，我们可以得出结论，在考虑电机负载的情况下，频谱中频率为 $g \cdot f_s$（取决于负载）的低频谱线的出现可作为转子故障的表征，该谱线的幅值可表示故障的严重程度。

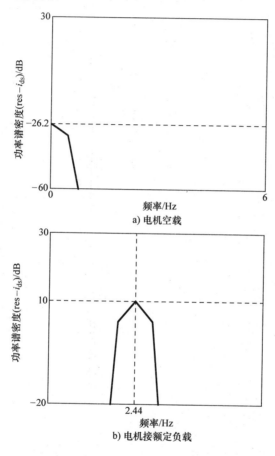

a) 电机空载

b) 电机接额定负载

图 8.10　转子出现 1 根断条故障时 res $- i_{ds}$ 残差的 PSD

8.6.4　同时存在定/转子故障时的残差分析

前文分别在发生电机定/转子两类故障时，对估计的 Part 电流残差频谱进行分析；本节考虑电机定/转子同时发生可影响电机的故障，同样采用 Park 电流残差频谱分析方法进行故障诊断。

在电机带额定负载、定/转子同时发生故障的各种情况中，估计残差的频谱中包含分别和两类故障相对应的两个频率分量：频率为 $g \cdot f_s$ 的分量代表发生转子故障，频率为 $2 \cdot f_s - g \cdot f_s$ 的分量表示发生定子故障。这两条谱线幅值的大小分别代表两类故障的严重程度，如式［8.5］和式［8.8］所示。负载变化对频谱的影响与单独考虑定/转子故障情况下分析得出的结论一致。

8.7 利用 RN_d 神经网络检测故障

8.7.1 提取故障指示器

前文针对仿真信号进行了频率分析，该研究表明，估计残差的频谱包含了丰富的和有价值的信息，使我们能够检测和区分定子和转子两类故障。事实上，这些频谱可以通过出现和各故障特征频率相关联的新谱线来告诉我们是否存在定子故障、转子故障或者同时发生的定/转子故障。每个故障对应的谱线具有各不相同、并且不会相互重叠的优点。

从频谱中提取和每个故障对应的指示器，作为 RN_d 神经网络（后简称 RN_d 网络）的输入，以实现两类故障的检测［BOU 07］。为此，选择 4 个故障指示器用于检测定子和转子故障，通过向量 E 表示，该向量是 RN_d 网络的输入，其表达式为

$$E = \begin{bmatrix} I_1 & I_2 & I_3 & I_4 \end{bmatrix}^T \qquad [8.9]$$

其中，I_1 和 I_2 是 2Hz 频率点附近 $\text{res} - i_{ds}$ 和 $\text{res} - i_{qs}$ 各自 PSD 谱线的曲面；I_3 和 I_4 是 98Hz 频率点附近 $\text{res} - i_{ds}$ 和 $\text{res} - i_{qs}$ 各自 PSD 谱线的曲面。

8.7.2 RN_d 神经网络的学习过程

用于神经网络学习过程的数据库是由矢量对（E, T）组成，其定义为

－ RN_d 网络的输入矢量 E 由一系列样本构成，该样本是估计 Park 电流残差 PSD 谱线的曲面，用来表示电机在空载和额定负载情况下无故障以及故障运行的各种情况。该样本系列按照如下顺序输入给 RN_d 网络：无故障运行时的 2 个样本，a_s 相匝间短路故障时的 8 个样本，转子故障时的 6 个样本，以及定/转子同时故障时的 12 个样本。由此，训练序列的输入向量由 28 个样本组成，如图 8.11a 所示。考虑到相同定子故障在不同定子相中的表现形式相同，因此该数据库仅包含 a_s 相故障的样本。此外，数据库中还包含转子条开裂故障对应的样本，目的是使 ANN 学习到早期转子故障的情况。因此，监测系统将能够检测早期的转子故障。

－ 期望输出向量 $T = \begin{bmatrix} T_1 & T_2 \end{bmatrix}^T$ 是由学习样本所属的两个不同类组成（见图 8.11b），第一个输出类 T_1 表示定子故障，第二个输出类 T_2 表示转子故障。因

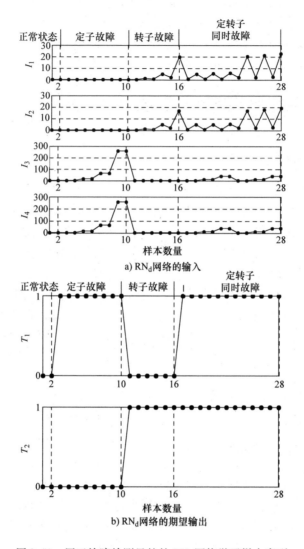

a) RN$_d$网络的输入

b) RN$_d$网络的期望输出

图 8.11　用于故障检测目的的 RN$_d$ 网络学习样本序列

此，输入向量 E 的每个运算样本被映射到 RN$_d$ 网络的两个期望输出（T_1 和 T_2）的不同状态，包括

$$T = \begin{bmatrix} 0 \\ 0 \end{bmatrix} \text{ 为正常状态；}$$

$$T = \begin{bmatrix} 1 \\ 0 \end{bmatrix} \text{ 为定子故障状态；}$$

$T = \begin{bmatrix} 0 \\ 1 \end{bmatrix}$ 为转子故障状态；

$T = \begin{bmatrix} 0 \\ 0 \end{bmatrix}$ 为定/转子同时发生故障状态。

8.7.3　RN$_d$网络的结构

故障指示器和 RN$_d$网络输出的选择使我们能够确定神经网络的输入输出结构。同时，用于检测两类故障的 RN$_d$神经网络是前馈 MLP 网络，输入神经元为 4 个，输出神经元为 2 个。为了确定隐层的数量及其神经元个数，连续多次训练网络并随后进行测试，以避免过度学习和学习不足。

RN$_d$网络的最佳结构是可以提供最好学习效果和测试结果的网络结构，如图 8.12 所示。该结构只包含 1 个隐层，由 4 个神经元组成。隐层神经元的激活函数是 sigmoid 类型的"tangsig"函数，而输出层神经元采用的是"logsig"函数。

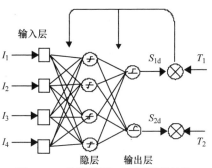

图 8.12　故障检测 RN$_d$网络的结构

8.7.4　RN$_d$网络的训练结果

LMSE 曲线的变化显示了该神经网络的良好学习性能，如图 8.13 所示。经过 780 次迭代之后，RN$_d$网络的 LMSE 达到了一个非常低的值，为 3.793×10^{-22}。

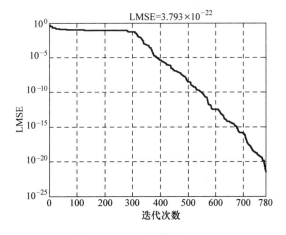

图 8.13　RN$_d$网络的 LMSE

神经网络的输出及学习误差如图8.14所示。学习误差几乎为零（约10^{-10}），证明该网络已经很好的学习了所提供的故障样本序列，能够给出正确的期望输出。

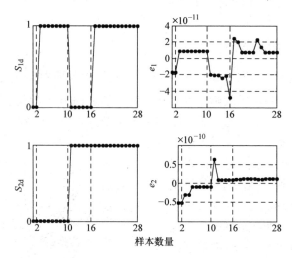

图8.14 RN$_d$的训练输出和输出误差

8.7.5 RN$_d$网络的测试结果

为了评估RN$_d$网络的泛化能力，采用未学习过的多个样本来测试训练后的RN$_d$网络。本节针对每个故障都给出几个测试实例。

8.7.5.1 RN$_d$网络对定子故障的测试

为了测试网络性能，测试例子采用在训练过程中没有被网络学习过的数据库，该数据库由7个样本组成：2个正常运行的样本和5个在不同负载情况下的短路故障样本。

本实验的测试结果，包括RN$_d$网络的输出误差和两个输出（S_{1d}，S_{2d}）的状态，如图8.15所示。网络输出状态（0，0）表示电机正常运行，包含微小误差的（1，0）状态表示发生定子故障。由图8.15可见，RN$_d$网络可以正确的检测电机正常运行以及定子某相发生匝间短路故障。我们还可以注意到，该网络能够在任意负载及匝间短路线圈数量较多的情况下检测到短路故障。

由此，RN$_d$神经网络定子故障检测性能评估实验结果表明，该网络具有良好的定子故障检测和泛化能力。

8.7.5.2 RN$_d$网络对转子故障的测试

针对不同转子故障，RN$_d$网络给出了令人满意的测试结果，如图8.16所示。该结果是针对一个测试序列得到的，该序列中的故障顺序和学习样本中的故障顺

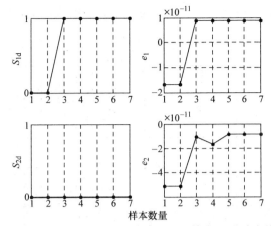

图 8.15　RN_d 网络对于定子故障的测试输出以及测试误差

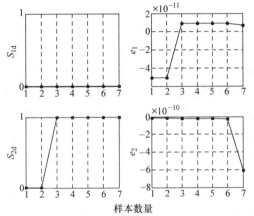

图 8.16　转子故障时 RN_d 网络的测试输出和输出误差

序不一样。

测试序列包括在不同负载情况下，2 个正常运行的样本、2 个转子条开裂故障样本、3 个转子断条故障样本（分别是 1 根、2 根和 3 根转子断条故障）组成。RN_d 网络可以准确地检测出不同情况，通过两个网络输出（S_{1d}，S_{2d}）的（0，0）状态表示电机正常运行，（0，1）状态表示发生转子故障。RN_d 网络一方面能区分正常运行和转子故障状态，同时，也能在转子故障出现的早期将其正确地检测出来［转子条开裂（$N = 0.5$）］。

8.7.5.3　同时发生定/转子故障时 RN_d 网络的测试

在同时发生定子和转子故障的情况下，对 RN_d 网络进行测试。针对一个未学习过的序列，该网络的测试结果如图 8.17 所示。该序列由 2 个正常运行的样本，以及 4 个不同负载情况下同时发生定/转子故障时的样本组成。网络输出（S_{1d}，S_{2d}）的（0，0）状态表示电机正常运行，包含微小误差的（1，1）状态表示同时发生定/转子故障。由此可见，RN_d 网络能够准确地检测出同时发生的定子和转子故障。

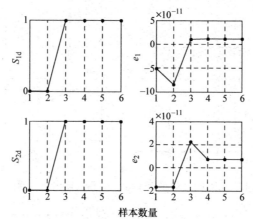

图 8.17   定/转子同时发生故障时 RN_d 网络的测试输出和输出误差

8.7.5.4 RN_d 网络鲁棒性测试

测试方法是在参数变化的情况下进行鲁棒性检测。因此，在电机电气参数变化的情况下测试 RN_d 网络的性能。将电机定子和转子变化的电阻值作为 RN_d 网络的输入。采用一个包含多种运行工况的序列进行测试，该序列中转子电阻值增幅达到 100%，RN_d 网络的测试结果如图 8.18 所示。测试序列包括 2 个正常运行的样本，2 个转子故障情况下的样本，以及 2 个转子电阻值 R_r 增大 100% 情况下的样本。网络输出（0，0）状态表示电机正常运行，（0，1）表示转子发生故障，（0，0）也可表示参数变化时的运行状态 [BOU 07]。由图 8.18 可见，该网络能够在电机电气参数值变化的情况下，正确区分真实故障和正常情况。

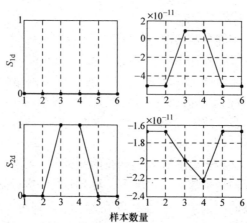

图 8.18   电机参数变化时 RN_d 网络的测试输出和测试误差

8.8 定子故障的故障诊断

图 8.2 所示监测系统中 RN_{cc} 网络的功能是当定子发生短路故障并由 RN_d 网络检测到定子故障时，用来定位故障相。RN_{cc} 网络只会在 RN_d 的第一个输出 S_{1d} 存在有效输出时才会被激活。本节详细讨论定子故障的诊断问题。

8.8.1 选择 RN_{cc} 网络故障指示器

在 8.6.2 节中已经提到，不同定子相（a_s、b_s 或 c_s）中发生的短路故障在频域中的表现非常相似。

这使得故障相的定位变得很困难，但同时表明选择更为有效的故障指示器将带来很大的优势。我们已经观察到，使用电机线电流和相电压之间的三相相位差作为故障指示器，可以使定子故障诊断具有最好的性能。实际上，假设电源供电电压平衡，在三相中任一相发生匝间短路故障期间，电压幅值和线电流间的相位差均会出现不平衡。不同研究表明，相移是定位故障相的良好指示器[BOU 08]。

8.8.1.1 定子存在故障时的相移研究

为了研究定子故障对相移的影响，图 8.19 给出了故障分别发生在 a_s（a）、b_s（b）和 c_s（c）三相中时，三个仿真相移量（Phi_a，Phi_b，Phi_c）的特性曲线。在负载转矩为常数（$C = 3nm$）的情况下，这三个相移量都是短路线圈匝数 n 的函数 [BOU 08]。

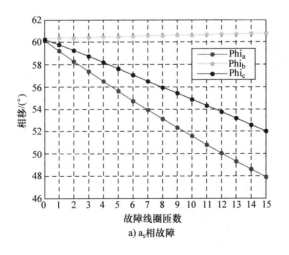

a）a_s 相故障

图 8.19 短路匝数变化时的相移曲线

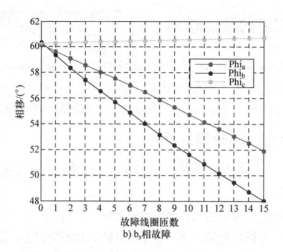

b) b_s 相故障

图 8.19 短路匝数变化时的相移曲线（续）

对图中特性曲线进行分析，可知：

- 在 a_s、b_s 或 c_s 相发生 n 匝线圈短路故障时，三个相移量出现明显区别，而且相互之间没有交叉的情况出现；

- 故障相的相移量是最低的；

- 故障线圈匝数越多，相移量之间差别的增长就会越大；

- 对于一个顺时针的三相电源而言，当 a_s、b_s 或 c_s 中的某相发生故障时，三个相移量的变化按照逆时针旋转的方向以升序的形式循环变化，演变顺序为（Phi_a，Phi_c，Phi_b）、（Phi_b，Phi_a，Phi_c）和（Phi_c，Phi_b，Phi_a）。

8.8.1.2 包含负载时的相移研究

为了研究负载对三个相移量的影响，图 8.20 给出了在不同负载转矩下（$C=3nm$ 和 $7nm$）的相移特性。需要指出的是，即使在负载变化过程中，相移曲线没有任何交叠。

相移是故障以及负载的函数，对其研究结果表明，三个同步的相移量可以作为定子故障诊断有效的故障特征。实际上，三个相移量可以提供丰富的信息用以判断是否存在故障、故障相的定位、甚至故障的严重程度（短路线圈匝数的量化），由此，它们可以被认为是定位电机故障相的非侵入式探测器 [BOU 08]。

8.8.2 RN_{cc} 网络的学习序列

输入向量由三个分量（Phi_a，Phi_b，Phi_c）组成，如图 8.21a 所示，在不同负载情况下共有 75 个样本。这些样本依照如下次序依次输入到网络：3 个正常运行的样本，24 个三相中各相出现短路故障时的样本。

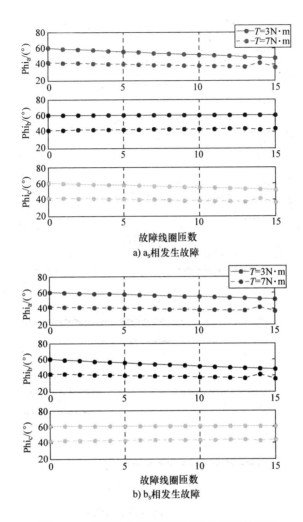

图 8.20　不同负载情况下定子相故障时的相移

同时发生定/转子故障情况下的样本并没有包括在学习数据库中，因为转子故障不会导致三相相移不平衡 [BOU 09]。RN$_{cc}$网络的学习数据库如图 8.21所示。

8.8.3　RN$_{cc}$网络结构

用于定位故障相的 RN$_{cc}$网络是一个具有三个输入和三个输出的前馈 MLP 神经网络，三个输入分别代表三个相移，而三个输出分别代表三个定子相的状态。用于定子故障诊断的优化网络结构如图 8.22 所示，该结构只包含一个隐层，由五个神经元组成；隐层和输出层的激活函数分别是"tangsig"和"logsig"函数。

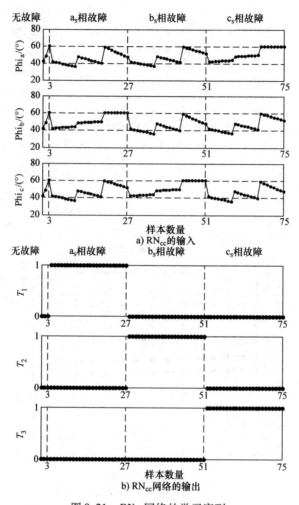

图 8.21　RN$_{cc}$网络的学习序列

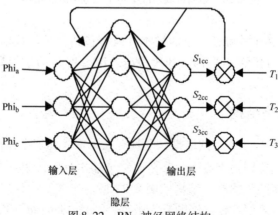

图 8.22　RN$_{cc}$神经网络结构

8.8.4　RN$_{cc}$网络的学习结果

通过梯度误差的反向传播算法来训练 RN$_{cc}$ 网络，训练过程中网络性能的变化过程如图 8.23 和图 8.24 所示。经过 5000 次迭代，LMSE 达到一个极低的值（7.28×10^{-21}），该神经网络可以非常精确的定位故障相。

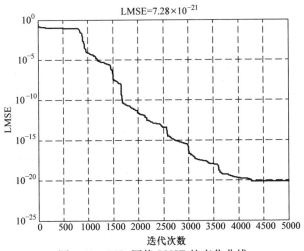

图 8.23　RN$_{cc}$网络 LMSE 的变化曲线

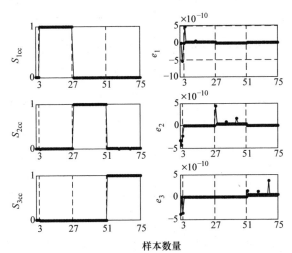

图 8.24　RN$_{cc}$网络学习输出和输出误差

8.8.5　RN$_{cc}$网络的测试结果

为了确保 RN$_{cc}$ 网络集成到监测系统中后能有理想的诊断效果，采用定子故障以及定/转子同时发生故障时的样本测试神经网络，实验结果令人非常满意。图 8.25 ~图 8.27 给出了 a_s、b_s 和 c_s 相上分别发生故障时，RN_{cc} 网络性能测试的结果。

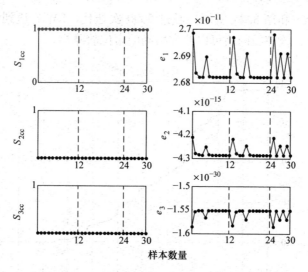

图 8.25　定子 a_s 相和转子同时发生故障时 RN_{cc} 网络的测试输出和输出误差

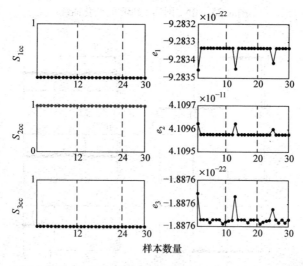

图 8.26　定子 b_s 相和转子同时发生故障时 RN_{cc} 网络的测试输出和输出误差

网络输出 $(S_{1cc}, S_{2cc}, S_{3cc})$ 分别为 $(1, 0, 0)$、$(0, 1, 0)$ 以及 $(0, 0, 1)$ 时，分别代表在 a_s、b_s 以及 c_s 相上发生了短路故障。在各种情况下，网络的输出误差都很小，表明该网络具有很好的泛化能力。由此可见，三个相移量是可靠的

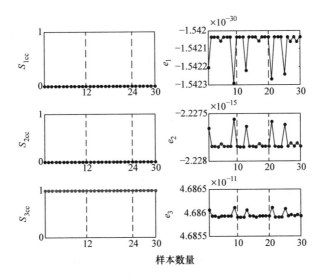

图 8.27　定子 c_s 相和转子同时发生故障时 RN_{cc} 网络的测试输出和输出误差

故障指示器，使得 RN_{cc} 网络在存在噪声情况下、不同负载条件下及无论是否发生转子断条故障的情况下，都能准确地定位故障相。

8.8.6　RN_{cc} 网络的实验验证

在仿真过程中，RN_{cc} 网络表现出良好的学习效果和测试性能。但是，从一台高效电机实物实验中得到的实验样本数据，总是比从仿真模拟实验中得到的样本数据更加真实。因此，有必要采用来自感应电机的真实信号来评估网络的性能。

8.8.6.1　实验平台概述

为了通过实验验证 RN_{cc} 网络，采用两个相同的实验平台获取实际数据。这两个实验平台是用于研究发生短路故障（少量线圈短路或大量线圈短路）时感应电机的动态特性，其结构如图 8.28 所示。每个实验台都安装有一台笼型感应电机，分别标记为 M_1 和 M_2，它们都是直接由电网供电，其性能指标见表 8.1。

为了在不同负载转矩情况下进行实验，每个感应电机都连接一个直流发电机，并通过调节与发电机相连的电阻器阻值来改变感应电机的负载。

第一台电机 M_1 被设计成定子绕组包含中间抽头，目的是为了模拟（或引入）少量线圈的匝间短路故障：a_s 相中 3 匝、9 匝或 12 匝线圈短路，b_s 相中 6 匝、21 匝或 27 匝短路（见图 8.29a）。大量匝数线圈的短路故障可通过第二台电机 M_2 实现，包括 a_s 相 18 匝、40 匝、58 匝、98 匝和 116 匝线圈短路，b_s 相 29 匝、

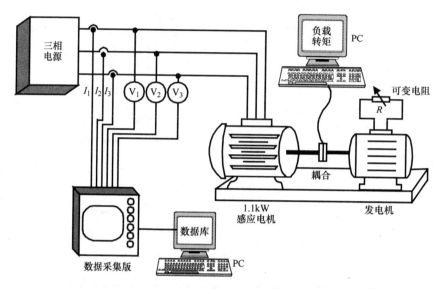

图 8.28　实验测试平台结构示意图

（发电机，数据采集板，1.1kW 感应电机）

表 8.1　实验平台感应电机 M_1 和 M_2 的参数

功率	1.1kW
额定电压	400/230V
额定电流	2.6/4.3A
$\cos\varphi$	0.85/0.82
额定转速	1425r/min
极对数	2
定子槽数	48
转子导条数	28
每项线圈匝数	464

58 匝、87 匝和 116 匝线圈短路（见图 8.29b）。对于这两台电机，c_s 相没有任何额外的中间抽头来引入故障。为了将线圈内的故障电流限制在额定电流的 4 倍以内，所有的短路故障都连接了一个电阻。在不同的实验中，都会在电机不同工作模式下（正常运行和故障运行）记录和处理三相电流和三相电压。采用 MAT-LAB 编写一个算法，通过对这两个信号离散卷积最大值的插值来计算三个相移，以获得测试 RN_{cc} 网络性能所需的实验数据数据库 [BOU 08]。

8.8.6.2　对实验所测相移的研究

相移可看作是故障和负载的函数，尽管该特性在 8.8 节中已经通过仿真的方

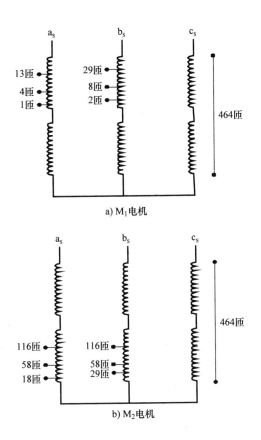

图 8.29　电机定子绕组短路故障线圈接入点配置

式研究过，在实验验证 RN_{cc} 网络之前，先验证该函数的相关特性。为此，使用
三相网络分析仪在无故障情况下、a_s 相分别发生 3 匝、6 匝以及 12 匝线圈短路故
障情况下、b_s 相分别发生 9 匝、21 匝以及 27 匝线圈短路故障情况下测量三相
相移。

　　三个实验相移 Phi_a、Phi_b 以及 Phi_c 都是故障相短路线圈匝数的函数，其变化
曲线如图 8.30 所示，实验中相移可从 a_s 相和 b_s 相的三个故障测量值及对发生在
其他相中的故障进行循环排列得到。实验中测得的相移和仿真中获取的相移具有
相同的特性（从形状来看，以及从三个相移循环排列的顺序来看），如图 8.19
所示。这里有必要说明的是，实验所测得的相移量和仿真得到的相移量有轻微的
差别，即使无故障的情况下也是如此，这主要是由电机不可避免地制造缺陷、电
网供电电压的不平衡或测量误差和量化误差等原因造成的。

　　实验相移曲线不是严格单调的，这是因为一些实验相移数据是通过排列得到
的；此外，实际中的电机还会存在轻微的制造不对称（磁路不平衡、定子和转

子的轻微偏心等)。因此,针对不同相中发生的同种故障,实验中测得的相移量和仿真得到的相移量略有差别。理想情况下,我们希望自己配置电机,在三相中使用相同的接口,对三相(a_s、b_s 和 c_s)中的所有故障进行测试,然后求每个相移的平均值,以减少上述问题的影响 [BOU 08]。

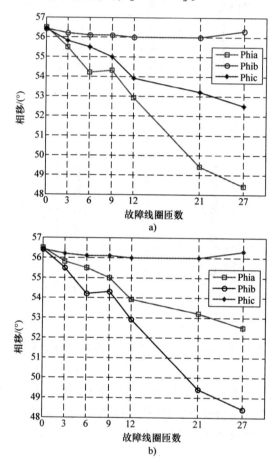

图 8.30　实验测得的相移曲线 (相移是短路线圈匝数的函数)

8.8.6.3　验证实验结果

为了通过实验验证图 8.22 所示 RN_{cc} 网络的有效性,分别在电机 M_1 的正常状态和定子故障状态进行实验,获取实验数据建立数据库。表 8.2 给出了用于训练 RN_{cc} 网络的 48 个样本对应的电机运行状态,网络训练结果令人非常满意,LMSE 约为 10^{-22},网络输出误差很小,如图 8.31 所示。

表 8.2　RN_cc 网络训练样本的实验条件

样本数	故障相	扭矩/N·m	短路匝数
1～3	正常	7，5，3	正常
4～8	a_s	7	3，6，9，12，21
9～13	a_s	5	3，6，9，12，21
14～18	a_s	3	3，6，9，12，21
19～23	b_s	7	3，6，9，12，21
24～28	b_s	5	3，6，9，12，21
29～33	b_s	3	3，6，9，12，21
34～38	c_s	7	3，6，9，12，21
39～43	c_s	5	3，6，9，12，21
44～48	c_s	3	3，6，9，12，21

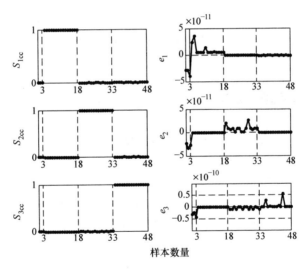

图 8.31　在 M_1 电机上设置故障进行实验时 RN_{cc} 网络的学习输出和学习误差

　　首先在电机 M_1 上设置多种故障测试 RN_{cc} 网络，测试效果理想。为了更好地评估网络性能，接下来在具有相同性能的电机 M_2 上进行测试。测试序列由 12 个故障样本组成，对应了在不同负载转矩（$C=0nm，2nm，4nm$）下在三相中的每一相分别设置 18 匝、29 匝、40 匝和 58 匝线圈短路故障，实验结果如图 8.32 所示。该实验中，学习过 M_1 电机故障样本的 RN_{cc} 网络，准确地对各故障进行了识别。根据该实验结果可知，可以采用测试电机的样本训练一个 ANN，然后将该 ANN 应用于设计和功率均相同的另一台电机进行故障定位。这些实验结果验证了通过监测电机三相相移实现的基于神经网络的电机定子故障相定位方法的有效性。

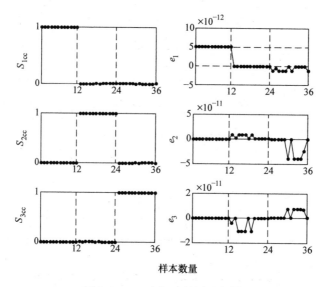

图 8.32 M_2 电机上的测试性能

8.9 转子故障的故障诊断

第三个神经网络 RN_{bc} 的作用是当 RN_d 网络的第二个输出 S_{2d} 被激活时,确定转子上的断条数 N,这种情况只有在 RN_d 网络检测到转子发生故障或同时发生定/转子故障时才可能发生。

确定转子上的断条数非常重要,这有助于了解电机在转子故障情况下的运行状态。转子故障的诊断与定子故障诊断中使用的策略相同。由此,本节中我们只给出使用的数据库和 RN_{bc} 网络的结构,该神经网络是用来确定转子断条的数量。

8.9.1 选择 RN_{bc} 网络的故障指示器

转子故障指示器是从 $res-i_{ds}$ 残差的 PSD 中提取出来,对于 RN_{bc} 网络确定转子断条数非常重要。8.6.3 节中的频谱研究表明,估计 Park 电流残差频谱中频率为 $g \cdot f_s$ 谱线的幅值和频率可以明显地指示存在转子故障、故障的严重程度及电机的负载情况。由此,将 $res-i_{ds}$ 频谱中频率为 $g \cdot f_s$ 的谱线的幅值和频率作为 RN_{bc} 网络的输入。

8.9.2 RN_{bc} 网络的学习序列

由于 RN_{bc} 网络仅在 RN_d 网络第二个输出 S_{2d} 被激活时开始工作,因此必须采用转子故障和同时定/转子故障情况下的样本训练 RN_{bc} 网络。由此，E 向量由不同负载条件下电机正常运行和故障运行情况下的 48 个样本组成，并连续输入给 RN_{bc} 网络进行训练，包含 48 个样本的训练序列见表 8.3。

表 8.3　RN_{bc} 网络训练样本的工作条件

样本数量	运行状态	扭矩/N·m	短路匝数
1~3	无故障	3，5，7	0
4~8	50%处一根转子条断裂	3，4，5，6，7	0
9~18	50%处一根转子条断裂 + 定子故障	3，4，5，6，7	1 和 15
19~23	一根转子条断裂	3，4，5，6，7	0
24~33	一根转子条断裂 + 定子故障	3，4，5，6，7	1 和 15
34~38	两根转子条断裂	3，4，5，6，7	0
39~48	两根转子条断裂 + 定子故障	3，4，5，6，7	1，15

图 8.33 给出了 RN_{bc} 网络的训练序列，包括期望输入和输出样本。

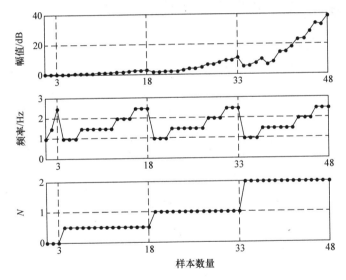

图 8.33　RN_{bc} 网络的学习序列

注：对于电机转子转条上的裂纹，输出向量用 $N=0.5$ 来表示。

8.9.3　学习、测试和验证结果

RN_{bc} 网络的外部结构包括一个输入层和一个输出层，输入层包含两个输入（$res-i_{ds}$ PSD 频谱谱线的幅值和频率），输出层只有一个神经元，用来输出 N 的大小，即转子断条的数量。在经过几次训练后，具有良好学习能力和测试性能的优化网络结构如图 8.34 所示 [BOU 09]。该结构只有一个隐层,包含 13 个神经元,隐层和输出层的激活函数分别是 "tangsig" 和 "purelin" 函数。

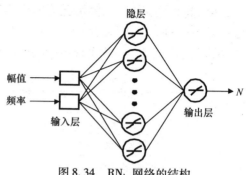

图 8.34 RN$_{bc}$ 网络的结构

RN$_{bc}$ 网络具有良好的学习能力,经过 10000 次迭代训练后,LMSE 得到了一个很低的值 (1.15×10^{-16}),然后在不同转子故障情况下对网络进行测试。

RN$_{bc}$ 网络在测试中表现出良好的泛化能力,能够准确地确定转子中的断条数量,甚至是转条出现裂纹。该神经网络和所提出的方法已经在实验平台上经过实验验证。

8.10 感应电机完整的监测系统

在分别研究每个神经网络的性能后,有必要将三个神经网络 RN$_d$、RN$_{cc}$ 和 RN$_{bc}$ 连接在一起,对整个监测系统的性能进行评估。系统的外部结构包含 9 个输入和 6 个输出,如图 8.35 所示。输出 (S_{1d},S_{1cc},S_{2cc},S_{3cc}) 用于监测定子故障,输出 (S_{2d},S_{bc}) 用于监测转子故障。

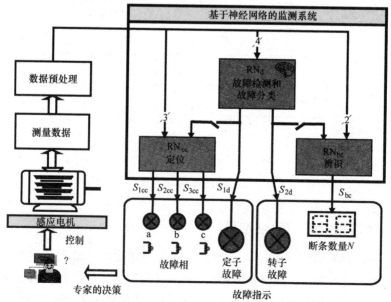

图 8.35 感应电机定/转子故障的监测系统

对系统在不同负载条件下针对不同故障情况进行测试。将一个测试序列输入给该系统，测试结果如图 8.36 所示。使用的测试序列由 15 个电机运行的样本组成，每组样本及其对应的系统输出状态见表 8.4 所示。

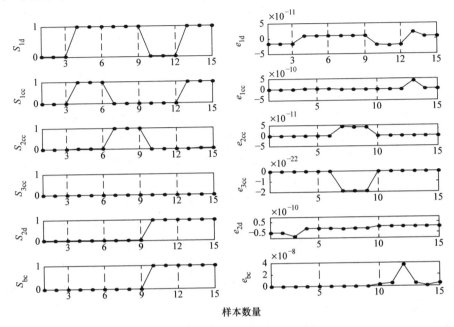

图 8.36　感应电机监测系统的输出和误差

表 8.4　测试样本的运行条件和诊断系统的对应输出

样本序号	定子故障	转子故障	负载转矩 /Nm	S_{1d}	S_{2d}	S_{1cc}	S_{2cc}	S_{3cc}	S_{bc}
1 ~ 3	正常	正常	3，5，7	0	0	0	0	0	0
4 ~ 6	a_s相	正常	3，5，7	1	0	1	0	0	0
7 ~ 9	b_s相	正常	3，5，7	1	0	0	1	0	0
10 ~ 12	正常	一根转子条断裂	3，5，7	0	1	0	0	0	1
13 ~ 15	a_s相	一根转子条断裂	3，5，7	1	1	1	0	0	1

三个神经网络的输出误差均较小（见图 8.36），验证了该系统的有效性。实际上，本章所提出的监测系统可以自动地检测出定子和转子的早期故障，以及同时发生的定/转子故障，检测结果高效、可靠 [BOU 09]。

8.11 本章小结

考虑工业领域中感应电机使用的重要性和高频度，电机故障的早期检测和运行经济性密切相关。因此，有必要开发故障检测和诊断工具，以便自动监测电机的运行状态。

在本章中，提出了一个基于 ANN 的感应电机状态自动监测系统，该系统可以对感应电机转子上的匝间短路故障和定子上的断条故障进行早期检测。此外，该系统还可以诊断这两类故障：当系统检测到发生定子故障时，该系统可以定位发生匝间短路故障的定子相；当检测到发生转子故障时，系统还可以确定转子上断条的数量。通过使用参数估计方法使得这两类故障的检测和诊断变得可靠和具有鲁棒性，可以避免由于电机电气参数的变化而引起的误报警，该参数变化可能是由于温度变化和/或电机电磁状态变化所引起的。故障检测也可以通过考虑电机负载的变化在存在噪声的情况下进行，说明选择和处理神经网络相关输入信号是首要工作，对于开发一个有效的和鲁棒性强的故障诊断方法非常重要。

本章的研究工作体现了在故障诊断领域应用前馈 MLP ANN 的有效性。ANN由此可作为自动识别电机正常或异常运行状态的重要工具。因此，在本章中我们将重点放在诊断方法的整体结构和 ANN 输入的适当选取上，针对本研究中选取故障的检测和定位，ANN 输入的选择要依据每个 ANN 的目标来决定。

8.12 参考文献

[BAC 03] BACHIR S., TNANI S., CHAMPENOIS G., TRIGEASSOU J.-C., "Méthodes de commande des machines électriques", *Diagnostic de la machine asynchrone*, p. 253-257, Hermès, Paris, 2003.

[BOU 07] BOUZID M., MRABET N., MOREAU S., SIGNAC L., "Accurate detection of stator and rotor faults by neural network in induction motor", *IEE Multi-conference on System Signal and Devices*, SSD'07, Tunisia, 21 March 2007.

[BOU 08] BOUZID M., CHAMPENOIS G., BELLAAJ N., SIGNAC L., JELASSI K., "An effective neural approach for the automatic location of stator inter turn faults in induction motor", *IEEE Transactions on Industrial Electronics*, vol. 55, no. 12, p. 4277-4289, December 2008.

[BOU 09] BOUZID M., Diagnostic de défauts de la machine asynchrone par réseaux de neurones, PhD Thesis, El Manar University, National School of Engineering of Tunis, 2009.

[CAS 03] CASIMIR R., Diagnostic des défauts des machines asynchrones par reconnaissance de formes, PhD Thesis, Ecole centrale de Lyon, December 2003.

[CHE 02] CHEN Y.M., LEE M.L., "Neural networks-based scheme for system failure detection and diagnosis", *Mathematics and Computers in Simulation*, vol. 58, no. 2, p. 101-109, 2002.

[DRE 02] DREYFUS G., MARTINEZ J.M., SAMUELIDES M., GORDON M.B., BADRAN F., THIRIA S., HERAULT L., *Réseaux de neurones: Méthodologie et applications*, Eyrolles, Paris, 2002.

[MOR 99a] MOREAU S., Contribution à la modélisation et à l'estimation paramétrique des machines électriques à courant alternatif: Application au diagnostic, PhD Thesis, University of Poitiers, Ecole supérieure d'ingénieurs de Poitiers, 1999.

[MOR 99b] MOREAU S., TRIGEASSOU J.C., CHAMPENOIS G., "Diagnosis of electrical machines: a procedure for electrical fault detection and localization", *Proc. IEEE SDEMPED'99 – Symposium on Diagnostics for Electric Machines, Power Electronics and Drives*, p. 225-229, Gijon, Spain, September 1999.

[RAJ 08] RAJAKARUNKARAN S., VENKUMAR P., DEVARAJ K., RAO K.S.P., "Artificial neural network approach for fault detection in rotary system", *Applied Soft Computing*, vol. 8, no. 1, p. 740-748, January 2008.

[SAI 76] SAINT-JEAN B., *Electrotechnique et Machines Electriques*, Eyrolles, Paris, 1976.

[VEN 03] VENKATASUBRAMANIAN V., RENGASWAMY R., KAVURI S.N., YIN K., "A review of process fault detection and diagnosis Part III: Process history based methods", *Computers & Chemical Engineering*, vol. 27, p. 327-346, 2003.

[ZWI 95] ZWINGELSTEIN G., *Diagnostic des défaillances, théorie et pratique pour les systèmes industriels*, Hermès, Paris, 1995.

第 9 章
静态变流器中的故障检测与诊断

Mohamed Benbouzid，Claude Delpha，Zoubir Khatir，Stéphane
Lefebvre，Demba Diallo

9.1 概述

20 世纪 70 年代以来，随着电力电子器件、变流器拓扑结构以及控制技术的不断发展，电力电子技术取得了令人难以置信的长足进步。静态功率变流器在电能变换以及从直流到交流的各种应用中得到了普及，例如：

- 工业变速变转矩传动系统（铁路牵引、磨机、起升装置、泵等）；
- 自主电能转换系统的新架构（电动或混合动力车辆、生产网络和基于可再生能源的配电网络——例如风电场或光伏发电）；
- 大型电能传输系统（柔性交流输电系统、高压直流输电、静态无功补偿……）；
- 小功率移动应用（移动电话、计算机等）。

在这些应用中使用变流器，提高了供电网络中电能的质量和效率，促进了铁路牵引变速系统及近年来电动汽车传动链（推进系统）的发展。然而，我们必须确保，获取上述优势不是以牺牲系统可靠性、可用性及人员和货物的安全性为代价的。此外，投资较高的设备必须受到保护。

表 9.1 和表 9.2 表明，超过 90% 的故障是变流器或控制电路造成的。除了元器件的自然老化之外，一些极端的操作条件、事故或者恶劣环境（例如封闭的环境或电磁干扰）会在系统及其不同部件中引起应力（电力开关上的电气和热应力、运动部件上的机械应力或无源器件的过早磨损），从而导致间歇性故障或失效，最终引起变流器故障，进而中断能量传输过程。

表 9.1　电能转换链中的故障率

变流器故障	38%
控制电路故障	53%
外部和辅助器件故障	9%

表9.2　变流器组件的故障率

连续总线电容器	60%
功率晶体管	31%
二极管	3%
电感元件	6%

本章第一部分针对会影响控制电路的故障，着重讨论其检测和诊断方法，该方法只需要使用静态变流器可检测的电流信号。

第二部分重点描述和理解导致变流器半导体器件发生故障或失效的机理。实际上，变流器器件的结构非常复杂，会导致出现各种不同时间尺度、多物理场的现象。这些初步研究工作必须使我们能够获得表示模型，为实现故障诊断（或预测）确定相关方法，并从中获得能提高变流器可靠性的新设计方法。

在变流器组件中，大多数故障发生在电解电容器和功率开关管上。

电力电子故障诊断中最主要的困难是要建立一个能充分代表器件或者变流器特性的模型，该模型要包含所需的测量信号。

因此对变流器及其器件的诊断，将取决于是否有足够的测量信号，以及深入诠释这些信号的能力，以分析它们的行为。主要的困难在于传感器的使用数量，这涉及成本的限制和封装问题。因此，我们主要使用电流传感器，偶尔使用电压传感器和（全局）温度传感器，这些信号对于控制器－执行器部分非常有用。

本章提出的方法是基于电流矢量轨迹（瞬时或平均）的，通过使用解析模型或模式识别方法来检测控制电路中的故障或开关管断路故障。诊断所需的时间必须小于规定的时间。控制系统的重新校准和/或保护装置的安装将确保可避免发生连续的故障或失效。

9.2　故障检测和诊断

9.2.1　神经网络方法

9.2.1.1　概述

根据物理定律建立模型（知识模型）需要非常准确的系统知识，这限制了该方法在复杂系统中的应用，除非可以保证建模满足一些强假设条件，但是这样做会降低模型的有效性和模型所描述系统动态行为的准确性。有很多可选的方法可以用于描述建模过程中的子系统。知识模型通过系统输入输出之间的解析关系，甚至内部变量，来访问系统部件的参数。控制技术（例如辨识和观测）使我们能够跟踪变量和参数的变化，并建立诊断程序。

先验知识或表示模型使我们能够在系统输入输出之间建立联系，而不需要对控制系统运行的内在规律有准确的了解。但是，它们必须要有通过仿真实验或硬件实验获取的一定程度的专业知识。表示模型假定知识模型是可用的，以此开发仿真或者实验装置来进行实验。众所周知的情况是，出于安全方面的考虑，不是所有的故障都可以进行仿真实验。表示模型的优点是非常适合结合人工智能技术，如人工神经网络（Artificial Neural Networks，ANN）或模糊逻辑（Fuzzy Logic，FL）[MUR 06，MOH 09]，这些技术具有足够的能力来处理大量的数据或模拟人类推理过程。ANN 的学习能力（所获知识的形式化）使之成为故障检测和诊断令人感兴趣的工具。目前已经有很多关于应用神经网络进行电机和电力系统故障诊断的研究报道（详见第 8 章），证明了应用 ANN 的可行性及其识别电气系统故障的能力。

模糊逻辑由于具有处理不确定性的能力因而具有天然的鲁棒性，因此也成为一种有用的故障诊断工具。

在下一节中，我们将讨论一种检测和诊断三相电压型逆变器开关管间歇开路故障的方法，该逆变器主要用于为一台感应电机供电，导致该故障的原因可能是控制电路的失效（见表 9.1）。

该逆变器采用开环 V/f 控制，只使用两个电流传感器测量电机 a、b 两相的相电流，以保证对系统状态的跟踪；没有使用任何机械传感器，因为其成本和后期维护往往会阻碍投资。需要说明的是，故障是在机械稳定状态下处理的（见图 9.1）。

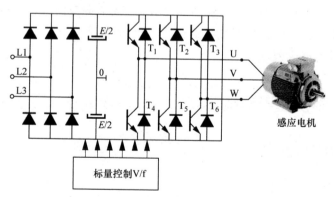

图 9.1　驱动系统结构

研究目的是在 Concordia 两相参考坐标系下，通过平均电流矢量值的轨迹来检测故障。该方法的优点体现在使用驱动器的预测电流，使用其平均值使我们能够在减少数据量的同时获得系统的综合信息 [DIA 05]。

9.2.1.2　Concordia 变换

在三相感应电机中，中线一般是无法获取和不连接的。因此，定子电流不包含零序分量。

然后，使用两相系统代替三相系统来表示各电气量，选择的表示方法是采用 Concordia 变换。由此，三相电流（i_a，i_b，i_c）经过坐标变换后变为（i_α，i_β），可表示为

$$i_\alpha = \sqrt{\frac{2}{3}}\, i_a - \frac{1}{\sqrt{6}} i_b - \frac{1}{\sqrt{6}} i_c$$

$$i_\beta = \sqrt{\frac{1}{2}}(i_a - i_b)$$

如果电流为正弦量（理想状态下），上述表达式就变为

$$\begin{cases} i_\alpha = \dfrac{\sqrt{6}}{2}I\sin(\omega t) \\[2mm] i_\beta = \dfrac{\sqrt{6}}{2}I\cos(\omega t) \end{cases}$$

式中，I 是电源输出的峰值电流；ω 是电源频率；t 是时间变量。在该变换下，Concordia 轮廓线是一个以原点为中心的圆，如图 9.2 所示。这个简单的例子能让我们通过监测其偏差来检测三相系统中的异常，当系统无故障时，通过分析变换后的电流，我们可以发现其轮廓线是圆形的，在稳定状态下以零点为圆心，半径保持恒定 ［NETJ 00，ZID 03］。

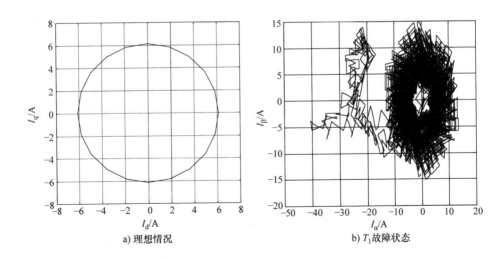

a) 理想情况　　　　　　　　　　b) T_1 故障状态

图 9.2　Concordia 轮廓线

9.2.1.3 检测和定位区域

本节中，我们重点关注发生在逆变器某桥臂上一个功率开关管控制电路的故障，假设故障仅影响该开关管的控制，同一桥臂上其他开关管的控制不会受到影响。

当一个开关管发生故障时，相应相的电压会丢失一定数量的脉冲，这将导致直流分量增大 ΔV，这个变化是电流矢量轮廓线发生位移的原因，位移的方向则取决于该电流变化的正负符号，这使得我们能够定位故障开关管。如果开关管 T_1 发生故障，轮廓线沿着（$-\alpha$）的方向移动（见图 9.2b），而其他开关管故障时对应轮廓线的移动可以通过旋转 120° 简单地推导出来。

如果我们假设正弦电流有恒定的幅值，那么电流矢量的轨迹将会是一个半径保持恒定的圆。当不存在相间不平衡时，可以求出平均值，进而可以得到一个位于坐标系原点的点。但是，在实际系统中，电机各相位间存在轻微的不平衡，所有工作点处电流向量平均值的轨迹将以一组围绕着坐标系原点的点状云表示。

因此这个轨迹被限制在一个圆内，该圆的半径是在考虑这些所得点的分布情况下计算得到的；圆的内部被认为是无故障运行区域，圆外面任何点或者点集都将与故障运行联系起来。确定这个圆的半径 R 非常重要，因为它定义了故障检测的阈值，该值必须足够小以确保诊断结果的可靠性，但也不能太小，以免出现故障检测的误报警。

这些点的分布使我们可以通过它们的隶属概率来定义它们。

根据任意一个测量点是位于圈内部还是圈外部，可以将点分为两类，由此，我们可以描述测量点属于这两类中某一类的概率。

如果我们用高斯定理来表示正常运行的类别，那么此类概率可被表示为

$$P(I) = \frac{1}{2\pi\,\sigma_0^2}\exp\left(-\frac{\|I\|^2}{2\,\sigma_0^2}\right)$$

式中，$\|I\|$ 表示 Concordia 参考系中向量电流平均值的范数；σ_0 为标准方差。如果我们发现 $\|I\| \geqslant R$，并且实际上这些测量值与故障无关，那么这肯定是一个误警报。这种情况的发生概率较低，所以诊断还是可靠的。这种不为零的最小概率被记为 p_0。

在小功率（<1kW）应用领域，如果变流器功率模块被集成到同一个罩壳中，这对故障定位不会带来多少好处，在这种情况，只能检测变流器故障。为此，所有的运行模式都必须要确定无故障的运行范围。神经网络的灵活性及其能力使其成为该领域中合适的设计工具。

在下一节中，我们将以径向基函数（Radial Basis Function，RBF）为例，讨论一种确定正常运行区域的方法。

RBF 网络包含一个可变的结构，由 3 层组成：一个包含平均电流向量 I（I_α，

I_β)分量的输入层，一个隐藏神经元层，以及一个输出神经元，用于计算依赖于学习样本分布的概率密度。

概率密度是一个加权求和式，由激活函数 $G_k(I, \mu k, \sigma)$ 通过权重 ω_k 求得

$$P(I) = \sum_{k=1}^{K} \omega_k \, G_k(I, \mu_k, \sigma)$$

权重 ω_k 被定义为

$$\omega_k = \sum_{k=1}^{K} G_k$$

隐层神经元采用统一的高斯激活函数 G_k，其表达式为

$$G_k(I, \mu_k, \sigma) = \frac{1}{2\pi \sigma_0^2} \exp\left[\frac{-1}{2\,\sigma^2}\,(I - \mu_k)^{\mathrm{T}}(I - \mu_k)\right]$$

高斯方程的等高线是由一系列点的集合组成，例如

$$(I - \mu_k)^{\mathrm{T}}(I - \mu_k) = \sigma^2$$

在二维空间的情况下，这些等高线是以 μ_k 为圆心、$\tilde{\sigma}$ 为半径的一组圆 C_k。

高斯神经元的激活区包含在这个等高线中。如果网络出现的观测值位于该神经元的激活区，那么该神经元将会有一个明显的反应。

建立这个网络以及它的学习过程是由位于激活区中心的一个布局算法实现的。通过该算法，我们可以得到网络隐层的结构，其中，每个圆 C_k 对应一个高斯神经元。图 9.3 是从一个包含 200 个点的学习数据库中得到的例子，最终得到一个包含 45 个神经元的隐层结构。

为了简化，这个区域将会被限制在一个半径为 R 的圆中，圆的方程为

$$R^2 = \|I\|^2 = -2\,\sigma_0^2 \ln(2\,\pi\sigma_0^2\,p_0)$$

该区域将会出现在该定位空间的六角形上，如图 9.4 所示。用来定义 6 个区域（T_1，T_2，$\cdots$，T_6）边界的粗直线是通过一种解析方法得到。例如，对于 T_3 来说，有方程 $i_\beta = \sqrt{3} i_\alpha \pm i_0$，其中，$i_0$ 表示最大偏移量。

将一个表示模型和一个知识模型相结合，可得到一种有助于我们构建定位空间的方法。根据电流矢量轨迹位移的方向和幅值，我们可以检测故障的发生，并定位故障开关管的位置。该结论对于那些每相功率模块都定义良好大功率应用也有重要意义。

9.2.1.4　分析和讨论

在 Concordia 参考系下基于被测电流平均值的故障诊断方法得到了令人感兴趣的研究成果。基于平均电流矢量和属于正常运行区域概率的定位空间定义方式，使我们可以考虑供电电源和电机的一些固有缺陷，以及工作点的任意变化。但是，定位精度仍然不够高，主要原因是很难调整正常运行区域的大小，以及每个开关管可能的重叠区域。同时，我们也必须指出，使用电流平均值也存在不

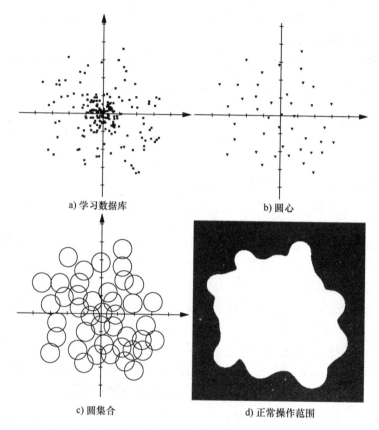

a) 学习数据库   b) 圆心

c) 圆集合   d) 正常操作范围

图 9.3 正常运行范围的定义

足，主要是由于以下两个原因：

－ 在低速时，当我们想采集足够多的点用来合理的确定运行区域时，诊断算法的持续时间将至少等于一个电周期，这可能不满足安全性要求。

－ 一方面，我们必须实现这种非常依赖于表示模型的方法，而表示模型是通过使用从静态变流器上获得的专业知识建立的；另一方面，需要直接使用瞬时分量，其工作点也必须要同时考虑。

在下节中，我们将介绍另一种基于模糊逻辑的诊断方法。

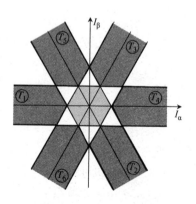

图 9.4 检测与定位空间

9.2.2　模糊逻辑方法

9.2.2.1　概述

正如我们刚才看到的，诊断专家经常使用信号或特征来研究电气系统的状态，从而确定所发生的故障。然而，这些专家经常被要求去解读通常不是很确凿的测量数据。使用模糊逻辑可以有助于我们诊断故障（确定例子中故障开关管的位置）。

事实上，模糊逻辑是从人类思考和自然语言处理中逐步发展起来的，它使我们能利用模糊信息做出决策［ZAD 65，BUH 94，KAU 87］。

模糊逻辑允许集合中的元素在一定程度上属于这个集合。这就如同允许一个通常只工作在"0"和"1"二进制模式下的计算机进程在连续域中运行。

事实上，如果考虑变流器上的故障诊断，在很多情况下，该变流器的状态既不是"好"，也不是"坏"，而在介于两者之间。

解释电气执行机构的工作状态是一个模糊的概念，在过去几年里，提出了很多用于感应电机模糊故障诊断的方法，其中，保留下来的是使用相电流和定位空间的方法（和前文基于 ANN 的方法一样），其运行结构如图 9.5 所示［ZID 08］。

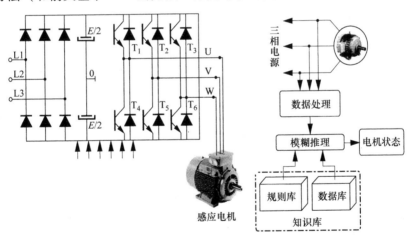

图 9.5　基于模糊逻辑的故障检测和定位操作流程图

9.2.2.2　检测与定位空间

图 9.6 所示的检测与定位空间是通过对逆变器开关管故障模式的先验知识分析得到的，Concordia 轮廓线的位移是由故障开关管决定。

基于模糊逻辑的检测与定位模块有两个输入，由下式计算得到

$$\begin{cases} E_{\mathrm{d}} = d_{\mathrm{H}} - d_{\mathrm{F}} \\ I_{\theta} = \displaystyle\sum_{i=1}^{6} N_i \end{cases}$$

式中，d_{H} 和 d_{F} 分别代表在 Concordia 参考系中，正常运行区域的直径和定子电流矢量故障情况下得到区域的直径；I_{θ} 表示可帮助我们定位故障开关管的角度扇区（见图 9.7）。

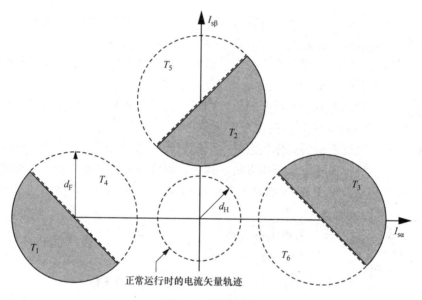

图 9.6　检测空间

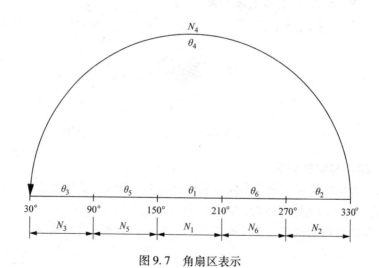

图 9.7　角扇区表示

输入和输出的标准隶属度函数如图·9.8 所示。

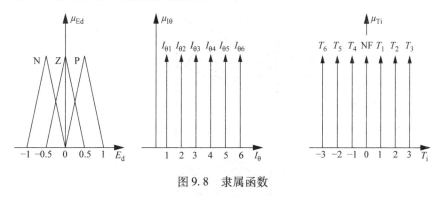

图 9.8　隶属函数

采用的语言规则见表 9.3。

表 9.3　语言规则

E_d	I_θ	$I_{DL-FS} \Rightarrow$故障开关管
Z 或 P	$I_{\theta i}$；$i = 1, \cdots, 6$	$I_{0-DL-FS} \Rightarrow$无故障
	$I_{\theta 1}$	$I_{1-DL-FS} \Rightarrow T_1$
	$I_{\theta 2}$	$I_{2-DL-FS} \Rightarrow T_2$
	$I_{\theta 3}$	$I_{3-DL-FS} \Rightarrow T_3$
N	$I_{\theta 4}$	$I_{4-DL-FS} \Rightarrow T_4$
	$I_{\theta 5}$	$I_{5-DL-FS} \Rightarrow T_5$
	$I_{\theta 6}$	$I_{6-DL-FS} \Rightarrow T_6$

（N：负的；Z：零；P：正的）

9.2.2.3　应用

在一台 1.5kW 的感应电机上进行实验，感应电机连接一台直流电机作为负载，直流电机连接一个可变电阻器。调节负载以提供 2.5nm 的负载转矩，并且每两个周期的开关控制被限制在 3.3ms。

通过检测与定位算法对 a、b 相的相电流进行采样和离线处理。

在图 9.9 中，我们可以发现投影到 Concordia 坐标系中的电流矢量很难检测到轮廓线位移。另外，在处理这些轮廓线后，我们得到图 9.10 所示的结果，从中我们可以看到输出值接近 1，表明开关 T_1 故障；由于感应电机中固有的不平衡，接近 0.5 的较低值表示正常偏差。

9.2.2.4　分析和讨论

从实验结果可见，误报警有所减少，故障诊断结果的鲁棒性有所提高。此外，使用该模糊逻辑方法意味着我们既不需要计算电流矢量的平均值，也不用计

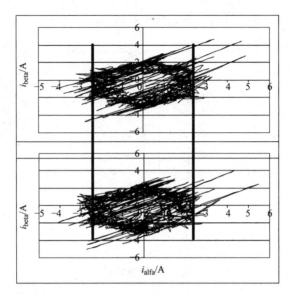

图 9.9　电流矢量轨迹（上图：无故障；下图：故障）

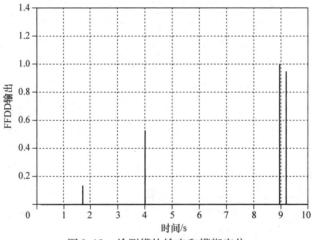

图 9.10　检测模块输出和模糊定位

算电周期。因此，计算与处理时间与所使用的方法相关，对应于几个采样周期。

　　针对本方法的下一步研究中，可以考虑扩展规则库，以便同时检测双重故障。此外，为了对多电平逆变器进行诊断故障，可以采用同样的方法，但是要把空间角度进一步细分，把区域划分得和开关管的数量一样多。

9.2.3　多维数据分析

　　在本节中，我们将重点分析采集到的多维形式的数据，用于实现故障检测和诊断。图 9.11 所示为多维数据分析中的方法组。

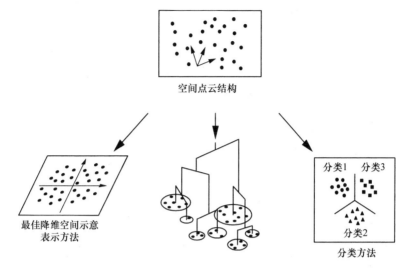

空间点云结构

最佳降维空间示意
表示方法

分类1　　分类3

分类2

分类方法

图 9.11　多维数据分析中的方法组

　　一般来说，有很多数据分析方法，它们根据三个不同的目标："数据表示""数据分类"和"数据辨别"而被组合在一起。

　　对于数据表示，其主要思想是将数据（最初以多维形式）投影到一个平面，以降低问题的维数；接下来，数据被分配到包含先验知识的各个组，我们希望通过这些组对数据进行分类；在数据辨别阶段，提出一种数据分类的规则，使我们能够识别未知的数据样本。在下面的章节中，我们将重点介绍一种数据表示方法：称为主元分析（Principal Component Analysis，PCA），以及一种有监督的数据分类和辨别方法：判别分析法［MOR 88，JAM 99，SAP 90］。

　　对于所有这些方法，无论它们是用于数据表示、数据分类还是数据辨别，选择的用于表示待观察现象的变量是非常重要的，事实上，数据分析的性能将取决于这些选择的特征参数。在本节的研究中，选择的变量是易于获取的电气参数，在研究过程中无需改变所研究对象的物理结构，从而使该诊断过程可以广泛地适用于任何工业过程和电机。本节中作为例子给出的实验结果，是对多相电机的不同相电流分析得到的。对于每种方法，我们会说明如何去组织数据，以便对它们进行分析。

9.2.3.1　主元分析

　　PCA 是一种数据表示方法，用于在空间中搜寻方向，以表示 n 个随机变量间的相关性［MOR 88，JAM 99，SAP 90］，该方法也被称为 Karhunen - Loève 变换（Karhunen - Loève Transform，KLT）。PCA 是一种无监督的数据分析方法（即该方法的计算中不考虑样本的先验知识），这使得我们可以在较小的空间内对多维问题进行可视化处理，称为主平面。PCA 的核心思想是通过将这些数据投影到称为主元的轴上来突出数据库的 k 个观察值之间的主要相似性和差异。

对于本研究，数据将被分配到使用 n 个变量描述 k 个观察结果的数据库中，如图 9.12 所示。

例如，如果我们只使用无须对变流器进行过多干预就可以获取的物理信号，我们建议使用多相电机中各相的相电流，这些电流可以与所有其他信号（电压、转速等）结合在一起，很好地描述和表示待观察的现象。

所研究的信号可以被认为是向量空间 $\Re^n$ 中随机向量 X 的实现。在该方法中，我们使用零均值向量，为此，使用降维的中心化矩阵 X_c，其元素为

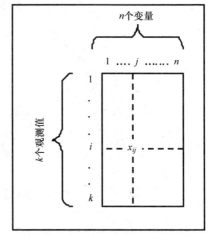

图 9.12　PCA 的数据库结构

$$x_{c_{n,k}} = \frac{x_{n,k} - \overline{x}_n}{\sigma_n \sqrt{k}}$$

式中，$x_{c_{n,k}}$ 可以看作是第 n 个表示变量所描述的第 k 个中心化、降维的元素。因此，我们可以用 $\overline{x}_n$ 和 σ_n 分别表示变量 n 的均值和方差。

然后计算协方差矩阵 C

$$C = X_C^{\mathrm{T}} X_C$$

使用该相关矩阵来寻找由最大化方差 X_c 线性组合构成的新因子轴，需要计算特征向量的矩阵 V，并将协方差矩阵对角化

$$V^{-1} C V = \lambda V$$

式中，λ 是含有 C 特征值的对角阵，代表了对应特征向量原始数据的能量分布。这些协方差矩阵的特征向量 V 对应的是待求的主正交分量，它们代表了包含大多数信息的数据库的最佳投影空间。为了获得在新投影空间中数据的坐标 Y，我们计算：$Y = V^{\mathrm{T}} \cdot X$。

在本方法中，我们建立了一个包含 2500 个观测量的初始数据库，采用 3 个变量来进行描述（这些变量要可以代表所观测的现象），即为给三相电机供电的变流器三相电流值［DEL 07，DEL 08］，这些电流可以用来表征变流器正常运行时的特性。

将 PCA 应用于此数据库，结合前 2 个因子轴，我们得到了包含原始数据库中 99.98% 信息的表示形式（见表 9.4）。这 2 个轴的累计方差和特征值清楚地表明，前 2 个轴有足够的代表性来描述所研究的数据库。

表 9.4　对正常样本进行 PCA 分析后得到的主元　　　（％）

	方差	累积方差	特征值
PC 1	53. 358	53. 358	1. 601
PC 2	46. 621	99. 979	1. 399
PC 3	0. 021	100	0. 001

利用 PCA 得到的数据表示结果代表了正常运行时的轮廓线，与利用 Concordia 变换得到的结果相似。PCA 的优点是表征空间使用正交且不相关的主轴。

为了完成本研究，我们在数据库中加入了其他样本，这些样本对应 a 相和 c 相发生故障的情况。采用 PCA 对包含 6800 个样本（正常的和故障的）的数据库进行分析后，我们得到了一个表示结果，通过前 2 个主轴可以包含数据库中 98.83% 的信息，见表 9.5 中显示的特征值，只有很小一部分信息由第 3 个主轴来描述。

表 9.5　包含正常和故障样本数据库的 PCA 分析结果　　　（％）

	方差	累积方差	特征值
PC 1	58. 03	58. 03	1. 74
PC 2	40. 80	98. 83	1. 22
PC 3	1. 17	100	0. 035

同样，我们将数据库中的信息用 3D 的形式显示在 3 个因子轴上，如图 9.14 所示。从图中可以看出，根据数据的不同本质（正常情况、a 相故障、c 相故障），数据之间有很强的相关性，并且只有很少量的不同类数据出现重叠，由此，根据这些数据的分布，故障可以被正确地分为不同类别，从而帮助我们诊断变流器中的各相故障。

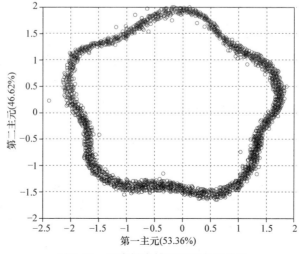

图 9.13　正常样本情况下的主元分析

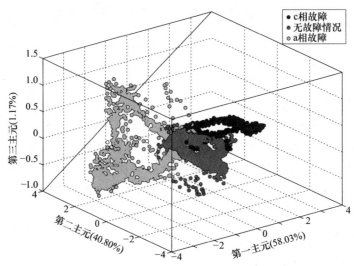

图9.14 正常和故障样本的主元分析

然后，就像辨别或识别新的未知测试样本那样，我们进行线性判别分析，以对故障进行分类。

9.2.3.2 线性判别分析

线性判别分析（Linear Discriminant Analysis，LDA）方法涉及多变量方差分析和多元回归方法［MOR 88，JAN 99，SAP 90］，是一种有监督的分析方法，即该方法包含一个学习阶段，在此期间，需要考虑数据分类的先验知识。事实上，在生成分析数据库时，必须将观测值分配到一个预先分定的组中；在使用 PCA 的情况下，针对选定的变量收集观测数据，这些选定的变量要能代表待观测的现象。然而，选择能代表数据的那些变量对于分类结果来说非常重要，通常需要对这些变量进行预处理，以提高代表着待观察现象的那些信息的相关性。

判别分析既是描述性（分类阶段）又是决策性（辨别阶段）的方法。在其描述阶段，其目的是降低数据表示的维度，并且根据先验知识将数据分组。在决策阶段，该方法产生一个判别规则作为预测变量的线性组合，用以表征根据先验知识划分的数据组之间的差异或相似性，在该判别规则的帮助下，就可以辨识无任何关于其所属分组先验知识的样本。

对于多维分析，其思想是将由 M 个解释性变量表征的单个数据（或观察值）进行分组。在这种情况下，分类意味着将由解释性变量表征的个体分组到一定数量的类/组 Q 中。这种解释性变量空间，也称为特征空间，通常被记为 $\Re^M$，每个解释性变量都对应一个从希望区别的对象中提取出来的兴趣程度。

在与我们研究相关的应用实例中，解释性变量是电流，并且与这些电流相关的观察值（单个数据）被分配到对应于所研究的故障类型的先验组中（正常运行、a 相故障、b 相故障…）。除了滤波之外，没有进行其他特别的数据预处理，这使我们可以在电流测量信号中保持有价值的信息。在我们的例子中，样本被分为 3 类（$Q=3$），以对单个数据进行分组（正常运行、a 相故障、c 相故障）。为了后续研究，建立了一个包含 6800 条个体数据的数据库［DEL 08］。

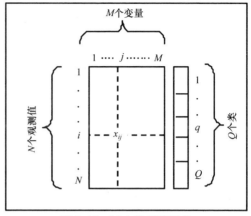

图 9.15　LDA 数据库结构

LDA（见图 9.15）的目的是在 $\Re^M$ 中找到一个或多个判别超平面，以将由相似个体构成的组分成不相交的类。该方法的第一阶段（描述阶段）要在由 N 个个体构成的样本中寻找判别函数，每个函数是 M 个解释性变量的线性组合，解释性变量的值以最佳方式划分根据先验知识定义的类别 Q。第二阶段（决策阶段）是用来确定匿名个体被分配到的类，该类别是由相同的解释性变量通过使用由 N 维学习样本建立的辨别规则来进行描述。

让我们考虑 $M \times N$ 维的数据矩阵 $\widetilde{X}$，由中心化的降维解释性变量组成，$M \times M$ 维的总方差矩阵 V 为 $V = \widetilde{X} \cdot X^T$。

该总方差矩阵可以改写为两个项的和：与同一类别中的个体在它们重心周围的分布相关的类内部方差，以及与原点附近类别的重心分布相关的类别之间的方差。因此，如果将类内方差矩阵记为 W，将类间方差矩阵记为 B，则可以将 V 表示为 $V = W + B$。

因此，需要寻找最佳的线性组合，使我们可以以最好的方式区分不同个体，这相当于变换维数为 M 的特征空间，以获得最大类间方差和最小类内方差。通常，最大化类间方差将突出这些类别之间的差异，而最小化类内方差相当于限制同一类别中个体的范围。接下来，为了计算线性组合，我们必须从那些和前面类别不相关的类别中寻找可区分不同类的组合，得到的不同线性组合不超过 $Q-1$，用来构成判别线性函数。

为了计算第一个线性组合，必须最大化类间方差；而类间方差和类内方差的和是常数，因此我们选择一个向量 u_1，该向量可使类间方差和总方差之间的比达到最大值，即为

$$u_1 = \underset{u \in R^M}{\arg \max} \frac{u^T B u}{u^T B u}$$

因此，我们求解方程 $V^{-1} B u = \lambda u$，式中的特征向量 u 被称为判别因子，相应

的特征值 λ 表示判别能力。

根据所实现的判别方法，可以提出判别规则以辨识测试样本。我们可以根据 x 的线性函数 $f_q(x)$（其中，q 表示一个组，$q \in \{1, \cdots, Q\}$）辨识一个未知个体，表征该个体特征的向量为 $x \in R^M$。因此，我们得到如下关系：

$$f_q(x) = \|x - \overline{x}_q\| x^T V^{-1} x$$

式中，$\|x - \overline{x}_q\|$ 是从 x 到类 q 的重心 $\overline{x}_q$ 之间的距离。未知个体将被分配到组 q，$f_q(x)$ 此时取得最小值：

$$如果 f(x) = \min\{f_q(x)\}, x \in q$$

在我们感兴趣的故障分类例子中，通过使用判别分析，我们能够正确地区分 a 相故障、c 相故障以及正常运行情况（见表 9.6 和图 9-16）[DEL 08]。

验证我们已经获得的先验分类表明，为个体选择的成员组别是正确的。事实上，我们观察到的分类出错的情况，主要原因是由于所研究的故障是间歇性的。

表 9.6 不同组中样本分类结果

		结果分类		
		第一类 （正常情况）	第二类 （a 相故障）	第三类 （c 相故障）
先验分类	第一类 （正常情况）	99.94%	0%	0.06%
	第二类 （a 相故障）	24.22%	75.78%	0%
	第三类 （c 相故障）	32.74%	0%	67.26%

从故障发生到故障消失的期间，会产生一个含义模棱两可的区域，其中的样本应被视为无故障。

因此，必须在样本表征阶段（在此阶段研究电流的变化和现象的特征数量）以尽可能高的精度定义上述问题的区域边界，以减少分类过程中的不确定性。

我们已经获得的由两个因子轴定义的判别平面，从间歇性故障区域的开始和结束被清楚识别这一时刻开始，我们就可以正确的分类数据。

在分类阶段得到的结果使我们相信，在识别阶段，未知样本可以被正确地识别并归类到它们对应的分组内。

使用这些方法必须要进行离线学习。学习过程要使用包含各种运行状态的数据库，这些运行状态要具有待分类别的特征；此外，学习过程还要能帮助我们建立识别规则，在诊断过程中根据不具备任何先验知识的数据样本识别设备的真实状态。在运行期间，决策环节（也称为分类阶段）依赖于这些规则，它们都是输入变量的线性组合。这些运算都很简单，在微控制器或信号处理器上实现，可满足实时约束条件。还可以开发用于故障诊断的系统结构（FPGA 型数字电路），

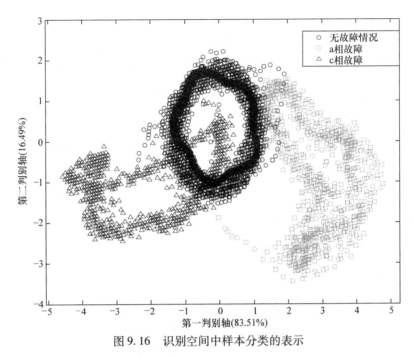

图 9.16　识别空间中样本分类的表示

在所研究的系统中实现移动故障诊断解决方案。显然，分类结果（新识别的样本）是可以保存的，用来扩展数据库以及完善识别规则。

9.3　功率电子模块的热疲劳和失效模式

在本节中，我们将回顾器件和半导体功率模块在运行期间发现的主要性能恶化现象，本节给出的结果主要是通过实验测试得到，这些测试一般是疲劳测试（在电流、电压或温度的限制条件下，但是超过通常的工作条件约束）。但是，实验得到的损伤在某些特定应用场合具有代表性。为了实现故障诊断，我们给出一些可检测的电气量，用于检测部分损伤；但是在功率调节模块的当前发展情况下，其中一部分损伤依然难以测量。为了更好地理解这些损伤的物理起因以及后文将要提到的失效模式，我们将首先介绍器件和功率模块的主要相关技术。

9.3.1　功率电子模块的相关技术

9.3.1.1　封装

对于中等功率和大功率应用场合，电力电子器件一般使用 MOS（金属氧化物半导体）功率晶体管或者 IGBT（绝缘栅双极型晶体管）。它们一般采用扁平化封装，在一些功率非常高的应用场合，可采用紧压封装，以便于更好的散热

（见图9.17）。

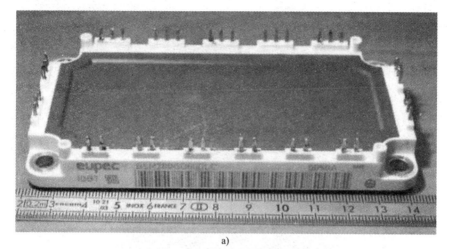

a)

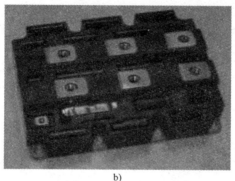

b)

图9.17　a）中压 IGBT 功率模块逆变器（600V/200A）
b）大功率 IGBT 模块（3300V/1200A）

对于功率模块来说，这些功率器件是由不同材料层叠而成，第一层可以采用不同类型的半导体材料，常见的是采用硅，代表了器件的有源部分；一般用直径为 $100 \sim 500\mu m$ 的铝焊接线来可靠连接电源与这些半导体材料，这些半导体被组装（焊接）在绝缘基板上，基板由两侧镀铜的绝缘陶瓷（通常为 Al_2O_3 或 AlN）构成，采用直接铜键合（Direct Copper Bond-

图9.18　附铜 DCB 基板（CURAMIK）

ed，DCB）的方式以确保铜良好黏附在陶瓷上［SCH 03］，如图 9.18 所示。陶瓷确保了电气绝缘以及半导体材料的散热。DCB 基板通常组装（通过焊接）在金属板上，该金属板的作用是提供机械支撑，并通过热接触将模块固定在冷却板上（见图 9.18）。

底板通常由铜制成，或者是采用铝和碳化硅（AlSiC）的复合底板，并与AlN 陶瓷相结合以减少热疲劳。实际上，AlSiC 可以显示出令人满意的导热性能（但低于铜），并且表现出比铜更接近氮化铝的热膨胀系数。模块依靠夹紧扭矩跟散热器正确地拧在一起。

在这些铸造外壳中，通过使用高温合金把 IGBT 半导体焊接到 DCB 上，然后在较低温度下将完整的模块焊接到底板上（见图 9.19），这些焊接接头可用作机械、电气以及热的接口，确保对不同组件的机械支撑，以及半导体材料和连接外部电源的金属衬底间的电气连接。最后，它们使热通量在有源器件和基板之间传导。

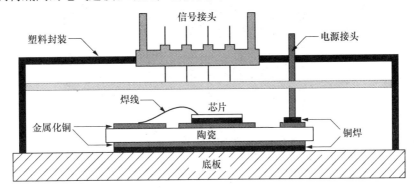

图 9.19　功率模块的封装结构图

图 9.20 是一个功率模块的横截面，该图能让我们看清不同材料层的厚度。图 9.20a 是采用光学显微镜观察到的 IGBT 模块的断面切片，图 9.20b 表示在电子显微镜下 IGBT 半导体材料下方局部区域的一个特写。

从图 9.21 可以看到半导体硅片以及沉积在其上面的金属化层。该技术确保构成模块的不同基本半导体单元是并联的（大于 10^6 个半导体单元$/cm^2$），并可根据不同类型半导体来抑制寄生晶体管（对于 MOSFET）或晶闸管（对于 IG-BT），最后，采用超声波焊接接合线。表 9.7 给出了构成模块各种材料的厚度。

我们还可以找到一种没有基板的模块，其中 DCB 衬底（AlN 或 Si_3N_4）是通过导热介质直接安装在散热器上。这个解决方案使得热性能更好并且避免了在基板和 DCB 衬底之间使用焊接，这些焊接常会导致故障。但是，由于缺少基板以及陶瓷的易脆性，必须要求冷却器表面条件良好。对于没有基板的大功率 IGBT器件，陶瓷衬底由于冷却器上的压力而被固定在冷却器上，就像 SEMIKRON（SKiiP）

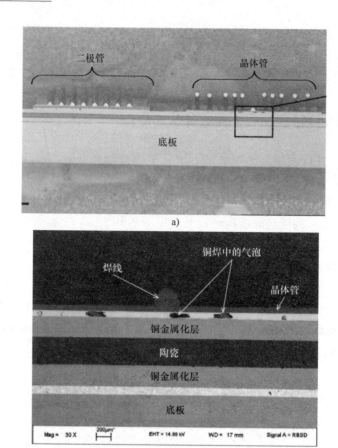

a)

b)

图 9.20 a）光学显微镜观察到的 IGBT 模块的断面切片

b）电子显微镜下的 IGBT 模块局部区域

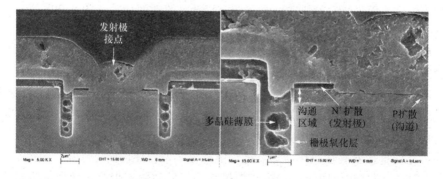

图 9.21 IGBT 半导体材料基本单元

表 9.7 **IGBT 模块中材料的性质与尺寸**（以一个 600V 的模块为例）

结构部件	材料	厚度/μm
晶体管	Si	70
前端金属	Ti	0.32
	Ni	0.43
二极管	Si	210
正面金属	Cr	0.14
	Ni	0.78
焊接的晶体管和二极管	SnAg	80（二极管） 80～120（晶体管）
陶瓷	Al, O	375
陶瓷上的金属层	Cu	280
DCB 焊接/板	PbSn	95
底板	Cu	2900
内外板涂层	Ni	6

[SCH 03] 公司的模块中电气触点被压到衬底中（见图 9.22a）那样。由于缺少基板和散热接口，使得整个组件的热阻减小。在由同一家公司制造的 MiniSKiiP 模块中（见图 9.22b），采用的是压力接触和压力弹簧接触相结合的技术，这些方法都可用于功率模块与控制板之间的电气连接。

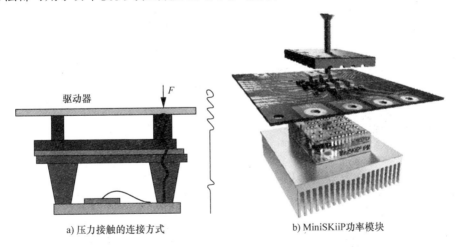

a) 压力接触的连接方式   b) MiniSKiiP功率模块

图 9.22 没有使用 Semikron® 板的模块

在有些情况下，为了优化散热，基板（或无基板模块的衬底）也用作冷却器 [SCH 00，IVA 03]。该解决方案意味着我们可以省去基板/冷却器的散热接口并可以增强热和冷却器壁之间的热对流交换。

采用 3D 装配技术中的焊接销或焊球来代替焊线，则两个绝缘衬底和一个双面冷却器可以相互置于对方的顶部，实现半导体硅片的双侧散热（见图 9.24），这样可以实现更有效的散热。

最后，使用加压外壳意味着我们可以不用焊接，这样可以减少模块装配导致的故障。

目前，此类外壳专门应用于功率非常高的模块。图 9.25 显示了此类外壳使用的材料，以及 IGBT 半导体硅片并联连接的方式。

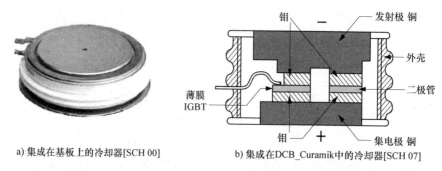

a) 集成在基板上的冷却器[SCH 00]　　　b) 集成在DCB_Curamik中的冷却器[SCH 07]

图 9.23　集成冷却器实例

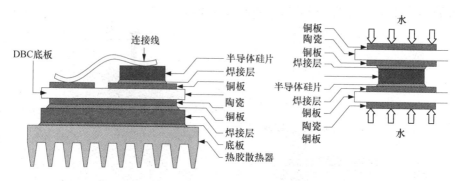

图 9.24　采用 3D 装配技术实现硅片双面冷却 ［BUT 07］

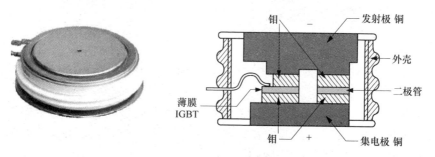

图 9.25　压装外壳（源自 ABB）

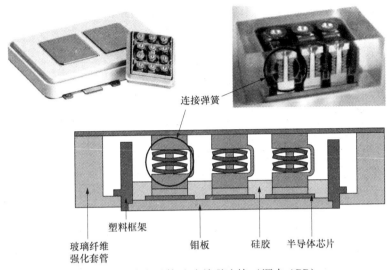

连接弹簧

塑料框架

钼板　　硅胶　　半导体芯片

玻璃纤维
强化套管

图 9.26　将半导体硅片并联连接（源自 ABB）

9.3.1.2　功率半导体硅片

　　在一个功率模块中，重要的部件是其中的硅片（IGBT 或 MOSFET），一般是由半导体材料制成（比如硅），厚度为几百个微米。为了允许流过很大的电流，通常将硅片并行放置。图9.27 给出一个打开的 600V/200A的 IGBT 逆变器模块，其中包含有 6 个 IGBT 硅片和 6 个二极管硅片（面积较小的硅片）。

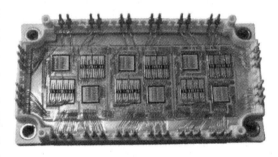

图 9.27　打开的 IGBT 模块，600V/200A，铸造外壳

　　随着器件集成度和工作温度不断提高，同时器件体积不断减小，硅材料器件逐步达到其工作温度的极限。针对该问题，发展趋势是发展宽禁带半导体材料（比如氮化镓 GaN，以及目前较多的碳化硅 SiC），以打破硅材料器件在击穿电压和工作温度方面的运行限制。SiC 器件的临界电场（比硅器件大 7 倍）和良好的热导性对减小功率器件的尺寸有重要的帮助。

　　但是，当前的电子工业，特别是电力电子工业，很大程度上仍然由硅材料主导。事实上，在功率器件上，尚没有其他的半导体材料能在材料质量，器件生产技术的成熟度，以及生产成本上与硅竞争。功率半导体材料已经取得了重大进步，使器件在电气性能和热性能上得到很大改善。我们可以从图 9.28 中看到沟槽网格间的关系，沟槽可以提高集成密度以减小硅片的表面积。对于 IGBT 模块，电场中止（Field Stop）技术和软穿通（Soft Punch Through）技术可通过尽可能减小基板的厚度或者控制注入基板附近导电区的额外电荷来优化 IGBT 的通态损耗/导通损耗，这同时也导致集成度的提高，如图 9.28 所示。硅器件体积的减小可导致集成度的提高和成本的降低。

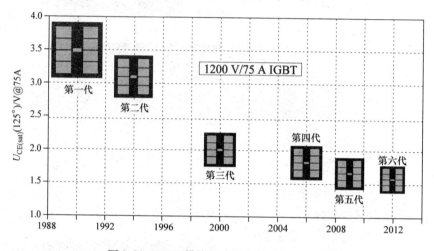

图 9.28　IGBT 模块尺寸的发展 ［BAY 08］

体积的减小使得通态下电流密度提升，功率密度一般也会因此得到提高，随之硅片工作温度也会得到提高。

9.3.1.3　总结

功率模块是电能转换功能的保障，它们是采用单个器件构建，可以与续流二极管结合起来实现斩波器电路、逆变器的桥臂、全桥电路或者三相逆变器（见图 9.29），有时也会用来实现能量回收斩波电路。

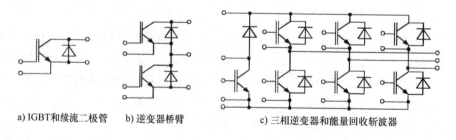

a) IGBT和续流二极管　　b) 逆变器桥臂　　　　　c) 三相逆变器和能量回收斩波器

图 9.29　集成到功率模块中的变流器结构示例

从故障诊断角度来看，功率模量很多信号难以直接测量。如果我们以三相电压逆变器为例，三个桥臂在模块内通常以并行的形式连接。由控制驱动器使用的开尔文源极触点也可用于在通态下进行精确的电压测量，甚至可以来测量源极触点与开尔文源极触点之间的电阻（图 9.30 中 8 号脚和 10 号脚之间），该电阻代表了焊线、DCB 铜带电阻、电源引脚电阻以及不同的接触电阻。

同时，我们应该注意到，还存在一个焊接在陶瓷衬底上的 CTN 电阻，该电阻可以给出其所在位置的温度。一般来说，从此电阻上估计出来的温度，可以代表模块基板的温度。下面的实验结果将证明，这个温度不能被用于评估模块的老化特性。

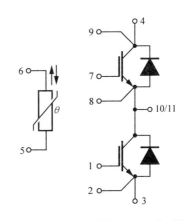

图 9.30 逆变器桥臂上 IGBT 的引脚

9.3.2 电力电子模块性能退化的原因及主要类型

9.3.2.1 热疲劳应变

下节中讨论的性能退化的主要原因是由于变流器模块上的热疲劳应变，尤其是交通运输领域那些在特定环境中热循环受阻碍的变流器模组。实际上，用于交通系统中的功率变流器由于有重量轻、小型化的严格需求，因而趋于使用高集成度的结构。这些器件的功率密度大幅提升，因此常会遭受高热应变。这些制约因素存在于周围环境中的温度等级上，温度可以非常高或非常低，并且处于循环变化过程中。温度等级降低了器件的可靠性，温度周期性变化也是加剧性能劣化的一个原因。

例如，汽车引擎盖下的环境造成功率器件的温度周期变化，变化范围在 $-40 \sim 120℃$ 之间。另一个例子是飞机的喷气发动机中的功率电子器件，环境温度可能在 $-55 \sim 200℃$ 之间变化（最恶劣的情况下）。这种环境温度变化被称为"被动热循环"。除此之外，在半导体硅片中耗散的功率会导致额外的小幅温度变化（几十度），但是变化频率比较高，这种类型的热循环被称为"主动热循环"。当然，上述两种热循环常会结合在一起，同时影响功率器件。这些热循环如图 9.31 所示，图中被动热循环用实线表示，主动热循环用上影线表示。

就使用寿命而言，应用在汽车领域的器件必须满足 8000h 运行和 400000 个动力循环的要求。至于航空电子设备，功率器件必须满足 50000 运行小时的要求，考虑每次平均飞行时间为 10h，器件要能实现 5000 次的起/降要求。

尽管更高的温度可能会导致半导体硅片加剧老化和故障，但是，在高温和温度大幅变化情况下，故障的主要原因在于装配部分。接下来，讨论性能恶化的主要类型。

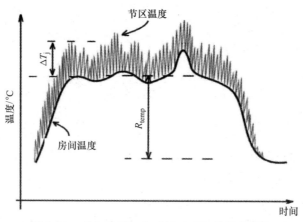

图 9.31 "主动型"和"被动型"的温度周期

9.3.2.2 连接线损坏

关于和热循环相关的焊线电阻问题,已经在 [CIA 02, LEF 03, HAM 99, RAM 00, PAS 02, OLD 04] 中进行了大量的研究和描述。关于焊线最常见的故障模式是导线剥离(见图 9.32a)和线根裂纹(见图 9.32b)。第一种情况是由于铝导线和硅衬底在受到热循环时,产生不同热膨胀,最终在接口的连接点上产生裂缝。第二种故障情况在功率器件中出现的频率要低一些,是由热/机械循环应变导致的,这种类型的性能劣化可能与导线本身的弯曲或因连接导线中过高的电流密度而导致的重复热效应有关,也有可能是因为焊接过程不够理想。

这种类型的损伤可以在通态,通过测量组件上的电压降来检测。然而,焊接接头内的裂纹会导致热阻增大,从而会导致硅片的冷却能力降低。因此,进行故障诊断需要先校正测量结果。

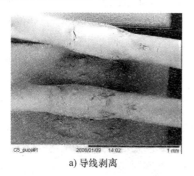

a) 导线剥离　　　　　　　　b) 线根裂纹

图 9.32 焊线的不同损伤

9.3.2.3 硅片上表面的金属化损伤

图 9.33 给出了采用扫描式电子显微镜(Scanning Electron Microscopy,SEM)

对几个相同 IGBT 硅片在不同条件热循环下观察到的金属化情况。图 9.33a 给出了老化前的金属化状态，我们可以注意到基本单元的模式，相隔约 15μm，铝粒也是一样。图 9.33b 给出了经历了 250000 次热循环，在低室温（35～95℃之间）及接合点处的温度变化为 $\Delta T_j = 60℃$ 情况下的金属化情况。在这些条件下，即使是热循环次数很多，金属化仍然明显不受影响。在金属化经历较少次数热循环（100000 次），温度变化（$\Delta T_j = 60℃$）相同但温度值较高（90～150℃之间）的情况下，从图 9.33c 中可以看出程度明显的损伤。最后，在仅经过 47000 次热循环，但处于一个更加恶劣的工作条件（$\Delta T_j = 80℃$，温度处于 90～170℃之间）下的金属化情况如图 9.33d 所示。更少次数的热循环导致金属化更高的损伤级别，这说明了微粒连接处的裂缝有很高的不确定性，其中的单元模式几乎不可见。这些结果清晰地表明损伤在很大程度上取决于 ΔT_j 以及温度所能达到的最大程度（T_{jmax}），但是，还是很难确定导致该类损伤的最重要的因素。热循环很可能是导致性能劣化的原因，其影响还取决于连接点的最高温度。该结论详见［CIA 02］，在该文中，当连接点的最高温度达到 110℃ 时，就会出现明显的性能退化。

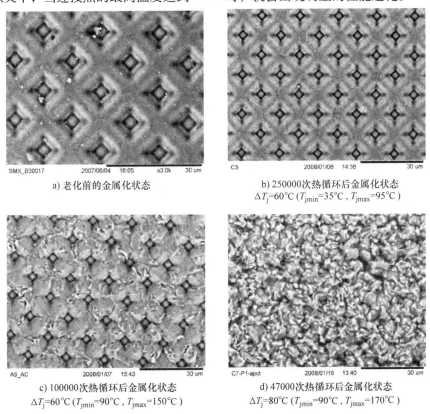

a) 老化前的金属化状态

b) 250000次热循环后金属化状态
$\Delta T_j = 60℃$（$T_{jmin} = 35℃$，$T_{jmax} = 95℃$）

c) 100000次热循环后金属化状态
$\Delta T_j = 60℃$（$T_{jmin} = 90℃$，$T_{jmax} = 150℃$）

d) 47000次热循环后金属化状态
$\Delta T_j = 80℃$（$T_{jmin} = 90℃$，$T_{jmax} = 170℃$）

图 9.33　在经历不同热循环后通过 SEM 观测的 IGBT 硅片金属化情况

图 9.34 显示了一个 IGBT 硅片单元的微截面图，从中可以看到金属化损伤导致的微裂痕，这些裂痕可能导致基本硅片单元间的断开。这种晶粒间的凝聚力丧失现象会导致铝晶粒不再接合，该现象可以采用聚焦离子束（Focused Ions Beam, FIB）对经历过热循环的样本进行分析而观察到。

这些半导体硅片金属化损伤带来的一个影响是增大了该层的电阻，该影响可以通过在 IGBT 半导体硅片上施加特殊的热循环（然后进行重复短路），采用特定的"四线"测量法表现出来 ［ARA 08］。但是，这些测量方法会导致金属化损伤，完全可以和图 9.33 中所示的情况相比拟。通过在老化过程中定期进行测量，在经过一段电阻不发生变化的阶段后，可以观察到电阻值规律地增长（见图 9.35）。

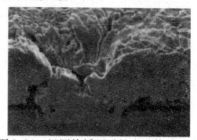

图 9.34 经历热循环后的半导体单元中损伤金属化的微切面

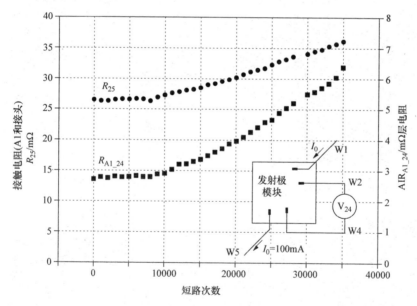

图 9.35 IGBT 的发射极被反复短路以及层电阻持续升高时的金属化性能恶化

不幸的是，如果没有特殊的测量装置很难检测到这种损伤，而且这种损伤将一直隐藏在由焊线、导线和金属化间的接触而导致的各种问题中。

9.3.2.4 焊接损坏

我们在功率模块中可以发现两种类型的焊接方式：把半导体硅片和金属绝缘衬底焊接在一起，以及把衬底和模块基板焊接在一起（见图 9.19）。理论上，第二种焊接方式相比于第一种方式其机械特性更"软"，且焊接表面积更大。上述两个特点意味着，由于热循环的影响，基板上的焊接可能比硅片上的焊接更容易断裂，如图 9.36a 所示。

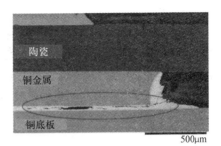

a) 焊接基板/陶瓷衬底上的裂纹[BOU 08]

在极端温度条件下，一个不太经常出现的性能恶化情况是"形成空洞"（见图 9.36b）。该现象和所达到的高温（而不是和温度的变化）密切相关，这种温度接近熔化温度。这里，我们的目的不是要观察裂缝，而是要在导致形成空洞的热循环期间观察焊接中的物质迁移现象（热迁移效应）。

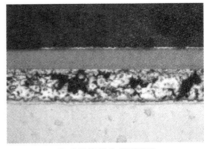

b) 硅片焊接中的"空洞"

图 9.36　焊接损坏

这些性能退化过程增大了电子模块中的热阻，从而使得热源（半导体功率硅片）到冷源（冷却器）之间热传递效率降低，进一步导致模块，特别是半导体硅片的温度升高。该性能退化可以通过测量模块中的热阻来检测。

9.3.2.5　绝缘基板性能退化

被动热循环的实验结果表明，DCB 衬底金属化的厚度将影响衬底上部，带来出现贝壳状裂缝的风险［DUP 06］。这就是金属上所谓的"剥离"现象，通常出现在附着在陶瓷上的铜金属上。但是，这些裂纹是在发生相对严重的温度变化及一定数量的热循环之后才发生。图 9.37 给出了温度变化达到 210℃ 时的该类性能退化现象，AlN 陶瓷（635μm）和铜（300μm）中的温度是在 −30 ~ 180℃ 之间循环。故障周期的数量取决于热循环的严重程度和 DCB 结构（陶瓷的性质和厚度，铜金属化的厚度）。铜金属化的厚度影响 DCB 衬底的使用寿命，薄金属化比厚的更能抵抗这种循环。类似的结果已有报道，详情可见［SCH 03，DAL95，MIT99，NAG00］。

这些裂缝是由于陶瓷中的应变在热循环期间不断增大，是铜膜硬化效应的结果，并且由两种材料之间的不同膨胀系数导致。在热循环过程中，陶瓷中的应变跟随铜的硬化而增大，直到达到其可接受的极限。

然而，这些性能退化增大了整个模块的热阻，可以通过测量装置来检测。

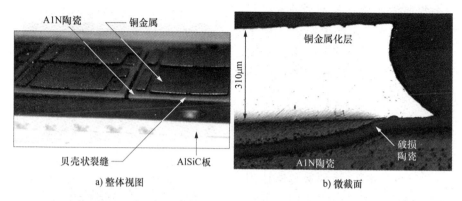

图 9.37 90 个热循环后的陶瓷裂缝

9.3.3 连接件损坏对电气特性的影响以及对故障诊断的潜在作用

9.3.3.1 连接导线性能退化

通常用于检测焊线损坏的故障指示器是直接压降。焊线是功率模块中最脆弱的部件之一，研究表明，经过功率注入循环的模块可以指示开始根部出现裂缝，而不会对直接电压降产生可测量的重大影响。

我们必须等待电线及导线和金属化硅片间的接口有相当大的损坏时，通过在通态下测量电压降来检测这种效应。图 9.38 特别给出了在施加 250000 个功率注入循环，以及对应于节温升高 60℃ 的情况下，通态时电压降的变化。经历 250000 次循环后，半导体硅片上发现的损坏情况如图 9.33 所示。我们注意到，在测试结束时通态压降只增加了 3%。

对低电压 MOFSET 模块进行类似的测量，在整个循环测试期间内，连续记录通态时的电压降，以跟踪模块内各半导体硅片的通态电阻。图 9.39a 给出了集成三相电压逆变器中三个低电平晶体管的测试结果，我们可以注意到晶体管 T4 的电阻曲线中包含两个剧烈变化的阶段，和"根部裂纹断裂"故障类型相关。

有些导线的断裂和器件老化条件相关。如导线电压降仅增大 3%，检测这个增大的电阻仍然非常困难。

主动循环测试（如下文所示）也会导致沉积在硅片上的金属化层显著老化。通态电阻的轻微变化表明，使用通态电阻测量值检测金属化层的老化效应非常困难。

9.3.3.2 栅极氧化层劣化

栅极氧化层劣化通常会引起流经氧化层的局部漏电流，进一步导致发生短路。该劣化现象可能是由于氧化层两端施加的电场在氧化层中引起的电荷陷阱、或是在氧化层中注入热载流子引起的。MOS 功率晶体管中常出现这种劣化现象 [MAN 00b]。

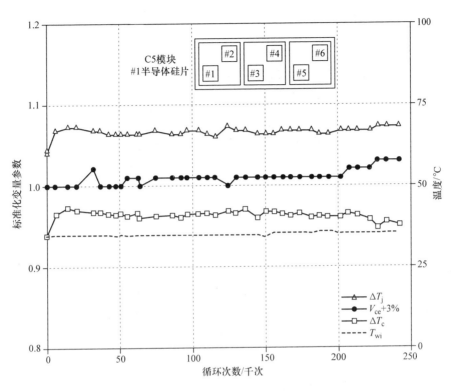

图 9.38　经过 250000 次循环后 C5 模块#1 号半导体硅片直接电压降的变化

$T_{\text{win}} = 35\,℃$，$\Delta T_{\text{j}} = 60\,℃$，$I_{\text{c}} = 315\text{A}$

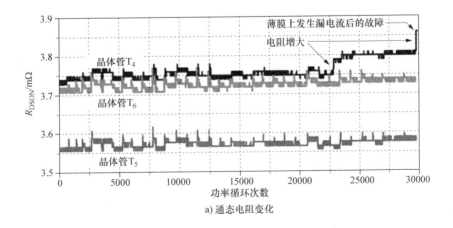

a) 通态电阻变化

图 9.39　MOSFET 模块中的功率循环（$I = 150\text{A}$，$T_{\text{CASE}} = 90\,℃$，$T_{\text{JMAX}} = 170\,℃$）

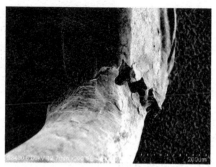

b) 根部裂缝

图 9.39　MOSFET 模块中的功率循环（$I = 150\mathrm{A}$，$T_{\mathrm{CASE}} = 90\mathrm{℃}$，$T_{\mathrm{JMAX}} = 170\mathrm{℃}$）（续）

一种评估栅极氧化层可靠性的方法是画出电流/电压（I/V）特性曲线，并进行时间相关介质击穿（Time Dependent Dielectric Breakdown，TDDB）测试。然而，使用这些方法无法在功率循环过程中或在运行期间观测到氧化物的性质。由此可见，因为这种劣化难以检测，所以该故障模式非常危险。因此，栅极击穿是不可预测的，会导致模块即时失效。

9.3.4　接触面接触不良对热特性的影响和在故障诊断中的潜在应用

如前文所述，半导体硅片和绝缘陶瓷之间的焊接断裂，或者甚至是绝缘陶瓷和基板间的焊接断裂，会导致局部接触电阻增大，进一步导致硅片和基板间的热阻逐渐增大。由此，硅片温度以相似的形式慢慢异常地增加，最终导致模块损毁。这些劣化现象会直接影响器件的热特性，由此可以通过分析结构的热响应等技术来进行检测。最常用的技术是基于瞬态热阻抗的分析方法，我们将在下一节中进行介绍。

9.3.4.1　半导体硅片焊接中的故障或劣化检测

上述例子不是由于热疲劳导致的劣化所引起的，而是和制造缺陷有关，但是由此产生的故障确实是类似的。图 9.40 给出了半导体硅片焊接中不同类型故障的声学图像［REN 01］。

这里使用的技术是函数分析的一种，被称为结构函数［PRO 67，SZE 88］，并使得整个热流通路能够定位材料转换（接口），或检测材料热性能的变化。该函数给出了从热源测得的系统累计热容 C_{Σ} 和累计热阻 R_{Σ}（见图 9.41）。更准确地说，这里研究的函数是微分结构函数，其中纵轴是参数 $K\left(R_{\Sigma}\right) = \dfrac{\mathrm{d}C_{\Sigma}}{\mathrm{d}R_{\Sigma}}$，横轴为 R_{Σ}。图 9.42 给出了图 9.41 中所示样本的微分结构函数。我们可以看到，各

样品(正常情况)　　　　　　　角部劣化　　　　　　　中心区域劣化

图 9.40　半导体硅片焊接中的故障类型〔REN 01〕

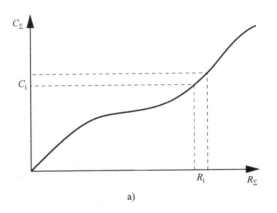

a)

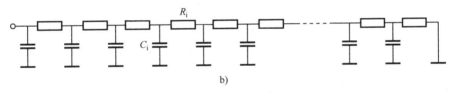

b)

图 9.41　结构函数和等效的热网络〔REN 01〕

曲线第一个峰值对应的 R_{th} 值基本相同，但是由于不同故障的影响，曲线中后续峰值出现的位置并不相同。在焊接良好的情况下，R_{th} 有一个离峰值的最小距离，当出现边角劣化现象时，该值会轻微增大，当出现中心区域劣化现象时，该值会增大更多。

9.3.4.2　基板铜焊故障或劣化检测

图 9.43 给出了基板和一个高功率 IGBT 模块 6 个陶瓷衬底间连接的声学图像，该功率模块是用在铁路牵引系统中的。黑色部分表示铜焊未损伤的区域，局部接触电阻正常；浅色部分表示铜焊中出现剥离损伤的区域，局部接触电阻非常高。

陶瓷衬底和基板间焊接的劣化导致了硅片和基板之间热阻的增大，记为

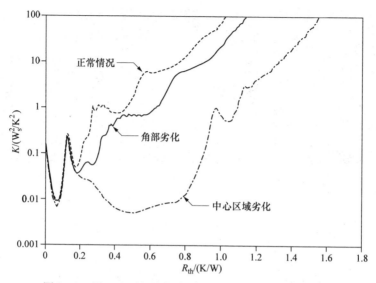

图 9.42　图 9.41 中不同铜焊故障情况下的微分结构函数

T_{THJC}，其值约为 40%。考虑到分层焊接会显著改变从半导体硅片流向底板的功率，而硅片距离 DCB 的边缘也不太远，因此上述变化是非常敏感的。估计热阻需要我们确定工作环境下的耗散损失、硅片温度（使用热敏参数测量的平均温度）及最后的基板温度，最好是硅片下的基板温度。我们可以注

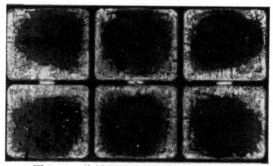

图 9.43　热循环导致的老化后陶瓷/基板接触面的声学图像

意到，精确的热阻估算需要适当的方法和测量仪器，对某个具体应用来说，实施起来非常复杂。

9.4　本章小结

　　本章从两个方面讨论了静态变流器的故障检测和诊断：第一方面涉及功率模块故障诊断的方法，第二方面讨论了主要的故障机理（侧重于模块部件的物理层面）。研究表明，环境温度以及热循环引起的温度变化是导致故障的主要原因，这些故障可以与通态电阻、热阻或瞬态热阻抗的参数变化关联起来。然而，这些参数变化不仅难以测量，而且幅度很小；对于通态电阻，代表了和连接相关

的故障。由此，目前它们无法用做鲁棒故障诊断的故障特征。为了更好了解性能退化机制、开发合适的嵌入式传感器以及研究基于高相关度平稳数据的故障诊断方法，本章的工作是一个值得继续深入的研究领域。

无损热控制和/或电气控制也是一个潜在的研究领域，研究内容主要包括：

- 建模、缩小尺寸、在模块或组件中集成传感器；
- 对组件建立精确的热模型以及将各部分子模型集成为系统模型；
- 通过历史热数据使用反演技术进行故障表征或诊断研究。

对于性能退化机制的精确理解也有助于认识老化规律和制定报废规则，从而可以丰富用于设计和标定尺寸的模型。最后，模块或组件的模型和历史热数据可以作为正常运行模式以及性能恶化运行情况下控制率的调节因子。

9.5　参考文献

[ARA 08] ARAB M., LEFEBVRE S., KHATIR Z., BONTEMPS S., "Experimental investigations on trench field stop IGBTs under repetitive short-circuit operations", *IEEE Power Electronics Specialists Conference*, Rhodes, Greece, June 2008.

[BAY 08] BAYRER R., "Higher Junction Temperature in Power Modules – a demand from hybrid cars, a potential for the next step increase in power density for various Variable Speed Drives", *PCIM'08*, 2008.

[BOU 08] BOUARROUDJ M., Etude de la fatigue thermo-mécanique de modules électroniques de puissance en ambiance de températures élevées pour des applications de traction de véhicules électriques et hybrides, PhD Thesis for ENS-Cachan, October 2008.

[BUH 94] BUHLER H., *Réglage par logique floue*, Presses Polytechniques et Universitaires Romandes, Lausanne, 1994.

[BUT 07] BUTTAY C., RASHID J. *et al.*, "High performance cooling system for automotive inverters", *EPE 07*, Aalborg, 2007.

[CIA 02] CIAPPA M., "Selected failure mechanisms of modern power modules", *Microelectronics Reliability*, vol. 42, p. 653-667, 2002.

[DET 04] DETZEL T.H., GLAVANOVICS M., WEBER K., "Analysis of wire bond and metallization degradation mechanisms in DMOS power transistors stressed under thermal overload conditions", *Microelectronics Reliability*, vol. 44, p. 1485-1490, 2004.

[DAL 95] DALAL K.H. *et al.*, "Design trade-offs and reliability of power circuit substrates with respect to varying geometrical parameters of direct copper bonded Al2O3 and BeO", *IEEE Industry Applications Conference Annual Meeting*, p. 923-929, October 1995.

[DEL 07] DELPHA C., DIALLO D., BENBOUZID M.E.H., MARCHAND C., "Pattern recognition for diagnosis of inverter fed induction machine drive: a step toward reliability", *2007 IET Colloquium Reliability in Electromagnetic Systems*, Paris, 2007.

[DEL 08] DELPHA C., DIALLO D., BENBOUZID M.E.H., MARCHAND C., "Application of classification methods in fault detection and diagnosis of inverter fed induction machine drive: a trend towards reliability", *European Physical Journal of Applied Physics*, no. 43, p. 245-251, 2008.

[DIA 05] DIALLO D., BENBOUZID M.E.H., HAMAD D., PIERRE X., "Fault detection and diagnosis in an induction machine drive: a pattern recognition approach based on Concordia stator mean current vector", *IEEE Transactions Energy Conversion*, vol. 20, no. 3, p. 512-519, September 2005.

[DUP 06] DUPONT L., KHATIR Z., LEFEBVRE S., BONTEMPS S., "Effects of metallization thickness of ceramic substrates on the reliability of power assemblies under high temperature cycling", *Microelectronics Reliability*, vol. 46, p. 1766-1771, 2006.

[HAM 99] HAMIDI A., BECK N., THOMAS K., HERR E., "Reliability and lifetime evaluation of different wire bonding technologies for high power IGBT modules", *Microelectronics Reliability*, vol. 39, p. 1153-1158, 1999.

[IVA 03] IVANOVA M., AVENAS Y., SCHAEFFER C., GILLOT C., BRICARD A., "Apport de la microthermie pour le refroidissement des systèmes", *Journées électrotechniques du club EEA*, Amiens, 12-13, March 2003.

[JAM 99] JAMBU M., *Méthodes de bases de l'analyse de données*, Eyrolles, Paris, 1999.

[KAU 87] KAUFMANN A., *Nouvelles logiques pour l'intelligence artificielle*, Hermès, Paris, 1987.

[KHO 07a] KHOMFOI S., TOLBERT L.M., "Diagnosis and reconfiguration for multilevel inverter drive using AI-based techniques", *IEEE Transactions Industrial Electronics*, vol. 54, no. 6, p. 2954-2968, December 2007.

[KHO 07b] KHONG B. *et al.*, "Characterization and modeling of aging failures on power MOSFET devices", *Microelectronics Reliability*, vol. 47, p. 1745-1750, 2007.

[LEF 03] LEFRANC G. *et al.*, "Aluminum bond-wire properties after 1 billion mechanical cycles", *Microelectronics Reliability*, vol. 43, p. 1833-1838, 2003.

[LU 09] LU B., SHARMA S.K., "A literature review of IGBT fault diagnostic and protection methods for power inverters", *IEEE Transactions Industry Applications*, vol. 45, no. 5, p. 1770-177, September-October 2009.

[MAN 00] MACA J.V., WONDRAK W. *et al.*, "High temperature time dependent dielectric breakdown of power MOSFETs", *HITEC Session V*, 2000.

[MIL 95] MILITARY HANDBOOK 217F, Reliability prediction of electronic equipment, 28 February 1995.

[MIT 99] MITIC G., BEINERT R. *et al.*, "Reliability of AlN Substrates and their Solder Joints in IGBT Power Modules", *Microelectronics Reliability*, vol. 39, p. 1159-1164, 1999.

[MOH 09] MOHAGHEGHI S., HARLEY R.G., HABETLER T.G., DIVAN D., "Condition monitoring of power electronic circuits using artificial neural networks", *IEEE Transactions Power Electronics*, vol. 24, no. 10, p. 2363-2367, October 2009.

[MOR 88] MORRISSON D.F., *Multivariate Statistical Methods*, p. 415, McGraw-Hill, Singapore, 1988.

[MUR 06] MURPHEY Y., MASRUR M.A., CHEN Z., ZHANG B., "Model-based fault diagnosis in electric drives using machine learning", *IEEE/ASME Transactions Mechatronics*, vol. 11, no. 3, p. 290-303, June 2006.

[NAG 00] NAGATOMO Y., NAGASE T., "The study of the power modules with high reliability for EV use", *17th EVS Conference*, Montreal, October 2000.

[NEJ 00] NEJJARI H., BENBOUZID M.E.H., "Monitoring and diagnosis of induction motors electrical faults using a current Park's vector pattern learning approach", *IEEE Transactions Industry Applications*, vol. 36, no. 3, p. 730-735, May-June 2000.

[OLD 04] OLDERVOLL F., STRISLAND F., "Wire-bond failure mechanisms in plastic encapsulated microcircuits and ceramic hybrids at high temperatures", *Microelectronics Reliability*, vol. 44, no. 6, p. 1009-1015, 2004.

[OND 09] ONDEL O., CLERC G., BOUTLEUX E., BLANCO E., "Fault detection and diagnosis in a set "inverter–induction machine" through multi-dimensional membership function and pattern recognition", *IEEE Transactions Energy Conversion*, vol. 24, no. 2, p. 431-441, June 2009.

[PAS 02] PASSAGRILLI C., GOBBATO L., TIZIANI R., "Reliability of Au/Al bonding in plastic packages for high temperature (200°C) and high current applications", *Microelectronics Reliability*, vol. 42, no. 9-11, p. 1523-1528, 2002.

[PRO 67] PROTONOTARIOS E.N., WING O., "Theory of non-uniform RC lines", *IEEE Transactions on Circuit Theory*, vol. 14, no. 1, p. 2-12, 1967.

[RAM 00] RAMMINGER S., SELIGER N., WACHUTKA G., "Reliability model for AI wire bonds subjected to heel crack failures", *Microelectronics Reliability*, vol. 40, p. 1521-1525, 2000.

[REN 01] RENCZ M., SZEKELY V., "Determining partial thermal resistances in a heat flow path with the help of transient measurements", *Proceedings of the 7th THERMINIC Workshop*, Paris, p. 250-256, 24-27, September 2001.

[SAP 90] SAPORTA G., *Probabilités, analyse des données et statistique*, Technip, Paris, 1990.

[SCH 00] SCHULZ-HARDER J. *et al.*, "Micro channel water cooled power modules", *PCIM'00*, Nuremberg, June 2000.

[SCH 03] SCHULZ-HARDER J., "Advantages and new development of direct bonded copper substrates", *Microelectronics Reliability*, vol. 43, p. 359-365, 2003.

[SCH 07] SCHULZ-HARDER J., MEYER A., "Hermetic packaging for power multidie modules", *EPE07*, 2007.

[SZE 88] SZEKELY V., VAN BIEN T., "Fine structure of heat flow path in semiconductor devices: a measurement and identification method", *Solid-State Electronics*, vol. 31, p. 1363-1368, 1988.

[THO 95] THORSEN O.V., DALVA M., "A survey of the reliability with an analysis of faults on variable frequency drives in the industry", *European Conference on Power Electronics and Applications*, Seville, p. 1033-1038, 1995.

[ZAD 65] ZADEH L.A., "Fuzzy sets", *Information and Control*, vol. 8, p. 338-353, 1965.

[ZID 03] ZIDANI F., DIALLO D., BENBOUZID M.E.H., NAIT SAID M.S., "Induction motor stator faults diagnosis by a current concordia pattern based fuzzy decision system", *IEEE Transactions Energy Conversion*, vol. 18, no. 4, p. 469-475, December 2003.

[ZID 08] ZIDANI F., DIALLO D., BENBOUZID M.E.H., NAIT SAID R., "A fuzzy-based approach for the diagnosis of fault modes in a voltage-fed PWM inverter induction motor drive", *IEEE Transactions Industrial Electronics*, vol. 55, no. 2, p. 586-596, February 2008.